普通高等院校安全工程专业"十二五"

压力容器与管道安全评定

主　编　贾慧灵

副主编　杜鹏飞

国防工业出版社

·北京·

内 容 简 介

本书针对过程工业生产中大量使用的压力容器和压力管道,系统地阐述了有关承压装备安全评定所依据的基本理论和工程分析方法,介绍了近年来国内外安全评定标准及其最新进展。

本书主要内容包括线弹性断裂理论及工程应用、弹塑性断裂理论及工程分析、压力容器的安全评定、压力管道的安全评价和压力容器及管道的检测。本书注重理论与工程实际相结合,通过大量的实例深入浅出地阐述了安全评定理论及评定方法。

本书不仅可作为过程装备与控制工程专业和安全工程专业大学本科生的教材,也可作为从事过程装备设计、制造、安全分析和安全监查等工程技术人员学习、参考用书。

图书在版编目(CIP)数据

压力容器与管道安全评定/贾慧灵主编. —北京:国防工业出版社,2014.1

普通高等院校安全工程专业"十二五"规划教材

ISBN 978 - 7 - 118 - 09144 - 1

Ⅰ.①压... Ⅱ.①贾... Ⅲ.①压力容器 – 安全评价 – 高等学校 – 教材②压力管道 – 安全评价 – 高等学校 – 教材 Ⅳ.①TH490.8②U173.9

中国版本图书馆 CIP 数据核字(2013)第 262465 号

※

*国防工业出版社*出版发行

(北京市海淀区紫竹院南路23号 邮政编码100048)

北京市李史山胶印厂

新华书店经售

*

开本 787×1092 1/16 印张 13 字数 300 千字

2014 年 1 月第 1 版第 1 次印刷 印数 1—3000 册 定价 36.00 元

(本书如有印装错误,我社负责调换)

国防书店:(010)88540777 发行邮购:(010)88540776

发行传真:(010)88540755 发行业务:(010)88540717

普通高等院校安全工程专业"十二五"规划教材

编 委 会 名 单

（按姓氏笔画排序）

前　言

　　压力容器及压力管道是过程工业生产中广泛使用的设备,由于过程工业涉及的原料及产品多有易燃、易爆、有毒、有腐蚀性的特点,且现代过程工业生产过程多具有高温、高压、深冷等特点,与其他行业相比,过程工业生产的各个环节不安全因素较多,具有事故后果严重,危险性和危害性更大的特点,因此对压力容器及压力管道安全可靠生产的要求更加严格,客观上要求从事过程生产的管理人员、技术人员及操作人员必须掌握或了解基本的安全知识。结合实际需求,过程装备与控制工程专业开出过程设备安全评定技术专业课程,为便于教学,根据近年来的教学实践经验,我们编写了本书。

　　为了确保压力容器及压力管道的安全性,西方工业化国家早已把它们纳入政府安全监察体系内进行法制化管理。我国自国发[1982]22号《锅炉压力容器安全监察暂行条件》和劳动部[1990]8号《压力容器安全技术监察规程》和劳锅字[1990]3号《压力容器定期检验规程》等一系列相关规程陆续发布实施,压力容器监察与管理逐步进入法制化管理的轨道。为适应"培养21世纪具有更强适应性的高等工程专门人才"的需求,本书内容紧密结合近些年颁布的新法规和新标准,如《特种设备安全监察条例》(2009)、TSG R0004—2009《固定式压力容器安全技术监察规程》和GB/T 19624—2004《在用含缺陷压力容器安全评定》等,循序渐进地介绍过程设备的安全评定理论基础,重点介绍在役过程设备的"合于使用"的最新安全评定方法,以期学生带着最新的安全评定思想离开学校,走上工作岗位时能很快适应并担当起过程设备安全评定和管理的重任。

　　本书编写过程中,结合有关标准认真研究了国内同类教材的长处和不足,取长补短。有以下几方面的特色:

　　(1)压力管道虽是应用很广泛的承压过程装备,但现有的压力容器教程中很少涉及压力管道,学生就业中又往往会接触到压力管道,故本书将压力管道与压力容器并重介绍,让学生对两者均有所了解。

　　(2)全书取材上淘汰一些旧的标准、技术和过于复杂的算法,在有限的课时中,保证内容尽量讲得全面的同时,侧重于基本概念和基础理论的深入学习。

　　(3)重视理论与工程实际的结合,不仅体现在内容的取材上,同时体现在大量例题和习题的选取上,尽量选取与工程实际相结合的题目,真正做到"学用结合、学以致用"。

　　本书第1章由杜鹏飞编写,第2章~第5章由贾慧灵编写,第6章由杜鹏飞编写。全书由贾慧灵统稿。本书获内蒙古科技大学教材建设项目资助。

　　由于过程设备安全技术涉及面很广,作者的经历与水平有限,取材上的疏漏和编写上的不妥之处在所难免,敬请读者提出宝贵意见。

编者

2013年12月

目 录

第1章 概 论

1.1 压力容器与管道在工业生产中的应用

压力容器与管道是石油化工工业生产过程中不可缺少的设备。随着生产的发展,它们的使用日益广泛,数量不断增加。

为了适应石化工业发展的需要,压力容器逐渐趋向大型化和结构复杂化,同时,为了改善压力容器的性能,适应生产的发展,在压力容器的设计制造中不断地采用新材料、新工艺和新技术,这样,压力容器的安全可靠性问题就显得更加突出,引起了人们的密切关注。

同样,压力管道也是一种特种设备,其分布极广,凡是输送流体介质的场合一般都需要使用压力管道。据不完全统计,国内已形成了东北、华东华北、西北三大原油输送管道网,管道总长已超过9000km,输送的原油已达总产量的89.31%。近年来建设的四川、西北、华北以及"西气东输"等天然气长输网的管道总长也已超过9000km,输送的天然气占总产量的60.97%。成品油长输管道的数量相对较少,已建成的管道也有近4000km,如1998年12月开工建设的兰州经成都至重庆的成品油管道,全长1251km,该管道已于2002年9月投入使用。随着国民经济的快速发展,成品油的管道输送必将迎来一个快速发展的时期。由此可见,石油天然气的长距离输送、城镇燃气和公用动力蒸汽的输送、各种石油化工生产装置等都使用了大量的管道。压力管道在生产中的广泛使用可能引起的燃爆或中毒的危险性也日益增加。

压力容器与管道的安全问题之所以特别重要,主要是因为它们既是工业生产中广泛使用的特种设备,又是容易发生事故且往往是灾难性事故的特殊设备。为了确保它们的安全使用,许多经济发达国家制定了一系列的制度——法律、法规、标准和规定对这些设备进行安全管理和监督、监察,同时还制定了一整套的执行监督机制。近年来,随着我国经济的不断发展,不断增多的压力容器与管道的使用,安全问题也受到了日益的关注。我国在安全管理和监督、监察制度方面也取得了明显的进展,一方面参考了国外经济发达国家所实行的行之有效的措施;另一方面又根据我国的实际情况,制定了一系列的法律、法规和规定,指导全国压力容器和管道生产与使用的安全管理与监察工作,争取实现规范化管理。

1. 压力容器在工业生产中的应用

压力容器是一种能承受压力载荷的密闭容器。它的主要作用是储存、运输有压力的气体、液体或液化气体,或者是为这些流体的传热、传质反应提供一个密闭的空间。

压力容器具有各种各样的结构和形状,无论是容积只有几升的瓶、罐,到上万立方米的球形容器或上百米高的塔式容器,都在工业生产领域中得到了广泛的应用。例如,工业上使用相当普遍的压缩空气,其主要来源为空气压缩机及其附属设备,此外,如气体冷却器、油水分离器、储气罐等，这些都属于压力容器的范畴。工业生产中常使用的各种气体盛装容器或输送管道，往往都要求增压后再储存或输送，如液化气储罐、槽（罐）车等也都是压力容器；制冷装置中的多数设备，如蒸发器、冷凝器、液体冷却剂储罐等也都属于压力容器的范畴。

另外，某些工业产品的制备往往需要在较高的温度下进行，在生产工艺中常需要加热物料，其最常使用的热源为有压力的水蒸气。用这种水蒸气来加热的设备，如蒸汽夹套、蒸汽列管加热器，或是直接加热式设备，如蒸汽锅炉、蒸汽消毒器等也是一种压力容器。

化工生产中所使用的反应装置大部分都是压力容器。为了提高设备的生产效率，许多化学反应需要在加压的条件下进行，或者需要在较高的压力下加速其反应，如用氢和氮来合成氨，就需要在 10～100MPa 下进行，而且许多参与这些反应的有压力的介质往往又都需要先经过精制、加热或冷却等工序，这些工艺过程所使用的设备必须是压力容器。随着石油化学工业的迅速发展，高分子聚合物的生产不断扩大，大部分聚合反应也需要在较高的压力下进行。如用乙烯气体聚合生成聚乙烯，用低压法生产需在 3.5～10MPa 的压力下进行，用高压法生产则需要 100～250MPa。因此，制取高分子聚合物的设备中不仅所使用的聚合釜是压力容器，这些单体分子在聚合反应前的一系列工艺生产过程中（储存、精制、加热等）也需要压力容器。

由此可见，压力容器在工业生产中的应用极为普遍，尤其是在石油化工和化学工业中，几乎每一个工艺过程都离不开压力容器，而且还常常是主要的生产设备。

2. 压力管道在工业生产中的应用

压力管道在工业生产中的应用极为广泛，化工、石油、制药、能源、航空、环保、钢铁、公用工程等各类工业企业都不同程度地需要使用压力管道。

通常，管道根据不同的特性有各种不同的分类方法。根据管道承受内压的不同可以分为真空管道、中低压管道、高压管道、超高压管道；根据输送介质的不同可以分为燃气管道、蒸汽管道、输油管道、工艺管道等，而工艺管道又以所输送介质的名称命名为各种管道；根据管道使用材料的不同可以分为碳钢管道、低合金钢管道、不锈钢管道、非铁金属管道（如铜管道、铝管道等）、复合材料管道（如金属复合管道、非金属复合管道和金属与非金属复合管道等）和非金属管道。根据《特种设备安全监察条例》，压力管道是指利用一定的压力，用于输送气体或者液体的管状设备，其范围规定为最高工作压力大于或等于 0.1MPa（表压）的气体、液化气体、蒸气介质或可燃、易爆、有毒、有腐蚀性、最高工作温度高于或等于标准沸点的液体介质，且公称直径大于 25mm 的管道。按照《压力管道安全管理与监察规定》的要求，从压力管道的安全管理和监察角度出发，将压力管道分为工业管道、公用管道（包括燃气管道和蒸汽管道）和长输管道。

（1）工业管道是指工业企业用于输送工艺介质的工艺管道、公用工程管道和其他辅助管道。工业管道主要集中在石化、炼油、冶金、化工、电力等行业。

（2）公用管道是指城镇范围内用于公用或民用的燃气管道和热力管道。公用管道主要集中在城镇建设等公用事业行业。

（3）长输管道是指产地、储存库、使用单位之间的用于运输商品介质的管道。长输管道根据所输送介质的不同可以分为输油管道、输气管道、输送浆体管道和输水管道等。其中，输油管道又分为原油输送管道和成品油输送管道。

迄今为止,国内外已研究和开发的管道运输系统有水力管道、风动管道、集装胶囊管道和旅客运输管道等。除固体浆料输送管道(如煤浆输送管道)已在美国等地应用、国内也正准备建设外,目前应用最广泛的是输油(原油、成品油)管道及输气管道。

由此可见,使用压力容器制备产品过程中,其原材料的输送和工艺流程中物料的运动与传输,都离不开压力管道。此外,在油、气输送管线中,管道是工程的主体。

1.2 压力容器与压力管道的特点

1. 压力容器的特点

1) 压力容器的定义

压力容器,或称为受压容器,从广义上来说,应该包括所有承受流体压力的密闭容器。但在工业生产中承载压力的容器很多,其中只有一部分相对来说比较容易发生事故,而且事故的危害性较大。为此,许多国家就把这样的容器作为一种特殊的设备由专门的机构进行监督,并按规定的技术法规进行设计、制造和使用管理。习惯上所说的压力容器,就是指这一类作为特殊设备的容器。一般规定中并不把盛装液体介质的容器列入特殊设备的范畴,但必须注意的是,这种液体是指在常温下的液体,而不包括工作温度高于标准沸点的饱和液体和沸点低于常温的液化气体。

关于压力容器的界限,目前各国都有规定,尽管其规定可能有所不同,但是基本原则是一致的,是指那些比较容易出事故,且事故的危害性较大的那些设备。一般来说,压力容器发生事故的可能性和危害程度与所盛装的工作介质、工作压力和容积有关。

工作介质指的是容器所盛装的或在容器中参与反应的物质。压力容器爆破时所释放的能量大小首先与其工作介质的物性、状态有关。从物质的物性状态考虑,压力容器的工作介质应该包括压缩气体、水蒸气、液化气体和工作温度高于其标准沸点的饱和液体。除此之外,还应考虑容器的工作压力和容积。工作压力和容积范围的划分,一般都是人为地加以规定,而不像工作介质那样有一个明显的界限,对这种范围,一般都规定了一个下限值。

目前,纳入我国监察范围的压力容器应是同时具备下列三个条件的容器:

(1) 最高工作压力不大于或等于 0.1MPa(表压,不含液体静压力)。

(2) 内径(非圆形截面则表示的是其断面的最大尺寸)$D \geq 0.5m$,且容积$V \geq 0.025m^3$。

(3) 介质为气体、液化气体或最高工作温度大于或等于标准沸点的液体。

2) 压力容器的特点

压力容器一般多承受静止而比较稳定的载荷,不像旋转机械那样容易因过度磨损而失效,也不像高速发动机那样因承受高周循环载荷而容易发生疲劳破坏。其工作特点如下:

(1) 使用条件比较苛刻。工作中不但承受大小不同的压力载荷(有时还是脉动循环载荷),而且工作介质多为有毒、易燃、易爆物质。

(2) 容易超负荷。容器内压力常会因操作失误或发生异常反应而迅速升高,而且往往在发现时,容器已经破裂。

（3）局部应力比较复杂。在容器开口处和结构不连续处，常会因局部应力或交变载荷而引起疲劳破裂。

（4）容器内可能隐藏有严重缺陷。焊接或锻造的容器常会在制造中留下微小裂纹等严重缺陷，在工作中，一定条件下这些缺陷会导致容器突然破裂。

2. 压力管道的特点

1）压力管道的定义

本书所指的压力管道是1996年4月国家劳动部颁布的《压力管道安全管理与监察规定》所限定范围内的管道，是指生产、生活中使用的可能引起燃爆或中毒等危险性较大的特种设备，并不是简单意义上的受压管道。蒸汽管道，有毒、易燃、易爆介质的管道，煤气、天然气管道，石油、天然气长输管道，管内介质工作压力大于或等于0.1 MPa的管道等，都属于压力管道。若管内为容易引起燃烧、爆炸和强腐蚀介质的物质，即使在常压下，仍规定将这些管道作为压力管道管理。而输送无毒、不可燃、无腐蚀性介质的管道，如压缩空气等，只有当压力大于1.6 MPa时，才把这些管道列入压力管道的管理范畴。

2）压力管道的特点

压力管道的特点基本上与压力容器相似，不同之处在于压力管道输送的介质一般都是流动的液体、气体或固体，因而存在一些与压力容器不同的特点：

（1）工作环境常为高温、高压，这些介质往往为有毒、易燃、易爆且常具有腐蚀性，因此对系统的完整性有特别高的要求。

（2）管道常温安装，高温运行，金属材料受热膨胀。若设计不当，可能在某些位置产生较大的应力和弯矩，影响管道或与管道连接设备的正常运行。

（3）运行过程中管道出现振动是一种常见的现象。严重的振动会加速裂纹扩展，威胁系统的安全运行。

（4）管道设计时既需要考虑满足工艺要求，又需要考虑具有一定的柔性，以提高其吸收金属热膨胀变形的能力和抵抗振动的能力。

（5）施工安装一般都在生产现场进行，环境和工作条件较差，温度和湿度难以控制。由于通常需要在高空作业，而管道的位置既不能随意移动，也无法旋转，所以，给安装作业带来了较大的困难。

（6）管道输送的介质常具有腐蚀性，因而必须针对腐蚀问题采取必要的防腐蚀措施。

（7）需要严格控制管道组件和附件的质量，否则可能出现严重事故隐患。

总之，压力容器和压力管道都是具有其自身特点的一类特殊设备，对其安全问题，需要严密关注和认真地分析研究，采取必要的应对措施，防止由此产生不良的后果或严重的事故。

1.3 压力容器与管道的安全问题

1. 压力容器的安全问题

压力容器所盛装的介质多为压缩气体或饱和液体。因此容器一旦破裂，瞬间介质卸压膨胀所释放出的能量极大，不但使容器本身遭到破坏，还会产生强大的冲击波摧毁周围设备和建筑物。往往还会诱发一连串的恶性事故，给国民经济造成重大损失。如1979年9月7日，温州市某厂，因钢瓶灌装前未作认真检查，将1只灌入氯化石蜡的钢瓶充灌液

4

氯,引起强烈的化学反应产生高温、高压而猛烈爆炸,其碎片又击穿 5t 液氯计量罐 1 只,并引爆了已灌氯气的钢瓶 4 只。爆炸中心 0.5m 厚的水泥地坪被炸成直径 6m、深近 2m 的大坑,360m² 钢筋混凝土结构的灌装车间全部炸毁。大量的氯气扩散持续了 2h 40min,扩散总量达 11t,污染范围 7.35 km²,死亡 59 人,中毒住院 779 人。此外,眼膜充血、呕吐咳嗽等轻微中毒者不计其数。

鉴于压力容器的破坏会导致十分严重的后果,因此世界各国都非常重视压力容器的安全问题。英国原子能局及联合部技术委员会曾联合对使用年限在 30 年以内,且符合英国压力容器规范的 12700 台压力容器,进行了一次事故实况调查,于 1968 年发表了调查报告。在这 12700 台容器中,有 10 起事故是在使用前进行水压试验时发生的(不包括按工艺规程进行无损探伤发现缺陷后加以修补的产品),有 132 起事故是在 100300 台·运行年(各台容器与运行年数乘积的总和)的使用中发生的。这个统计数字表明,制造中每台发生事故的概率为 0.79‰,使用中每台·运行年发生事故的概率为 1.32‰。对使用中所记载的这 132 起事故,按其破坏起因分类如表 1-1 所列。表 1-1 表明压力容器的破坏事故主要是由于裂纹的存在所致,占总事故的 89.4%。因裂纹引起的事故分类统计情况见表 1-2,可见,因疲劳裂纹和腐蚀裂纹引起的破坏又占了其中 60% 以上。

表 1-1 在役压力容器事故起因统计

事故起因	事故次数	百分率/%
裂 纹	118	89.4
腐蚀(包括应力腐蚀)	2	1.5
使用不当	8	6.0
制造缺陷	3	2.3
蠕 变	1	0.8
总 计	132	100

表 1-2 裂纹事故分类统计

裂纹种类	事故次数	占裂纹事故的百分率/%	占总事故的百分率/%
疲劳裂纹(机械的、热的)	47	39.8	35.6
腐蚀裂纹(包括应力腐蚀裂纹)	24	20.3	18.2
制造时产生的裂纹	10	8.5	7.6
未确定的裂纹	35	29.7	26.5
不好分类的裂纹	2	1.7	1.5
总 计	118	100	89.4

我国有关组织也做过类似的调查,其统计结果与国外情况基本一致,见表 1-3。

表 1-3 我国在役压力容器事故起因统计

事故起因	事故次数	百分率/%
裂 纹	50	62.5
腐蚀(含氢脆)	22	27.5
焊接缺陷	6	7.5
错用材料	2	2.5
总 计	80	100

由此可见,解决好含裂纹缺陷压力容器的安全使用问题,对提高安全生产、降低事故率具有重大的现实意义。

2. 压力管道的安全问题

中国石油化工集团公司系统所属企业均为现代化的大型企业,拥有 I、II、III 类管道

6300km以上。尽管该公司所属各企业的生产设备较为先进,且对安全生产较为重视,但是由于我国目前的科学技术水平较西方发达国家仍相对落后,管件的制造质量、安装质量以及运行管理人员的素质参差不齐,加之检修周期延长,检修项目与检修时间的矛盾突出,因而常导致检修质量存在一些问题,特别表现在焊接质量方面,有的企业焊接缺陷占总缺陷数的80%,某些单位甚至在检验中发现焊缝合格率仅为20%~30%。由此可见,在石化系统中加强压力管道安全管理的任务也是十分紧迫和繁重的。

城市燃气的输送主要依靠管道,它的安全关系着千家万户。但是我国对城市地下输气管道的管理严重滞后,没有达到有序管理的水平,其中违章占压现象较为严重,增加了地下管道的负荷,容易造成管道损坏,一旦发生泄漏,其后果是相当严重的。例如,1995年某市因地下煤气管道密封不严,煤气漏入高压电缆沟中,由附近的一个蜂窝煤炉引燃了泄漏的煤气,导致一次爆炸发生,随后由于10000V埋地高压电缆突然跳闸,再次引爆电缆沟内的煤气,引起二次大爆炸,并造成多人伤亡,直接经济损失达上百万元,这仅是近年来发生的重大事故之一。因此,预防有关事故的发生值得我们高度重视。目前,随着我国城市建设的迅速发展,地下管网管理不善、管网资料不全、分布混乱的问题,还没有得到有效的改善,存在着一些不安全的因素。

我国的长输管道主要是输油、输气管道、油田集输管道和部分成品油管道。长输管道设有专门的管理系统,设计、施工和技术管理均有一定的质量控制措施和较为先进的检测手段。进入20世纪90年代以来,有关部门陆续引进了国外的先进监测仪器,对部分管道进行了内检测,有效地控制了腐蚀泄漏事故,并且国务院颁布了《石油天然气管道保护条例》,对保证石油、天然气长输管道的安全起到了一定的作用,但因没有配套完整的实施细则,具体执行中存在一定的困难。例如,某些地方政府及沿途农民存在抵触情绪,仍有一些违章建筑强行施工,多处管道被取方挖砂,造成管道裸露、悬空;公路、水利工程多处与管道交叉;部分管道通过的地带被划入经济开发区。所有这些都对管道的安全构成了威胁,有些地方,甚至被不法分子在管道上打孔盗油、盗气,存在着严重的不安全因素。

目前,压力管道的安全问题已逐步引起了各方面的注意,有关管理部门也已采取了若干措施,并取得了一定的成效。国务院1996年颁布的《压力管道安全管理与监察规定》,有力地推动了压力管道安全管理工作。在2003年,国务院专门颁布了《特种设备安全监察条例》,将压力容器与管道的管理工作提高到一个新的水平。但是,要真正实现这一目标,还需要做很多工作,首先是需要让更多的人了解有关安全管理的意义,其次是提高相关施工人员和管理人员的技术素质和责任心。同时,要建立、健全一整套行之有效的法律、法规、技术规范和实施细则。

1.4 断裂理论的产生与发展

传统的设计思想是以强度理论为基础的。采用了连续性假设和均匀性假设,认为组成构件的材料是密实的,没有空隙或裂缝等缺陷。至于假设与实际材料之间的差别,均放到安全系数中考虑。对处于低温、腐蚀环境中的高强钢焊接构件,传统强度理论设计的构件并不安全。断裂力学则从材料实际存在缺陷或裂纹这一情况出发,在大量试验的基础上,研究带缺陷材料的断裂韧度,进行断裂分析和缺陷评定。

6

断裂力学思想的出现可追溯到20世纪20年代。1920年，Griffith（格里菲斯）在研究飞机窗罩玻璃脆断原因时，首先将强度与裂纹尺寸定量地联系在一起，对玻璃平板进行了大量的试验研究，提出了能量理论思想，建立了脆断理论的基本框架。但由于当时工程中金属材料的低应力破坏事故并不突出，人们对断裂问题及他的能量理论思想的重要性还缺乏应有的认识，所以关于断裂问题的研究在很长一段时期内一直停留在科学好奇上，而没有进入工程应用。直到20世纪50年代前后，世界上发生了多次灾难性的焊接船只断裂事故、压力容器及压力管道的破裂事故及飞机爆炸失事事故，才使得低应力脆断问题在工程界中受到了充分重视。由此，美国和欧洲等工业发达国家相继开展了裂纹体断裂问题的研究，从而大大推进了断裂力学的发展。

但是，断裂力学公认为一门学科是从1948年开始的，这一年Irwin（欧文）发表了他的第一篇经典文章《Fracture Dynamic》（《断裂动力学》），研究了金属的断裂问题。这篇文章标志着断裂力学的诞生。

由于早期发生的断裂事故多是低应力脆性断裂，所以断裂力学初期的研究对象主要是脆断问题。关于脆性断裂理论的重大突破仍归功于Irwin。他于1957年提出了应力强度因子（Stress Intensity Factor）的概念，并创立了测量材料断裂韧性的试验技术。这样，作为断裂力学的最初分支——线弹性断裂力学便开始建立起来。20世纪60年代以后，线弹性断裂理论开始广泛应用于各个工程领域，并逐步成为结构设计、选材与检验的主要依据之一。早期的美国ASME《锅炉及压力容器规范》第Ⅲ卷附录G"防止非延性破坏"和第Ⅺ卷附录A"缺陷显示的分析"，就是以线弹性断裂理论为依据制定的。

线弹性断裂力学是建立在线弹性力学基础上的，它只适用于脆性材料或塑性较差的材料，如高强度钢或在低温下使用的中、低强度钢。而对于塑性较好的材料，如工程中大量使用的中、低强度钢等，一般并不适用。因为，这些材料在裂纹发生扩展之前，裂纹尖端将出现一个较大的塑性区，此塑性区的尺寸将接近裂纹本身的尺寸，有时甚至达到整体屈服。对于这种大范围屈服或全面屈服断裂问题，线弹性断裂力学的结论已不再成立。为了研究塑性材料的断裂问题，又产生了断裂力学的另一分支——弹塑性断裂力学。

由于塑性理论本身的特点，采用解析方法求解弹塑性断裂问题，常因过于复杂而难以得到简单实用的结果，故一般多采用偏于保守的、便于工程应用的近似方法。目前，用于弹塑性断裂研究的较为成熟的方法是COD（Crack Opening Displacement）法和J积分法。

COD法，习惯上又称为CTOD（Crack Tip Opening Displacement），是由Wells（威尔斯）于1963年首先提出的，后来发展成为半经验的"COD设计曲线"，在工程中得到了广泛应用。从20世纪70年代末到80年代初，国际上以COD设计曲线为理论基础的压力容器缺陷评定标准占了统治地位。

J积分的概念是由Rice（赖斯）于1968年首先提出的。J积分是一个定义明确、理论严密的应力应变参量，其实验测定也比较简单可靠。此外，J积分还具有与积分路径无关的特性，故可避开裂纹尖端处极其复杂的应力应变场。而且它不仅适用于线弹性，也适用于弹塑性，对于弹塑性断裂问题的分析，J积分理论比COD理论更为合理。但由于J积分值计算比较困难，所以没能在工程中广泛应用。然而，近十几年来，随着计算机的迅速发展和日益普及，各种复杂的含缺陷结构的J积分都已能够计算。1981年，美国电力研究院（EPRI）在对J积分进行了大量的研究基础上，提出了弹塑性断裂分析的工程方法，并提供了各种含裂纹结构 J 积分的全塑性解的塑性断裂手册,解决了 J 积分的工程计算问题,从而大大推动了 J 积分的工程应用。20 世纪 80 年代中期以后,国际上的压力容器缺陷评定标准纷纷以 J 积分理论进行修订。90 年代初, J 积分理论在压力容器弹塑性断裂分析中已基本取代了 COD 理论而占有了统治地位。

由于断裂力学的发展是与生产实际密切结合的,因而被广泛地应用于工程实践。至今在许多领域中解决了大量实际问题。特别是在解决抗断设计、合理选材、预测构件疲劳寿命、制定合理的质量验收标准和防止断裂事故方面得到了广泛运用,补充了传统强度理论的不足,使断裂力学分析成为保证构件安全的一个重要依据。

1.5 压力容器及管道的质量控制标准与合于使用评定标准

实际上,几乎所有机械部件都不可避免存在着不同程度的缺陷。设备的大型化、高强度钢和焊接技术的广泛使用,使产生裂纹类缺陷的倾向有增无减。而且在使用过程中,还会因载荷、介质等各种因素的影响,萌生出新的缺陷。

压力容器及压力管道在制造和使用中发现的缺陷是否允许继续存在,目前有两大类标准可作为判别依据:一类是以质量控制为基础的标准,简称"质量控制标准";另一类是以符合使用要求为目的的标准,又称"合于使用标准"。

"质量控制标准"是以获得优质产品为目的而制定的,它以相应的强度条件为前提,把所有缺陷都看成是对容器强度的削弱和安全的隐患,不考虑容器具体使用工况的差异,单从制造的质量保证出发,要求质量保持在较高的水平上。如美国的 ASME 锅炉及压力容器规范、GB 150《压力容器》及国家、行业、企业制定的有关压力容器设计、选材、制造、检验等标准,都属于这一类标准。"质量控制标准"的产生对提高压力容器质量、保证安全生产起了重大作用。然而也应当看到,这种标准在一定程度上依赖于积累的经验,其中不少规定是按现有焊接及无损检验所能达到的水平制定的,没有考虑缺陷的存在对容器可靠性的影响,有一定的随意性。由于缺乏科学的定量计算,按这类标准行事就可能导致对危害性大的部位(如接管区)因不便探伤却不加限制,而对危害性较小的部位有时反而要求过严,以致带来了大量的不必要的返修,造成经济上的巨大浪费。根据英国对质量较好的压力容器主焊缝所作的统计,在所有作过返修的缺陷中,夹渣占 84% ,气孔占 3% ,其他为平面缺陷。从使用可靠性来看,非平面缺陷通常危害是较小的。因此对无害缺陷的不必要返修不仅给经济上造成巨大浪费,而且修复不当还可能会产生新的更为有害的缺陷,给安全带来严重的后果。因为在高拘束度下进行返修,往往会产生更为有害的裂纹取代原来危害较小的夹渣,这样更容易造成事故。有过这样的例子,同一部位在高拘束度下返修,产生了一条肉眼可见的横跨整个焊缝的大裂纹。这种例子很多,教训也很深刻,所以返修不是处理缺陷的最好办法。

实践证明,并非所有的缺陷都会导致容器破裂失效。重要的问题在于,能否正确地对缺陷做出评定,确定出哪些缺陷是有害的,哪些缺陷并不妨碍压力容器的安全使用。断裂力学的产生和发展为合理地解决这个问题提供了科学依据。

"合于使用标准"与"质量控制标准"不同,它以断裂力学为基础,以合于使用为原则,对存在的缺陷按照严格的理论分析做出评定,确定缺陷是否危害安全可靠性,并对其发展及可能造成的危险作出判断。对于那些不会对安全生产造成危害的缺陷将允许存在;而对那些虽不能构成威胁但可能会进一步发展的缺陷,允许在监控下使用或降格使用;至于那些所含缺陷已对安全生产构成危险的设备,必须立即采取措施,或返修,或报废。所以采用"合于使用标准"既能保证安全生产,又可提高经济效益。例如,1976 年美国 Alaska 管线铺设完工后,经无损检验发现有 4000 余处缺陷超过"质量控制标准",如果全部返修需耗资 5200 多万美元。经分析评定,这 4000 余处缺陷无一处会危害管线的使用可靠性,美国政府接受了这一评定结果,允许其中有 3 处缺陷的跨河管线不作返修,仅此就节省了数百万美元的费用。

我国在以"合于使用"为原则的缺陷评定技术研究方面起步较晚,但发展很快。1984 年,颁布了我国第一部以 COD 理论为基础的 CVDA−1984《压力容器缺陷评定规范》,先后完成了上千台承压设备的缺陷评定,对防止压力容器破坏事故起到了重要作用,并在保证安全可靠的前提下恢复了一批带缺陷容器的正常使用,取得了重大的经济效益。20 世纪 80 年代中期,开始了对国际上先进的弹塑性断裂分析方法和以 J 积分理论为基础的压力容器缺陷评定技术的深入研究。经过十多年来的努力,1995 年制定了以 J 积分为基础的国产钢种的压力容器安全评定规程 SAPV—1995。由于 SAPV—1995 充分吸收了国内外的最新研究成果,并保留了 CVDA—1984 规范之精华,因此达到了 20 世纪 90 年代初的国际先进水平,在诸多方面和技术上具有创新性。在此基础上为在全国范围内推广应用 SAPV—95 规程,以提高我国压力容器的使用管理和技术检测水平,国家质量技术监督局锅炉压力容器检测中心决定将 SAPV—95 修改为国家标准。经过原参与制定单位的团结协作、共同努力,于 2004 年正式列为国家标准"GB/T 19624 在役含缺陷压力容器安全评定"。

最后需要指出,"合于使用标准"虽解决了"质量控制标准"中所未涉及或未解决的问题,但它决不能取代"质量控制标准",因为其适用条件是不同的。"合于使用标准"是工程实际的需要,是确保安全生产、减少不必要的经济损失所必不可少的;而"质量控制标准"则是保证容器质量、提高制造水平所必需的。

1.6 压力容器及管道的无损检测技术

无损检测技术在对过程装备的材料和整个制造过程以及在役装备检验方面起着重要作用,有效地保证了过程装备的安全。工程上主要的检测方法如下。

1. 射线探伤

同位素探伤主要采用 ^{60}CO 和 ^{192}Ir,由于其灵敏度较低、能量小、照射时间长、需要严格防护,所以用途受到限制,目前主要用于小直径厚壁管子焊缝的探伤。

X 射线探伤主要用于 20~40mm 板厚的检验。荷兰 Phips 公司生产的 X 光机最大能量达 420keV,可探厚度达 100mm 以上。

电子束探伤主要射线源为直线加速器和电子感应加速器。直线加速器靶点较大(3mm),灵敏度稍低(1%),但仍优于 X 光机,照射速度快,价格高。电子感应加速器靶点小(0.1×1mm),灵敏度高(0.3%),照射时间长,价格低。因此,实际检测中在灵敏度能满足要求的条件下,一般常使用直线加速器以缩短检测时间。目前,美国、日本的直线加速器能量可达 15MeV,据称检测厚度 356mm 的时间为 3min。安装于日本的 26MeV 的感应加速器,检测厚度 50 ~ 400mm 的时间为 14min。

2. 超声波探伤

超声波检测压力容器和管道缺陷,是应用最广的无损检验方法,能发现钢板及焊缝中的各类缺陷,且定位较准确、安全、自动化和计算机控制程度高,制造和在役检验都较方便。

目前广泛应用各种方式的脉冲反射机理,已能测出 2 ~ 5mm 的裂纹。

英国巴勃考公司推出容器检测用计算机控制自动超声系统,可检测环焊缝、接管及法兰。信号经处理后可以绘制并显示缺陷形状和位置,且可测定缺陷尺寸。通过更换软件包,可按照容器形状尺寸迅速换用新的扫查程序及其超声方法,探头定位精度为 1mm,从而使缺陷尺寸测量精度达到 2mm,测试通道可达 256 个。

美国电力研究所近年发展的超声检测技术,在影像技术方面采用了复合孔径聚焦法(SAF 法)和声全息法(AH 法)。AH 法对判定缺陷特征的能力,优于脉冲回波法,且不易受不锈钢复层的影响,检测速度快,便于影像重显。

3. 表面探伤

用于表面探伤的方法主要是着色法、磁粉法和涡流法。近年来观察效果不断提高,用光镜、光纤图像仪、电视摄像镜进行检验观察,并可输出图形、信号,通过计算分析使检测更方便准确。

4. 激光探伤

除上述应用比较多的几种无损检测外,用得较多的新技术还有激光全息无损检测技术。物体在受到外界载荷作用下会产生变形,这种变形与物体是否有缺陷直接相关,激光全息照相就是将物体表面和内部的缺陷,通过外界加载的方法,使其在相应的物体表面造成局部的变形,用全息照相来观察和比较这种变形,并记录在不同外界载荷作用下的物体表面的变形情况,进行观察和分析,然后判断物体内部是否存在缺陷。作为一种新的检测技术其有着明显的优点:

(1)它是一种干涉计量技术,干涉计量的精度与波长同数量级,因此极微小的变形都能检验出来,检测的灵敏度很高;

(2)由于激光的相干长度很大,因此可以检验大尺寸物体,只要激光能够充分照射到的物体表面,都能一次检验完毕;

(3)对被检测对象没有特殊要求,可以对任何材料、任意粗糙的表面进行检测;

(4)还可以借助于干涉条纹的数量和分布状态来确定缺陷的大小、部位和深度,便于对缺陷进行定量分析。

随着复合材料和复合结构的应用不断增长,常规检测方法不再能满足要求,随之产生声振无损检测方法,即激励被测件产生机械振动,通过测量被测件振动的特征来判定其缺陷的情况。

对高温设备采用红外线无损检测技术,利用材料或工程结构等运行中的热状态的变化和异常过热,确定被测对象的实际工作状态和判断其结构有无缺陷的情况。此外还有微波无损检测等新技术。

10

习 题

1-1 压力容器与压力管道的特点是什么？为什么要研究其安全性？

1-2 压力容器与压力管道的特点有何异同？为什么存在这些不同特点？

1-3 通过资料查阅，试举一实例说明必须非常重视压力容器与压力管道的安全。

1-4 传统强度理论存在的主要问题是什么？

1-5 断裂力学的研究对象和任务是什么？

1-6 为什么说返修不是处理缺陷的最好办法？

1-7 "合于使用标准"与"质量控制标准"有何不同？

1-8 既然"合于使用标准"解决了"质量控制标准"中所未涉及或未解决的问题，为什么它决不能取代"质量控制标准"？

1-9 按压力容器的制造方法划分，压力容器的种类有哪些？

1-10 工程上常用无损检测有哪些种类？

第2章 线弹性断裂理论及工程应用

固体的断裂可分为脆性断裂和韧性断裂(弹塑性断裂)。脆性断裂的特征是断裂突然发生,没有或仅伴有少量塑性变形,断口平直并与拉伸方向垂直;韧性断裂的特征是伴有明显的塑性变形,断口与拉伸方向成45°,为剪切型断裂。线弹性断裂理论是以线弹性力学为基础的,主要研究材料的脆性断裂或准脆性断裂规律,而弹塑性断裂理论则主要研究材料的韧性断裂规律。

压力容器及管道的断裂,尤其是压力容器及管道的低应力脆断几乎都起源于裂纹。裂纹在外界因素作用下的行为(静止或扩展)与裂纹尖端的应力场直接相关。人们通过对裂纹尖端应力场的研究,提出了一个重要的、能反映裂纹尖端应力场大小的参量——应力强度因子,并建立起相应的适合于工程应用的断裂判据。下面将介绍有关线弹性断裂理论的重要内容。在压力容器及管道的脆性断裂分析及其防止方面,这些内容是极其有用的。

2.1　裂纹类型及其扩展型式

1. 裂纹的类型

在断裂力学中,所谓裂纹含有更广泛的意义,除了物体中因开裂而产生的裂纹外,还包括材料冶炼和焊接过程中的夹渣、气孔,以及加工过程中引起的刀痕、刻槽等。

按裂纹在物体中存在的几何特性,可把裂纹分为穿透裂纹、埋藏裂纹和表面裂纹三种类型。

如果一个裂纹贯穿整个构件厚度,则称为穿透裂纹,如图2-1(a)所示。

若裂纹位于构件内部,在表面上看不到开裂的痕迹,这种裂纹称为埋藏裂纹。计算时常简化为椭圆片状,如图2-1(b)所示。

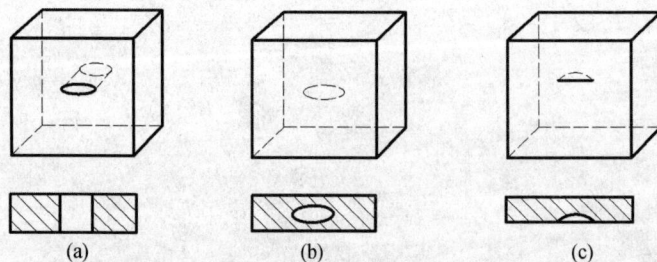

图2-1　裂纹的类型
(a)穿透裂纹;(b)埋藏裂纹;(c)表面裂纹。

若裂纹位于构件的表面或裂纹的深度与构件的厚度相比较小,则称为表面裂纹。计算时常简化为半椭圆形裂纹,如图2-1(c)所示。

有时,虽然裂纹并没有穿透构件厚度,但当裂纹至构件表面的距离小于构件厚度的30%时,可按表面裂纹或穿透裂纹处理。压力容器中的缺陷以及其他结构中的缺陷一般都可简化成这三种裂纹之一来处理。

2. 裂纹的扩展型式

裂纹体因受载荷作用的情况不同,裂纹扩展时呈现的形式是多种多样的,但归纳起来有三种基本形式,即张开型、滑开型(或称滑移型)以及撕开型(或称撕裂型),如图2-2所示。任何裂纹的扩展都是这三种基本形式之一或是它们的某种组合。

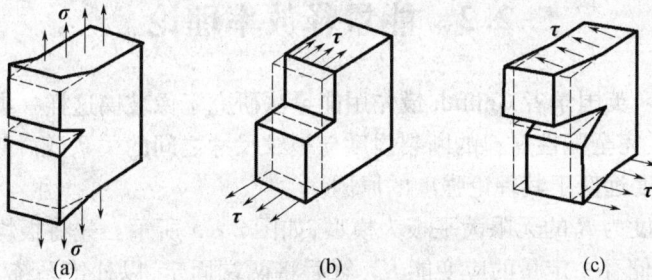

图2-2 裂纹扩展的基本型式

(a) 张开型(Ⅰ型);(b) 滑开型(Ⅱ型);(c)撕开型(Ⅲ型)。

(1) 张开型扩展。张开型扩展也称Ⅰ型扩展(或Ⅰ型加载),它是在垂直于裂纹面的拉应力作用下裂纹尖端张开而扩展的扩展形式,如图2-2(a)所示,扩展方向与拉应力的方向垂直。张开型扩展的裂纹通常称为张开型裂纹,也称为Ⅰ型裂纹。

在工程结构中,尤其是在压力容器中,Ⅰ型裂纹最为常见,也是最具有危险性的裂纹。圆筒形压力容器中,沿轴线方向的纵向裂纹以及垂直于轴线方向的环向裂纹都是典型的Ⅰ型裂纹。

(2) 滑开型扩展。滑开型扩展也称Ⅱ型扩展,它是在平行于裂纹表面的切应力作用下,裂纹滑开而扩展的扩展形式,如图2-2(b)所示。扩展方向与剪应力方向平行。滑开型扩展的裂纹称为滑开型裂纹,也称Ⅱ型裂纹。纯受剪的构件在受剪平面上的裂纹属于Ⅱ型裂纹,如图2-3所示的铆钉中的裂纹。

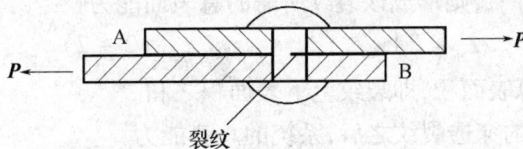

图2-3 铆钉中的Ⅱ型裂纹

(3) 撕开型扩展。撕开型扩展也称Ⅲ型扩展,它是在平行于裂纹表面的切应力作用下,裂纹表面相互撕开(扭开)而扩展的扩展形式,如图2-2(c)所示,扩展方向与切应力方向垂直。撕开型扩展的裂纹称为撕开型裂纹,也称Ⅲ型裂纹。

搅拌釜的搅拌轴中,在垂直于轴线的平面内扩展的裂纹(图2-4)属于Ⅲ型裂纹。

13

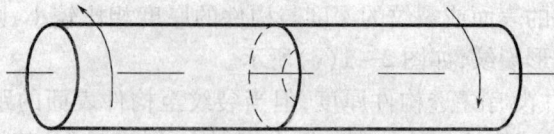

图 2 - 4 搅拌轴上的裂纹缺陷

如果裂纹同时受到拉应力和切应力的作用,就有可能同时产生张开型扩展和滑开型扩展或张开型扩展和撕开型扩展。处于这种状态的裂纹称为复合型裂纹。由于张开型裂纹最危险,因此在工程中往往把复合型裂纹转化为张开型裂纹来处理。

2.2 能量释放率理论

早在 1920 年,英国学者 Gniffith 最先用能量法研究了像玻璃这样一类裂纹体的强度。通过分析,建立了完全脆性材料的断裂强度与裂纹尺寸之间的关系,解释了为什么脆性材料的实际抗拉强度远低于其理论强度的原因。

Griffith 以厚度为 B 的无限大平板为模型,如图 2 - 5 所示。先将板均匀拉伸,使之在拉应力 σ 作用下储存一定量的应变能 U_0,然后将两端固定,以杜绝系统与外界的能量交换。在这种情况下,如在板中央沿垂直于 σ 的方向产生一条长为 $2a$ 的穿透裂纹,裂纹上下自由表面上的应力将由原来的 σ 降为零,同时发生相对张开位移,使系统中的部分弹性应变能得以释放。Griffith 利用 Inglis(英格列斯)关于无限大平板开椭圆孔后的应力和位移场分析结果(亦即 Inglis 解),按弹性理论算得当椭圆孔短轴尺寸趋于零时,系统中弹性应变能的改变为

$$\Delta U = \frac{\pi \sigma^2 a^2 B}{E} = -\frac{\pi \sigma^2 A^2}{4EB}$$

式中 E——材料的弹性模量;

A——裂纹单侧自由表面的面积,$A = 2aB$。

于是,由于产生了裂纹,系统的弹性应变能成为

$$U = U_0 + \Delta U = U_0 - \frac{\pi \sigma^2 A^2}{4EB} \qquad (2 - 1)$$

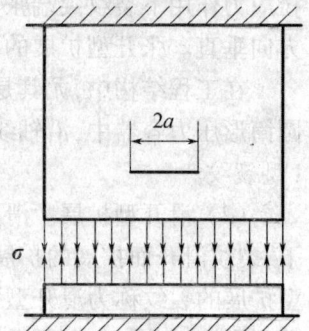

图 2 - 5 Griffith 脆性断裂问题的力学模型

另外,形成裂纹表面需要提供一定的能量。如设形成单位新表面所需的表面能为 γ_s,则形成该裂纹所需的总表面能为

$$\Gamma = 2A\gamma_s \qquad (2 - 2)$$

式中 $2A$——裂纹的总表面积,即裂纹上下表面积之和。

故产生长度为 $2a$ 的穿透裂纹之后,系统的总势能为

$$\Pi = U + \Gamma = U_0 - \frac{\pi \sigma^2 A^2}{4EB} + 2A\gamma_s$$

根据势能驻值原理,在平衡状态时,应有

$$\frac{\partial \Pi}{\partial A} = 0 \quad 或 \quad -\frac{\partial U}{\partial A} = \frac{\partial \Gamma}{\partial A} \qquad (2 - 3)$$

将式(2 - 1)和式(2 - 2)代入式(2 - 3),则得

14

$$\frac{\pi \sigma^2 A}{2EB} = \frac{\pi \sigma^2 a}{E} = 2\gamma_s \qquad (2-4)$$

由于 $\frac{\partial^2 \Pi}{\partial A^2} = -\frac{\pi \sigma^2}{2EB} < 0$，所以 Griffith 认为：当裂纹尺寸满足式(2-4)时，裂纹将处于不稳定平衡状态，Π 有极大值，即裂纹处于扩展的临界状态。

如令

$$G_I = -\frac{\partial U}{\partial A} = \frac{\pi \sigma^2 a}{E} \qquad (2-5a)$$

$$G_{Ic} = \frac{\partial \Gamma}{\partial A} = 2\gamma_s \qquad (2-5b)$$

实际上，G_I 就是裂纹扩展单位面积系统所释放出的能量，称为能量释放率，它是促使裂纹扩展的驱动力；而 G_{Ic} 则为裂纹扩展单位面积形成自由表面所需要的能量，是材料本身抵抗裂纹扩展的能力，故称之为材料的断裂韧性，其值可由试验测定。显然，当 $G_I < G_{Ic}$，裂纹不会发生开裂，从而处于稳定状态；当 $G_I = G_{Ic}$ 时，裂纹具备了开裂扩展的条件，达到了不稳定的临界状态；当 $G_I > G_{Ic}$，裂纹就会突然开裂并迅速扩展，直至断裂。通常把裂纹发生迅速扩展的现象称为失稳扩展。因此，I 型裂纹脆性断裂的能量判据(又称 G 判据)为

$$G_I = \sigma_f \qquad (2-6)$$

由此可得，断裂应力 σ_f 与裂纹临界尺寸 a_c 之间的关系为

$$\sigma_f = \sqrt{\frac{EG_{Ic}}{\pi a_c}}$$

由于脆性材料或高强度材料的韧性一般很低，对裂纹非常敏感，因此容易发生低应力脆断。例如，美国"北极星"导弹发动机壳体的工作应力达 1400MPa，而壳体材料的断裂韧性 a_c 仅为 $16.2N \cdot mm/mm^2$，此时裂纹的临界尺寸 a_c 为 0.526mm，由于探伤仪灵敏度有限，这样小的裂纹往往漏检，因而发生低应力脆断也就不足为奇了。

Griffith 理论的重要意义在于它第一次确立了应力、裂纹尺寸和材料断裂韧性之间的关系，为断裂力学的创立奠定了理论基础。但由于该结果是针对完全脆性材料在线弹性材料前提下导出的，因而要求裂纹在扩展过程中始终保持线弹性，而不允许出现任何塑性现象，从而使其应用受到了限制。这也就是 Griffith 理论长期得不到重视和发展的原因。

在 Griffith 理论提出 30 年之后，Orowan(奥罗文)通过对金属材料裂纹扩展过程的研究指出，对于金属材料裂纹扩展前在其尖端附近会产生一个塑性变形区，裂纹扩展必须首先通过塑性区，因此提供裂纹扩展的能量除用于形成新表面所需的表面能外，还用于塑性变形所作的塑性功。如设裂纹扩展单位面积内力在塑性变形过程中所作的塑性功为 γ_p，则形成裂纹总表面积所需的能量为

$$\Gamma = 2A(\gamma_s + \gamma_p)$$

因此，对于金属材料的断裂，应有

$$G_{Ic} = \frac{\partial \Gamma}{\partial A} = 2(\gamma_s + \gamma_p) \qquad (2-7)$$

Griffith 理论经 Orowan 这一修正，便可应用于金属材料的裂纹扩展问题。

最后尚需说明，以上公式是以薄板为模型而建立的，属于平面应力问题。对于平面应

变情况,应用时只要把上述公式中的 E 代之以 $E/(1-\mu^2)$,μ 为材料的泊松比,即得平面应变状态下的解答。

2.3　裂纹尖端的应力场

Griffith 和 Orowan 从能量平衡的角度,分析得出了 I 型裂纹脆性断裂的能量判据,但形成新裂纹所需的能量率测定较为困难,不便于实际应用。实际上裂纹在外力作用下处于平衡还是扩展,与裂纹尖端附近的应力分布有直接关系。为此,Irwin 在他人对裂纹尖端的应力场进行分析而得到一组具有奇异性解的基础上,通过研究,提出了一个新的力学参量——应力强度因子,并建立了相应的断裂判据。这样一来,断裂问题便与弹性力学广泛地联系起来,从而形成了线弹性断裂力学体系。

从断裂力学的角度出发来研究裂纹在外界作用下的行为,首先必须对裂纹尖端的应力状态加以研究,以找出决定裂纹行为的参量。在本节,为了简明起见,直接给出 I 型、II 型、III 型裂纹的裂纹尖端附近应力场,它们的推导过程从略。

2.3.1　无限大平板中的 I 型穿透裂纹尖端附近的应力场

图 2-6 所示为一具有中心穿透裂纹的无限大平板。板的长度和宽度都为无限大,中心穿透裂纹的长度为 $2a$,裂纹位于 x 轴上,在离裂纹足够远处沿 x 方向和 y 方向作用有均布的拉应力 σ。这就是 Westergaard 在 1939 年提出的关于脆性断裂问题的力学模型。

应用线弹性力学的基本方程,采用 Westergaard 应力函数,并联系该力学模型的边界条件就可以解出该力学问题的应力解。结果表明,在裂纹尖端附近($r\ll a$)任意一点 $p(r,\theta)$ 处的应力近似解为

$$\begin{cases} \sigma_x = \dfrac{\sigma\sqrt{\pi a}}{\sqrt{2\pi r}}\cos\dfrac{\theta}{2}\left(1-\sin\dfrac{\theta}{2}\sin\dfrac{3\theta}{2}\right) \\[2mm] \sigma_y = \dfrac{\sigma\sqrt{\pi a}}{\sqrt{2\pi r}}\cos\dfrac{\theta}{2}\left(1+\sin\dfrac{\theta}{2}\sin\dfrac{3\theta}{2}\right) \\[2mm] \tau_{xy} = \dfrac{\sigma\sqrt{\pi a}}{\sqrt{2\pi r}}\cos\dfrac{\theta}{2}\sin\dfrac{\theta}{2}\cos\dfrac{3\theta}{2} \\[2mm] \sigma_z = \begin{cases} \dfrac{\sigma\sqrt{\pi a}}{\sqrt{2\pi r}}2\mu\cos\dfrac{\theta}{2} & \text{(平面应变)} \\[2mm] 0 & \text{(平面应力)} \end{cases} \end{cases} \quad (2-8)$$

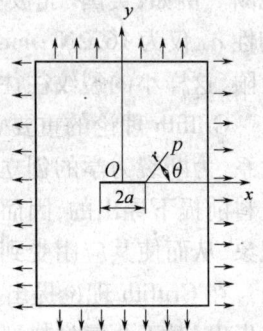

图 2-6　具有中心穿透裂纹、两向受均匀拉伸的无限大平板

2.3.2　无限大平板中 II 型穿透裂纹尖端附近的应力场

对具有中心穿透裂纹的无限大平板的 II 型裂纹,其裂纹尖端应力场求解问题的力学模型如图 2-7 所示。裂纹位于 x 轴上,长为 $2a$,坐标原点位于裂纹中点处,远离裂纹处作用有如图所示的剪应力 τ。根据平衡条件及边界条件,选用适当的应力函数,可求得 II 型穿透裂纹尖端附近($r\ll a$)的应力场近似解为

$$\begin{cases} \sigma_x = -\dfrac{\tau \sqrt{\pi a}}{\sqrt{2\pi r}} \sin \dfrac{\theta}{2} \left(2 + \cos \dfrac{\theta}{2} \cos \dfrac{3\theta}{2} \right) \\[2mm] \sigma_y = \dfrac{\tau \sqrt{\pi a}}{\sqrt{2\pi r}} \cos \dfrac{\theta}{2} \sin \dfrac{\theta}{2} \cos \dfrac{3\theta}{2} \\[2mm] \tau_{xy} = \dfrac{\tau \sqrt{\pi a}}{\sqrt{2\pi r}} \cos \dfrac{\theta}{2} \left(1 - \sin \dfrac{\theta}{2} \sin \dfrac{3\theta}{2} \right) \\[2mm] \sigma_z = \begin{cases} \dfrac{\sigma \sqrt{\pi a}}{\sqrt{2\pi r}} 2\mu \cos \dfrac{\theta}{2} & \text{（平面应变）} \\[2mm] 0 & \text{（平面应力）} \end{cases} \end{cases} \tag{2-9}$$

2.3.3　无限大平板中Ⅲ型穿透裂纹尖端附近的应力场

对具有中心穿透裂纹的无限大平板的Ⅲ型裂纹,其裂纹尖端应力场求解问题的力学模型如图 2-8 所示。裂纹位于 x 轴上,在远离裂纹处作用有如图所示的剪应力 τ,切应力方向垂直于 $x-y$ 平面。可以看出,与Ⅰ型裂纹、Ⅱ型裂纹不同,Ⅲ型裂纹已不属于平面问题。但是,在小变形条件下,其应力分量仍仅为 x、y 的函数,与坐标 z 无关,仍然属于二维问题。与Ⅱ型裂纹问题类似,可求得Ⅲ型裂纹尖端附近($r \ll a$)的应力场为

$$\begin{cases} \tau_{xz} = -\dfrac{\tau \sqrt{\pi a}}{\sqrt{2\pi r}} \sin \dfrac{\theta}{2} \\[2mm] \tau_{xz} = \dfrac{\tau \sqrt{\pi a}}{\sqrt{2\pi r}} \cos \dfrac{\theta}{2} \end{cases} \tag{2-10}$$

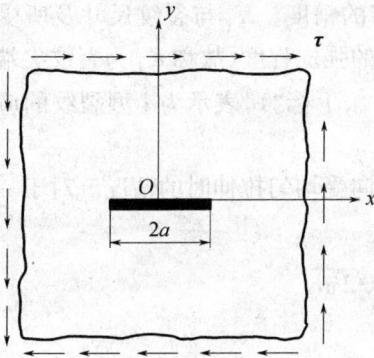

图 2-7　具有中心穿透裂纹无限
大平板的Ⅱ型裂纹模型

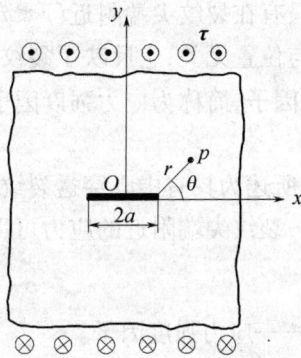

图 2-8　具有中心穿透裂纹无限
大平板的Ⅲ型裂纹模型

2.4　应力强度因子及其断裂判据

2.4.1　应力强度因子

2.3 节中给出了在弹性状态下,具有中心穿透裂纹的无限大平板中的Ⅰ型、Ⅱ型、Ⅲ型裂纹尖端的应力场表达式。从应力表达式中可以看出,裂纹尖端的应力场可由两部分

17

来描述:一部分是关于裂纹尖端应力场分布的描述,这部分与所考虑点的位置有关,是点的坐标的函数;另一部分是关于应力场强度的描述,反映应力场的强弱,这部分与裂纹尺寸及所受的应力有关。下面,以无限大平板中的Ⅰ型穿透裂纹尖端附近的应力场为例来加以说明。

在式(2-5)中,令

$$K_{\text{I}} = \sigma \sqrt{\pi a} \tag{2-11}$$

$$\begin{cases} f_x(\theta) = \cos \dfrac{\theta}{2}\left(1 - \sin \dfrac{\theta}{2}\sin \dfrac{3\theta}{2}\right) \\[2mm] f_y(\theta) = \cos \dfrac{\theta}{2}\left(1 + \sin \dfrac{\theta}{2}\sin \dfrac{3\theta}{2}\right) \\[2mm] f_{xy}(\theta) = \cos \dfrac{\theta}{2}\sin \dfrac{\theta}{2}\sin \dfrac{3\theta}{2} \end{cases} \tag{2-12}$$

$$\begin{cases} \sigma_x = K_{\text{I}} \times f_x(\theta) / \sqrt{2\pi r} \\[2mm] \sigma_y = K_{\text{I}} \times f_y(\theta) / \sqrt{2\pi r} \\[2mm] \sigma_{xy} = K_{\text{I}} \times f_{xy}(\theta) / \sqrt{2\pi r} \end{cases} \tag{2-13}$$

从式(2-13)可以看出,裂纹尖端附近的应力由 K_{I} 和 $f_i(\theta)/\sqrt{2\pi r}$ $(i=x,y,z)$ 两部分组成。函数 $f_i(\theta)/\sqrt{2\pi r}$ 与裂纹尖端附近点的位置有关,而与裂纹尺寸和所受的外力无关,它在应力表达式中起着反映裂纹尖端应力场分布状况的作用,即反映裂纹尖端附近不同位置处应力的相对大小,它具有奇异性,当 $r \to 0$ 时, $f_i(\theta)/\sqrt{2\pi r}$ 趋向于无穷大;而当 $r \to \infty$ 时,无论边界条件如何,都有 $\sigma_{ij} \to 0$,与实际情况不符,这说明上述应力场并非问题的真解,只有在裂纹尖端附近 $(r \ll a)$ 时,才具有足够的精度。K_{I} 与裂纹尺寸及所受外力有关,而与位置无关,它反映了裂纹尖端附近应力场的强弱程度,故称 K_{I} 为裂纹尖端的应力场强度因子,简称为应力强度因子,单位为 $\text{N}/\text{mm}^{1.5}$,下标"Ⅰ"表示为Ⅰ型裂纹的应力强度因子。

以上所述为具有中心穿透裂纹的无限大平板两向受均匀拉伸时的情况。对于一般的裂纹问题,裂纹尖端附近的应力可用下式表示:

$$\sigma_{ij} = K_{\text{I}} \times f_{ij}(\theta) / \sqrt{2\pi r}$$

式中 K——应力强度因子。

K 可用下式表示:

$$K = Y\sigma \sqrt{\pi a} \tag{2-14}$$

式(2-14)即为一般裂纹体的应力强度因子表达式,其中 Y 为与裂纹体的几何边界有关的修正系数,一般 $Y \geq 1$,具体数值可通过计算或查阅有关的应力强度因子手册得到。

对具有中心穿透裂纹的无限大平板中的Ⅰ型裂纹、Ⅱ型裂纹及Ⅲ型裂纹,从其裂纹尖端的应力表达式中可以看出 $Y=1$,故它们的应力强度因子表达式分别为

$$K_{\text{I}} = \sigma \sqrt{\pi a} \tag{2-14a}$$

$$K_{\text{II}} = \tau \sqrt{\pi a} \tag{2-14b}$$

$$K_{\text{III}} = \tau \sqrt{\pi a} \qquad\qquad (2-14c)$$

2.4.2 应力强度因子断裂判据

当构件内部存在裂纹时,不能按照常规的强度观点($\sigma \leqslant [\sigma]$),即不能用裂纹端部的应力大小来判断裂纹是否会发生不稳定扩展(或失稳扩展)。那么,决定裂纹是否会发生失稳扩展的参量是什么呢? 事实表明,这个参量是裂纹尖端的应力强度因子。含裂纹构件的断裂与否,取决于裂纹的尺寸以及所受的载荷,而应力强度因子 K 正是一个把裂纹尺寸和构件所受的载荷联系在一起的参量。大量试验证明,对含裂纹构件,随着外载的增加,裂纹的应力强度因子也增大,当应力强度因子增大到某一临界值后,裂纹就会突然开裂并迅速扩展,直到断裂。一般地,把裂纹发生迅速扩展的现象称为裂纹的失稳扩展。裂纹刚要失稳扩展时的应力强度因子值称为临界应力强度因子,记为 K_c,它是反映材料抵抗断裂能力的性能指标,所以也称材料的断裂韧性,其单位为 $\text{N}/\text{mm}^{1.5}$。

综上所述,按应力强度因子理论建立的断裂判据为

$$K_{\text{I}} = K_{\text{Ic}} \qquad\qquad (2-15)$$

对 I 型、II 型、III 型裂纹,式(2-15)可分别写成

$$K_{\text{I}} = K_{\text{Ic}} \qquad\qquad (2-15a)$$
$$K_{\text{II}} = K_{\text{IIc}} \qquad\qquad (2-15b)$$
$$K_{\text{III}} = K_{\text{IIIc}} \qquad\qquad (2-15c)$$

式(2-15)的断裂判据表示为应力强度因子 K 达到材料的临界应力强度因子 K_c 时,裂纹就要发生失稳扩展。由于 I 型裂纹最常见,也最为危险,所以在工程应用中,一般把其他形式的裂纹也转化成 I 型裂纹来处理,统一采用 I 型裂纹的断裂判据式(2-15a)进行断裂判断。在工程实际中,一般认为,$K_{\text{I}} \leqslant 0.6 K_{\text{Ic}}$ 为安全区;$0.6 K_{\text{Ic}} < K_{\text{I}} < K_{\text{Ic}}$ 为不稳定区;$K_{\text{I}} \geqslant K_{\text{Ic}}$ 为失稳断裂区。

K_{Ic} 值由试验测得,它是材料抵抗因裂纹引起断裂能力的反映。K_{Ic} 值越高,说明材料的抗断裂能力越好,越不容易发生低应力脆断。

2.4.3 应力强度因子求解方法

1. 应力强度因子的一般定义

应力强度因子是描述裂纹尖端应力场强弱的参量。从前面的分析可知,裂纹尖端的应力场具有奇异性。应力强度因子作为描述这种具有奇异性应力场的参量,当考虑裂纹尖端区域任意一点的坐标趋于奇异点(裂纹顶点)时,应力强度因子更一般的定义为

$$\begin{cases} K_{\text{I}} = \lim_{r \to 0} \sqrt{2\pi r} \cdot \sigma_y \big|_{\theta=0} \\[2mm] K_{\text{II}} = \lim_{r \to 0} \sqrt{2\pi r} \cdot \tau_{xy} \big|_{\theta=0} \\[2mm] K_{\text{III}} = \lim_{r \to 0} \sqrt{2\pi r} \cdot \tau_{xy} \big|_{\theta=0} \end{cases} \qquad (2-16)$$

由此可以看出,要求解裂纹尖端的应力强度因子,只要把裂纹尖端的应力场先求出来,然后按式(2-16)取其在裂纹尖端处的极限值即可。

裂纹尖端应力场的求解方法一般可分为四种：①根据弹性理论按严格的边界条件求得相对精确的解析解(如 Westergaard 和 Muskhelishvili 应力函数法)，这种解法只适用于一些简单的断裂问题，如具有穿透裂纹的无限大平板等；②根据弹性理论按近似的边界条件(或不完全的边界条件)求得近似的解析解(如边界配位法)，这种解法适用于一些形状规则的裂纹体的断裂问题，如三点弯曲试样和紧凑拉伸试样等；③数值解法(如有限单元法)，这种解法适用于各种裂纹体的断裂问题，但只针对具体尺寸的裂纹体，无解析解；④试验法，借助于试验手段来获得裂纹尖端区域的应力场分布。

2. 应力强度因子的迭加原理及其应用

在一定条件下，应力强度因子还可借助于迭加法求解。当裂纹体受不同载荷作用时，在弹性范围内对同一裂纹的同一扩展型式来说，组合载荷在该裂纹尖端处引起的应力强度因子等于各载荷在该裂纹尖端处引起的应力强度因子之和。

作为迭加原理的应用，现考察图 2－9 所示带有穿透裂纹并受单向均匀拉伸的无限大平板。对于这一裂纹模型，可用 Muskhelishvili 应力函数来求解其裂纹尖端的应力强度因子，但更为简单的方法是采用应力强度因子的迭加原理进行求解。

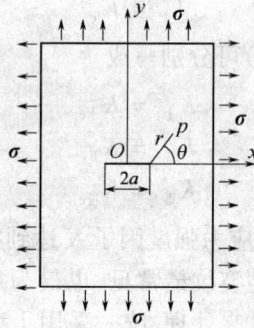

图 2－9　具有穿透裂纹并受单向均匀拉伸的无限大板

如图 2－10 所示，受双向拉伸的平板图 2－10(a)可看成是两个相互垂直的单向拉伸情况图 2－10(b)和图 2－10(c)的组合。由于平行于裂纹的拉应力 σ 不引起裂尖应力集中，因此图 2－10(c)所示裂纹问题的应力强度因子为零，故对于具有穿透裂纹的无限大板，沿裂纹法向受均布拉应力 σ 作用引起的应力强度因子，与双向受均布拉应力 σ 作用引起的应力强度因子相等，即

$$K_{\mathrm{I}}^{(b)} = K_{\mathrm{I}}^{(a)} = \sigma \sqrt{\pi a} \qquad (2-17)$$

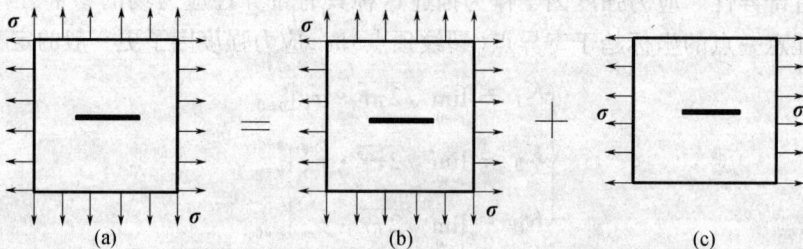

图 2－10　应力强度因子叠加计算图解

20

同理可得,图 2-11 所示在裂纹面上受均布拉应力 σ 作用引起的应力强度因子与图 2-9 所示情况是等同的。

2.4.4 其他带穿透裂纹构件的 K_I 计算公式

目前绝大多数基本弹性裂纹问题似乎都已用解析法或数值法给出解答,有许多摘有应力强度因子的书籍可查,《应力强度因子手册》是这方面最完整的原始资料。除前已介绍的穿透裂纹模型以外,这里再列出几种其他带穿透裂纹构件的应力强度因子公式。

1. 无限大板中受对称劈开力作用的穿透裂纹

图 2-12 为一具有穿透裂纹的无限大板,在裂纹面的 $x = \pm b$ 处各作用一对劈开力 P。对这一问题,可采用 Westergaard 应力函数进行求解,其应力强度因子为

$$K_I = \frac{2P}{\sqrt{a^2 - b^2}}\sqrt{\frac{a}{\pi}} \qquad (2-18)$$

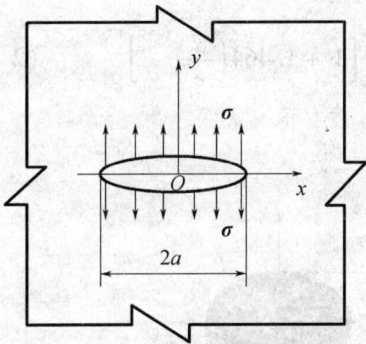

图 2-11 具有穿透裂纹并在裂纹面上
作用有均匀压力的无限大板

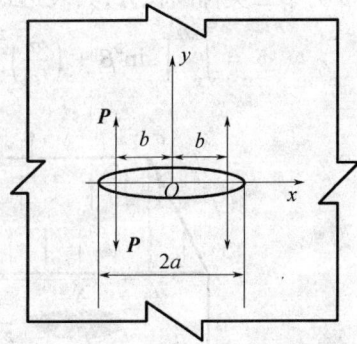

图 2-12 无限大板中受对称劈
开力作用的穿透裂纹

利用这一解答,可根据应力强度因子叠加原理来求解裂纹面上受任意对称分布压力作用的裂纹问题,如图 2-11 所示的裂纹模型。

2. 半无限大板中受单向均匀拉伸的边缘裂纹

受单向均匀拉伸半无限大板中的边缘裂纹模型如图 2-13 所示,可看成是由无限大板中心穿透裂纹模型(图 2-9)对称切割而得,但由于切割后的对称面失去了相互约束而成为自由边界。为近似满足这一边界条件,Koiter(库艾特)采用复变应力函数多项式映射的方法求得其应力强度因子为

$$K_I = 1.1\sigma\sqrt{\pi a} \qquad (2-19)$$

比较无限大板中穿透裂纹模型的应力强度因子表达式(2-17),可以看出式(2-19)中的系数 1.1 反映了自由边界对应力强度因子的影响。

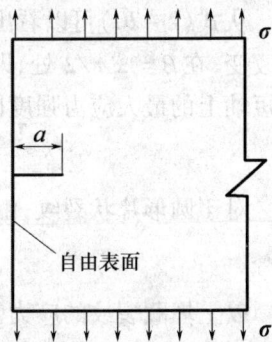

自由表面

图 2-13 半无限大板中受
单向均匀拉伸的边缘裂纹

2.4.5 非穿透裂纹的 K_I 计算公式

前面给出的应力强度因子计算公式都是针对穿透裂纹而言的,而实际中绝大多数板和壳体的破裂,常常是在裂纹没有穿透厚度的情况下发生的。对于锻件、铸件和焊接结构,裂纹及平面缺陷也多数存在于构件的内部及表面。因此,对非穿透裂纹(埋藏裂纹和表面裂纹)的分析,是断裂力学的重要内容。

1. 椭圆片状埋藏裂纹

设一无限大体内有一椭圆形片状裂纹,如图 2-14 所示,在与裂纹面垂直的方向上受均布拉应力 σ 作用。裂纹的长轴为 $2c$,短轴为 $2a$,周界上任意点 p 处所对应的方位角为 β。Irwin 根据 Green(格林)和 Snedden(斯耐登)对弹性体内椭圆片状裂纹附近的应力场分析结果,推出裂纹周界上任意点 p 处的应力强度因子为

$$K_I = \frac{\sigma \sqrt{\pi a}}{\phi}\left[\sin^2\beta + \left(\frac{a}{c}\right)^2\cos^2\beta\right]^{1/4} \qquad (2-20)$$

式中　ϕ 为第二类椭圆积分,其表达式为

$$\phi = \int_0^{\pi/2}\left[\sin^2\beta + \left(\frac{a}{c}\right)^2\cos^2\beta\right]^{1/2}\mathrm{d}\beta \approx \left[1 + 1.464\left(\frac{a}{c}\right)^{1.65}\right]^{1/2} \qquad (2-21)$$

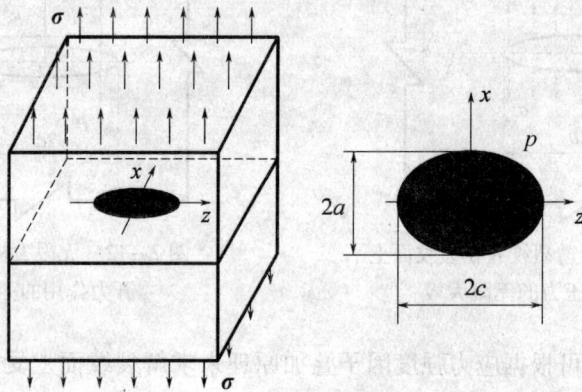

图 2-14　椭圆片状深埋裂纹

从式(2-20)可以看出,埋藏裂纹周界上各点的 K_I 值是不同的,随方位角 β 的变化而改变,在 $\beta = \pm\pi/2$ 处,即在裂纹短轴上,K_I 值最大。工程上一般把椭圆片状埋藏裂纹在短轴上的最大应力强度因子作为其应力强度因子计算的基本公式,即

$$K_I = \sigma \sqrt{\pi a/\phi} \qquad (2-22)$$

对于圆形片状裂纹,由于 $a = c$、$\phi = \pi/2$,则

$$K_I = \sigma \sqrt{a/\pi} \qquad (2-23)$$

以上埋藏裂纹的应力强度因子是建立在无限大体之上的,为深埋裂纹。而实际中如板和压力容器的壳体中的内部缺陷大多数都距离表面较近,属于浅埋裂纹,因此上述应力强度因子计算公式还不能完全适用于工程情况。

关于半无限体或有限体中的浅埋裂纹,如图 2-15 所示,由于问题的复杂性,其应力

强度因子的精确解很难得到。为寻找这类问题的近似解,可假想图 2 – 15 所示的裂纹模型是由图 2 – 14 所示模型在靠近裂纹的部位垂直截取而得。这样,由于所截截面成了自由表面,弹性约束减少,应力松弛,从而使靠近自由表面的裂尖应力强度因子增大。于是,如考虑自由表面对 K_I 的影响,而在式(2 – 22)中引入一个修正系数,即可求得浅埋裂纹的应力强度因子近似表达式,其形式为

$$K_I = \frac{\Omega}{\phi} \sigma \sqrt{\pi a} \qquad (2 - 24)$$

式中　Ω——考虑自由表面的影响而引入的一个修正系数,称为近表面修正系数,与裂纹尺寸及裂纹在裂纹体中的位置有关。可采用以下经验公式计算:

$$\begin{cases} \Omega = 1 + b\left(\dfrac{a}{p_1 + a}\right)^k \\ b = \left[0.42 + 2.23\left(\dfrac{a}{c}\right)^{0.8}\right]^{-1} \\ k = 3.3 + \left[1.1 + 50\left(\dfrac{a}{c}\right)\right]^{-1} + 1.95\left(\dfrac{a}{c}\right)^{1.5} \end{cases} \qquad (2 - 25)$$

式中　p_1 为埋藏裂纹至自由表面的最小距离。可见当 $p_1 \to \infty$ 时,$\Omega = 1$,浅埋裂纹就成为深埋裂纹。

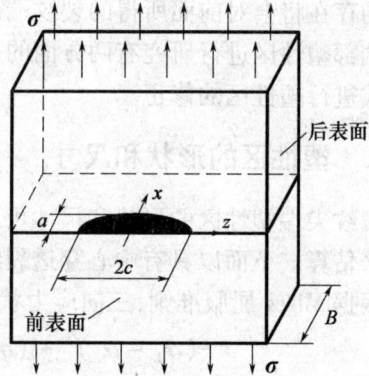

2. 半椭圆片状表面裂纹

对实际构件,尤其是压力容器来说,表面裂纹是最常见的,如图 2 – 16 所示。若裂纹深度 a 远比板厚 B 小得多,即 $a \ll B$,可把它视为半无限体中的表面裂纹或浅表面裂纹;否则,按有限体中的表面裂纹或深表面裂纹处理。

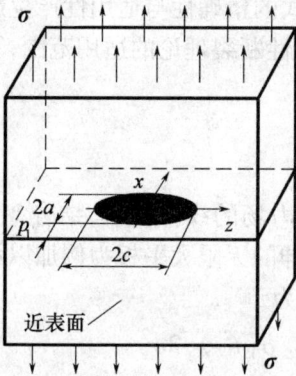

图 2 – 15　椭圆片状浅埋裂纹　　　　图 2 – 16　半椭圆片状表面裂纹

由于表面裂纹问题很复杂,用数学方法处理难度较大,其应力强度因子的计算只能通过不同方法得到各种近似估算公式。对于浅表面裂纹,Irwin 从深埋裂纹出发,通过与二维问题进行类比,求得了这类问题的近似解答。他认为:浅表面裂纹的应力强度因子与深埋裂纹的应力强度因子之比,等于半无限大板中边缘裂纹的应力强度因子与无限大板中心穿透裂纹的应力强度因子之比。因此有

$$K_I = \frac{1.1}{\phi} \sigma \sqrt{\pi a} \qquad (2 - 26)$$

即浅表面裂纹最深点的应力强度因子是深埋裂纹的 1.1 倍。

式(2-26)是比较粗略的,它既没有考虑裂纹的几何参数 a/c 对 K_I 的影响,也没有考虑后表面对 K_I 的影响,因而不适用于表面裂纹较深的情况。

与浅表面裂纹相比,深表面裂纹更为复杂。为了求得这类问题的近似解,一般也都从深埋裂纹出发,考虑前后自由表面对 K_I 的影响,予以修正,从而得出深表面裂纹的应力强度因子近似计算公式,即

$$K_I = \frac{F}{\phi} \sigma \sqrt{\pi a} \qquad (2-27)$$

式中　F——前后表面修正系数,与裂纹尺寸及裂纹体的厚度有关。

目前,关于 F 的表达形式很多,但其结果差别较大。我国在大量试验基础上,对20多个经验公式进行了综合评价,认为其中 Schmitt – Keim(施米特—凯姆)于 1979 年通过对受压圆筒裂纹能量释放率的有限元计算提出的公式,误差最小且又简单,其形式为

$$F = 1.1 + 5.2 \times (0.5)^{5a/c} \times (a/B)^{1.8+a/c} \qquad (2-28)$$

式中　B——裂纹体的厚度。

可见当 $a \ll B$ 时,$F \to 1.1$,深表面裂纹就成为浅表面裂纹。

2.5　塑性区修正与线弹性断裂理论的适用范围

在 2.1.3 节中提到,裂纹尖端部位应力的线弹性解只适用于裂纹尖端附近区域。另外,由应力场的应力表达式会得出当 r 趋向于零时应力将趋向于无穷大。然而,就金属材料而言,裂纹尖端会出现一个或大或小的塑性区,应力不会无限增大。显然,裂纹尖端塑性区的存在将会对前面所得的裂纹端部的应力分布公式的精确性与适用性产生影响。对裂纹端部塑性区进行研究有两方面的目的:①判定线弹性断裂理论的适用范围;②对线弹性公式进行塑性区的修正。

2.5.1　塑性区的形状和尺寸

裂纹尖端塑性区的形状和尺寸可通过裂纹端部应力场的线弹性解,结合 Mises 屈服条件来估算。下面以具有中心穿透裂纹两向受均布拉伸的无限大平板为例加以说明。

根据 Mises 屈服准则,三向应力状态下的屈服条件为

$$(\sigma_1 - \sigma_2)^2 + (\sigma_2 - \sigma_3)^2 + (\sigma_3 - \sigma_1)^2 = 2\sigma_s^2 \qquad (2-29)$$

式中　$\sigma_1, \sigma_2, \sigma_3$——所考虑点的三个主应力;

σ_s——材料的屈服点应力。

由材料力学知识可知,裂纹端部的三个主应力可按下式求解:

$$\begin{cases} \sigma_1 = \dfrac{1}{2}(\sigma_x + \sigma_y) + \dfrac{1}{2}[(\sigma_x - \sigma_y)^2 + 4\tau_{xy}^2]^{1/2} \\[2mm] \sigma_2 = \dfrac{1}{2}(\sigma_x + \sigma_y) - \dfrac{1}{2}[(\sigma_x - \sigma_y)^2 + 4\tau_{xy}^2]^{1/2} \\[2mm] \sigma_3 = \begin{cases} \mu(\sigma_1 + \sigma_2) & (\text{平面应变}) \\ 0 & (\text{平面应力}) \end{cases} \end{cases} \qquad (2-30)$$

式中 $\sigma_x, \sigma_y, \tau_{xy}$——式(2-8)所表示的应力。

1. 平面应变条件下的塑性区

将平面应变条件下的式(2-8)代入主应力求解式(2-30)中,并注意到 $K_I = \sigma \sqrt{\pi a}$,可得平面应变条件下裂纹端部三个主应力的表达式为

$$\begin{cases} \sigma_1 = \dfrac{K_I}{\sqrt{2\pi r}}\cos\dfrac{\theta}{2}\Big(1 + \sin\dfrac{\theta}{2}\Big) \\[2mm] \sigma_2 = \dfrac{K_I}{\sqrt{2\pi r}}\cos\dfrac{\theta}{2}\Big(1 - \sin\dfrac{\theta}{2}\Big) \\[2mm] \sigma_3 = \dfrac{2\mu K_I}{\sqrt{2\pi r}}\cos\dfrac{\theta}{2} \end{cases} \qquad (2-31)$$

将此式代入式(2-29),即可得平面应变条件下裂纹端部"塑性区"的边界曲线方程:

$$\frac{K_I^2}{2\pi r}\Big[\frac{3}{2}\sin^3\theta + (1 - 2\mu)^2(1 + \cos\theta)\Big] = 2\sigma_s^2 \qquad (2-32)$$

将式(2-32)整理后可得

$$r = \frac{K_I^2}{2\pi\sigma_s^2}\cos^2\frac{\theta}{2}\Big[(1 - 2\mu)^2 + 3\sin^2\frac{\theta}{2}\Big] \qquad (2-33)$$

按式(2-33)绘出的塑性区形状(范围)如图 2-17 中的虚线所示。

通常,用裂纹线上的塑性区尺寸 r_0 来表征裂纹尖端塑性区的大小。在裂纹线上,方向角 $\theta = 0°$,代入式(2-33),得

$$r_0 = r\mid_{\theta = 0°} = \frac{K_I^2}{2\pi\sigma_s^2}(1 - 2\mu)^2 \qquad (2-34)$$

若取材料的泊松比为 $\mu = 0.3$,则

$$r_0 = 0.16\frac{K_I^2}{2\pi\sigma_s^2} \qquad (2-35)$$

2. 平面应力条件下的塑性区

将平面应力条件下的式(2-8)代入式(2-30)中,可得平面应力条件下裂纹端部的三个主应力表达式为

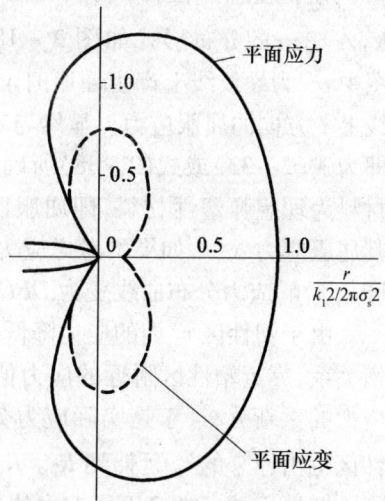

图 2-17 裂纹尖端的塑性区

$$\begin{cases} \sigma_1 = \dfrac{K_I}{\sqrt{2\pi r}}\cos\dfrac{\theta}{2}\Big(1 + \sin\dfrac{\theta}{2}\Big) \\[2mm] \sigma_2 = \dfrac{K_I}{\sqrt{2\pi r}}\cos\dfrac{\theta}{2}\Big(1 - \sin\dfrac{\theta}{2}\Big) \\[2mm] \sigma_3 = 0 \end{cases} \qquad (2-36)$$

将式(2-36)代入式(2-29)可得平面应力条件下裂纹端部"塑性区"的边界曲线方程为

$$\frac{K_{\mathrm{I}}^2}{2\pi r}\left(\frac{3}{2}\sin^3\theta + 1 + \cos\theta\right) = 2\sigma_{\mathrm{s}}^2 \qquad (2-37)$$

整理后可得

$$r = \frac{K_{\mathrm{I}}^2}{2\pi\sigma_{\mathrm{s}}^2}\cos^2\frac{\theta}{2}\left(1 + 3\sin^2\frac{\theta}{2}\right) \qquad (2-38)$$

裂纹线上的塑性区尺寸为

$$r_0 = r\big|_{\theta=0^\circ} = \frac{K_{\mathrm{I}}^2}{2\pi\sigma_{\mathrm{s}}^2} \qquad (2-39)$$

式(2-38)描绘的平面应力条件下裂纹端部塑性区形状如图 2-17 中的实线所示。

3. 应力再分布对塑性区尺寸的影响

经过仔细的考虑,可以发现前面所得到的塑性区范围并不是真正的裂纹端部塑性区范围。它们只是式(2-8)所示的应力分布中屈服点围成的范围。产生屈服后,式(2-8)所示的应力分布规律已与实际情况不相符合了,裂纹端部的应力分布情况将因裂纹端部产生屈服而重新分布。实际的塑性区范围要比前面所得的范围大。下面将以裂纹线上垂直于裂纹线的应力分量 σ_y 来说明应力再分布对塑性区尺寸的影响。

对于理想弹性体,裂纹线上的垂直应力分量 $\sigma_y = K_{\mathrm{I}}/\sqrt{2\pi r}$ 的分布形式如图 2-18 中的虚线 ABC 所示。图中 σ_{ys} 为裂纹线上产生屈服时 y 方向的应力,或称裂纹线上 y 方向的屈服应力。显然与 σ_{ys} 相应的 r_0(图 2-18)即为式(2-33)或式(2-38)所确定的塑性区尺寸。假如材料为理想弹塑性材料,即屈服区内 y 方向应力一致为其屈服应力 σ_{ys}。如果不考虑应力重新分布,则产生塑性区 r_0 后的应力分布曲线变为 DBC。

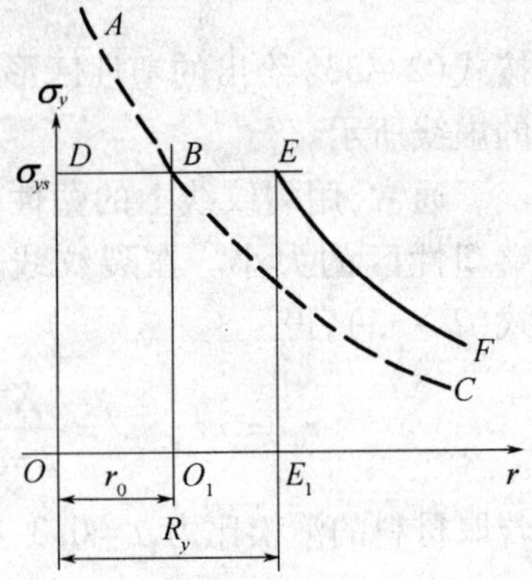

由于塑性区 r_0 内的应力降低到 σ_{ys},为了保持力的平衡关系,靠近塑性区附近的应力值就要变大,必然要产生应力的重新分布,于是实际应力分布曲线变为 $DBEF$,塑性区也由原来的 r_0 延伸到 R_y。R_y 可由下述方法估算。

图 2-18　应力再分布
对塑性区的影响

塑性区的存在应不影响力的平衡,即不论是否考虑应力再分布,横截面上的内力之和总是一定的。因此按理想弹性时的应力分布曲线求得的内力之和与按考虑应力再分布后的应力分布曲线求得的内力之和应该相等。在图 2-18 中,按理想弹性时的应力分布曲线求得的内力之和相当于 ABC 曲线下的面积;按考虑应力再分布后的应力分布曲线求得的内力之和相当于 $DBEF$ 曲线下的面积。根据前面所述的塑性区的存在应不影响力的平衡的原则,ABC 曲线下的面积应等于 $DBEF$ 曲线下的面积。为了求得考虑应力再分布后的塑性区尺寸 R_y,假定在弹性区的应力分布规律(图 2-18 中的 EF 曲线)与理想弹性体时的应力分布规律(即图 2-18 中的 BC 曲线)相同,即 EF 曲线相当于是由 BC 曲线向右平移所得。这样,可以认为 EF 曲线下的面积等于 BC 曲线下的面积,而 AB 曲线下的面积则应与 DBE 曲线下的面积相等,即

26

$$R_y \sigma_{ys} = \int_0^{r_0} \sigma_y(r,0)\,\mathrm{d}r = \int_0^{r_0} \frac{2K_{\mathrm{I}}}{\sqrt{2\pi r}}\mathrm{d}r = \frac{2K_{\mathrm{I}}\sqrt{r_0}}{\sqrt{2\pi}} \tag{2-40}$$

式中,σ_{ys}在平面应力和平面应变情况下有所不同,可按下述方法计算。

对于平面应力情况:在裂纹线上,$\sigma_1 = \sigma_2 = \sigma_y$,$\sigma_3 = 0$ 代入屈服条件式(2-29)得

$$\sigma_1 = \sigma_2 = \sigma_y = \sigma_s$$

即

$$\sigma_{ys} = \sigma_s \tag{2-41}$$

对于平面应变情况:在裂纹线上,$\sigma_1 = \sigma_2 = \sigma_y$,$\sigma_3 = \mu(\sigma_1 + \sigma_2) = 2\mu\sigma_y$,代入式(2-29)得

$$\sigma_y = \frac{\sigma_s}{1 - 2\mu}$$

即

$$\sigma_{ys} = \frac{\sigma_s}{1 - 2\mu} \tag{2-42}$$

将式(2-39)和式(2-41)代入式(2-40)中,可得平面应力条件下考虑裂纹端部应力再分布以后的塑性区尺寸为

$$R_y = \frac{K_{\mathrm{I}}^2}{\pi \sigma_s^2} = 2r_0 \tag{2-43}$$

将式(2-34)和式(2-42)代入式(2-40)中,可得平面应变条件下考虑裂纹端部应力再分布以后的塑性区尺寸为

$$R_y = \frac{K_{\mathrm{I}}^2}{\pi \sigma_s^2}(1 - 2\mu)^2 = 2r_0 \tag{2-44}$$

可见,考虑应力再分布以后,塑性区尺寸比未考虑应力再分布时增大一倍(即 $R_y = 2r_0$)。另外,还可以看出,平面应变条件下的塑性区尺寸要比平面应力条件下的塑性区尺寸小得多,若取 $\mu = 0.3$,则两者之比为

$$\frac{R_y(\text{平面应力})}{R_y(\text{平面应变})} \approx 6.25$$

之所以这样,是由于在平面应变条件下,材料处于三向拉伸状态,变形约束大,在这种情况下不易发生屈服变形。

从 R_y 的表达式中还可以看出,当 K_{I} 增大到 K_{Ic} 时,塑性区尺寸 R_y 达到最大,称此时的塑性区尺寸为塑性区极限尺寸,它是材料的固有属性。材料韧性越好,屈服点越低,则塑性区极限尺寸越大;材料韧性越差,屈服点越高,则塑性区极限尺寸越小。对于脆性材料,塑性区尺寸接近于零。

上面所讨论的是针对理想弹塑性体材料而言的,而压力容器用钢多为非理想弹塑性材料,即有应变硬化现象。如果考虑材料应变硬化的影响,则塑性区尺寸变为

$$R_y = \begin{cases} \dfrac{K_I^2}{(1+n)\pi\sigma_s^2} & \text{(平面应力)} \\[3mm] \dfrac{K_I^2}{(1+n)\pi\sigma_s^2}(1-2\mu)^2 & \text{(平面应变)} \end{cases} \qquad (2-45)$$

式中　　n——材料的硬化指数。

可见,考虑材料的应变硬化影响后,塑性尺寸 R_y 变小。应该指出,塑性形状和尺寸的确定属于弹塑性范畴的问题,应该采用弹塑性力学的理论和方法来进行分析。本节讨论中所采用的方法,基本仍属于弹性力学的方法,因而所得的裂纹端部塑性区尺寸是一个粗略的估计值。

2.5.2　应力强度因子的塑性区修正方法

正如前面所述,线弹性断裂理论是以理想的线弹性体为研究对象的。对于压力容器用金属材料来说,其裂纹端部不可避免地会出现一个或大或小的塑性区,这就使得线弹性断裂理论的适用性受到限制。但实践表明,如果裂纹端部塑性区尺寸很小(远小于裂纹尺寸),即处于"小范围屈服",只要对线弹性解加以适当的修正,就能获得工程上可以直接接受的结果,线弹性断裂理论仍适用。下面介绍 Irwin 的塑性区修正方法。

1. Irwin 等效裂纹模型

关于塑性区的修正,Irwin 提出了一种为人们所接受的修正方法。他认为,塑性区使裂纹的刚度减小,对 K_I 的影响相当于增加了裂纹的长度,即塑性区的存在相当于使裂纹的长度增加了。裂纹半长 a 因塑性区的存在增大到了 $a' = a + r_y$,裂纹尖端也将由原来的 O 点推移到 O' 点,如图 2-19 所示。这一模型称为 Irwin 等效裂纹模型,而 a' 称为等效裂纹长度或有效裂纹长度。这一模型的实质在于把裂纹端部的弹塑性问题进行弹性化处理,把弹性状态的应力分布曲线 ADB 向右平移至 $A'EF$ 曲线(即考虑应力重新分布后的曲线)以裂纹尖端为原点的坐标系也同时移动了 r_y 的距离,如图 2-19 所示。

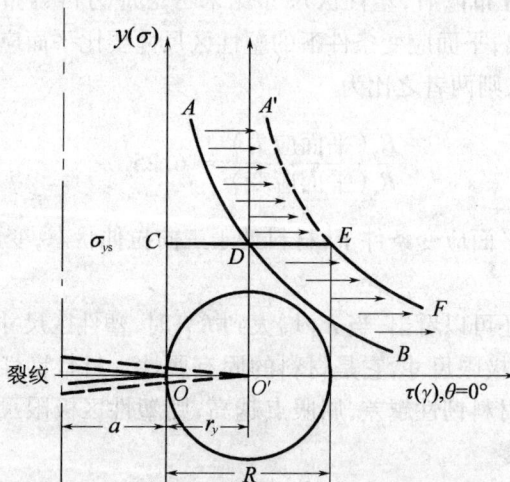

图 2-19　有效裂纹长度计算模型

2. 裂纹长度的等效修正

以受均布拉伸的具有中心穿透裂纹的无限大平板为例,对于等效裂纹长度 $a' = a + r_y$,其裂纹尖端的应力强度因子修正为

$$K'_I = \sigma \sqrt{\pi(a + r_y)} \qquad (2-46)$$

式中 K'_I——塑性修正后的应力强度因子。要确定 K'_I 值,必须先确定 r_y 值。

在图 2-19 中,对应于新的裂纹尖端 O',其裂纹线上的垂直应力分量为

$$\sigma'_y(r',0) = \frac{K'_I}{\sqrt{2\pi r'}} \qquad (2-47a)$$

式中 r'——以等效裂纹尖端 O' 为原点的极坐标。

在裂纹线上,有 $r' = r - r_y$;在塑性区前沿,有 $r' = r_c = R_y - r_y$。由于在塑性区内各点处,$\sigma_y = \sigma_{ys}$,故

$$\sigma'_y(r_c,0) = \sigma_{ys}$$

即

$$\sigma'_y(r_c,0) = \frac{K'_I}{\sqrt{2\pi(R_y - r_y)}} = \sigma_{ys} \qquad (2-47b)$$

考虑到 $R_y = \dfrac{K_I^2}{\pi \sigma_{ys}^2}$,由式(2-47b)可解得

$$r_y = R_y - \frac{K'^2_I}{2\pi\sigma_{ys}^2} = \frac{1}{2\pi\sigma_{ys}^2}(2K_I^2 - K'^2_I)$$

考虑到研究的是小范围屈服情况,即 $r_y < R_y \ll a$,所以近似有 $K_I \approx K'_I$,于是上式可改写为

$$r_y = \frac{1}{2\pi} \times \left(\frac{K_I}{\sigma_{ys}}\right)^2 = \frac{1}{2}R_y \qquad (2-48)$$

这就表明,裂纹端部塑性区的存在,相当于使裂纹长度(半长)增加了半个塑性区长度。

3. 应力强度因子的塑性修正

对于一些较为复杂的问题,K'_I 为 r_y 的复杂函数,而 r_y 又是 K'_I 的函数,一般很难得到 K'_I 的解析表达式。对一些简单的情况,通过近似处理可求得 K'_I 的解析式。对具有中心穿透裂纹的无限大平板问题,由式(2-46)和式(2-48),得

$$K'_I = \frac{\sigma \sqrt{\pi a}}{\sqrt{1 - (\sigma/\sigma_{ys})^2/2}}$$

将式(2-41)、式(2-42)分别代入上式,即可得平面应力状态下和平面应变状态下经塑性修正后的应力强度因子分别为

$$K'_I = \sigma \sqrt{\pi a} / \sqrt{1 - (\sigma/\sigma_s)^2/2} \quad \text{(平面应力)} \qquad (2-49)$$

$$K'_I = \sigma \sqrt{\pi a} / \sqrt{1 - (1 - 2\mu)^2(\sigma/\sigma_s)^2/2} \quad \text{(平面应变)} \qquad (2-50)$$

对于表面裂纹,当考虑塑性区的影响时,K_I 的修正公式可写成

29

$$K'_{\text{I}} = \frac{F}{\phi}\sigma\sqrt{\pi(a + r_y)} \tag{2-51}$$

但由于表面裂纹前端既非平面应力状态又非平面应变状态,故 Irwin 推荐取 r_y 为

$$r_y = \frac{1}{4\sqrt{2}\pi}(K'_{\text{I}}/\sigma_s)^2 = \frac{0.1768}{\pi}(K'_{\text{I}}/\sigma_s)^2 \tag{2-52}$$

将式(2-52)代入式(2-51)可得

$$K'_{\text{I}} = \frac{F\sigma\sqrt{\pi a}}{\sqrt{\phi^2 - 0.1768F^2(\sigma/\sigma_s)^2}} \tag{2-53}$$

为简化计算,工程中一般都把式(2-53)分母中的前后表面修正系数 F 视为定值,并取 $F^2 = 1.2$。从而有

$$K'_{\text{I}} = \frac{F\sigma\sqrt{\pi a}}{\sqrt{\phi^2 - 0.212(\sigma/\sigma_s)^2}} \tag{2-54}$$

同理,对于埋藏裂纹,当考虑塑性区的影响时,lrwin 推荐的 K_{I} 修正公式为

$$K'_{\text{I}} = \frac{\Omega\sigma\sqrt{\pi a}}{\sqrt{\phi^2 - 0.212(\sigma/\sigma_s)^2}} \tag{2-55}$$

2.5.3　线弹性断裂理论的适用范围

对于裂纹端部应力场表达式(2-8),其适用条件是处于线弹性状态的裂纹尖端附近,即只适用于弹性区而不适用于塑性区,并且仅在裂纹尖端附近的一个小区域内适用。换句话说,式(2-8)中的 r 值有下限值和上限值,其下限值即为塑性区尺寸 R_y;其上限值应为一个 $r \ll a$ 的值,具体的数值与所要求的弹性解的精确程度有关。下面仍以中心穿透裂纹无限大平板为例来说明上限值的问题。

根据式(2-8)所表示的线弹性近似解,在裂纹线上的垂直应力分量为

$$\sigma_y(r,0) = \frac{K_{\text{I}}}{\sqrt{2\pi r}} = \sigma\sqrt{\frac{a}{2r}} \tag{2-56}$$

而其精确解的应力分量表达式为

$$\sigma^*(r,0) = \frac{\sigma(a + r)}{\sqrt{2ar + r^2}} \tag{2-57}$$

由此可得近似解的相对误差为

$$\Delta = \frac{\sigma_y(r,0) - \sigma^*(r,0)}{\sigma^*(r,0)} = \frac{\sqrt{1 + r/2a}}{1 + r/a} - 1 \tag{2-58}$$

可见,近似解相对误差的绝对值将随 r 值的增大(即 r/a 值的增大)而增大。具体地说,当 $r/a = 1/5$ 时,其相对误差为 13%;当 $r/a = 1/10$ 时,其相对误差降低到 6.9%。一般情况下,相对误差小于 7% 对工程上来说是可以接受的。因此,只有在 $r/a \leqslant 1/10$ 的范围内,线弹性断裂力学的近似解式(2-8)才能给出工程上满意的精度要求。由此可见,r 的上限值可取为 $r \leqslant a/10$。

综上所述,为保证线弹性断裂力学的精确性和有效性,裂纹端部的区域应限制在如下的范围之内:

$$R_y \leqslant r \leqslant a/10 \qquad (2-59)$$

这就意味着塑性区尺寸必须满足

$$R_y \leqslant a/10 \qquad (2-60)$$

对于平面应力状态,考虑到式(2-43)、式(2-14a),式(2-60)若 $\mu = 0.3$,则可改写为

$$a \geqslant \frac{10}{\pi}\left(\frac{K_{\mathrm{I}}}{\sigma_{\mathrm{s}}}\right)^2 \approx 3.2\left(\frac{K_{\mathrm{I}}}{\sigma_{\mathrm{s}}}\right)^2 \qquad (2-61)$$

或

$$\frac{\sigma}{\sigma_{\mathrm{s}}} \leqslant \frac{1}{\sqrt{10}} \approx 0.32 \qquad (2-62)$$

对于平面应变状态,考虑到式(2-44)、式(2-14a),式(2-60)若 $\mu = 0.3$,则可改写为

$$a \geqslant \frac{10 \times (1-2\mu)^2}{\pi} \times \left(\frac{K_{\mathrm{I}}}{\sigma_{\mathrm{s}}}\right)^2 \approx 0.5\left(\frac{K_{\mathrm{I}}}{\sigma_{\mathrm{s}}}\right)^2 \qquad (2-63)$$

或

$$\frac{\sigma}{\sigma_{\mathrm{s}}} \leqslant (1-2\mu)\frac{1}{\sqrt{10}} \approx 0.8 \qquad (2-64)$$

应该指出,式(2-44)是按纯平面应变条件推导出来的。平面应变状态是厚板的一种极限状态,对板材来说,随着板厚的增加,其应力状态越来越接近于平面应变状态,但是达不到绝对的平面应变状态。试验表明,把厚板看作是平面应变状态时求得的 σ_{ys} 表达式(2-42)是偏大的(若取 $\mu = 0.3$,所得的 $\sigma_{ys} = 2.5\sigma_{\mathrm{s}}$)。Irwin 建议采用如下经验式代替式(2-42):

$$\sigma_{ys} = 1.7\sigma_{\mathrm{s}} \qquad (2-65)$$

于是由式(2-48)得塑性区尺寸为

$$R_y = \frac{1}{2.89\pi} \times \left(\frac{K_{\mathrm{I}}}{\sigma_{\mathrm{s}}}\right)^2$$

于是,式(2-63)、式(2-64)可改写为

$$a \geqslant 1.13\left(\frac{K_{\mathrm{I}}}{\sigma_{\mathrm{s}}}\right)^2 \qquad (2-66)$$

$$\frac{\sigma}{\sigma_{\mathrm{s}}} \leqslant 0.53 \qquad (2-67)$$

综合式(2-62)和式(2-67)通常把应力水平 $\frac{\sigma}{\sigma_{\mathrm{s}}} \leqslant 0.5$ 作为线弹性断裂力学的适用范围。

此外,在材料的断裂韧性测试中,试样厚度也应满足一定的要求,因为试样厚度是影

响裂纹尖端塑性区大小的重要因素。如图 2-20 所示,试样薄时,即在平面应力条件下,由于厚度方向易于收缩,裂纹尖端容易产生塑性变形,因而其断裂韧性较高;随着试样厚度的增加,厚度方向的收缩变得困难,裂纹尖端塑性变形受到限制,材料趋于脆化,因而其断裂韧性降低。当厚度达到某一值后,断裂韧性降至最低水平并趋于稳定,这时试样基本上实现了平面应变条件。因此,只有当试件厚度满足平面应变条件时,才能得到稳定的断裂韧性值 K_{Ic}。只有从这个意义上来讲,断裂韧性 K_{Ic} 才与试件的厚度无关,才是材料固有的特性。为保证试样的裂纹端部处于平面应变状态,对于三点弯曲试样和紧凑拉伸试样,美国材料试验协会 ASTM 推荐试样厚度应满足以下要求

$$B \geqslant 2.5(K_{Ic}/\sigma_s)^2 \tag{2-68}$$

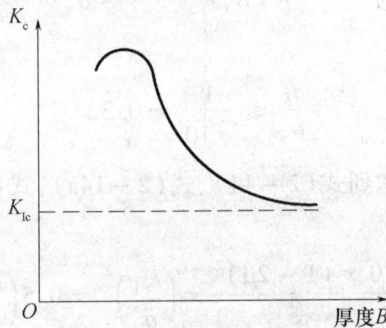

图 2-20　断裂韧性与试件厚度的关系

这一要求对许多中、低强度钢来说,试样厚度可能很大。例如,15MnVR 钢的 $K_{Ic} = 3416\text{N}/\text{mm}^{1.5}$,$\sigma_s = 392\text{MPa}$,为了满足平面应变要求,其厚度须达到 $B \geqslant 190\text{mm}$。大试样的测试会给试验带来很多问题,一需大吨位试验机,二要浪费很多材料。因此,需要寻求新的衡量材料断裂韧性的参量,以解决用小试件测定断裂韧性的方法。

2.6　压力容器中裂纹的应力强度因子 K_I 的计算

上述各种裂纹的应力强度因子计算公式都是以平板为物理模型分析导出的。对压力容器壳体中的裂纹,其尖端区域的应力场与平板中的情况有所不同。

对厚壁压力容器,一般其曲率半径比较小,而承受的压力却比较大,容器器壁上的应力分布也与平板不同,故所得结果需作较大的修正,主要是修正曲率的影响以及内压对裂纹的影响,这种修正一般都比较复杂,具体可参阅有关文献。

工程上经常遇见的是薄壁压力容器。对薄壁容器来说,其曲率半径相对较大,所受压力也较低,容器器壁上的应力可认为是沿壁厚均匀分布的,与平板受力情况相同。所以,对薄壁容器上的非穿透裂纹,其应力强度因子近似按平板相应裂纹的应力强度因子计算公式计算,与实际情况基本相符,但对穿透裂纹,要进行鼓胀效应的修正,即乘以一个鼓胀效应系数 M。

所谓鼓胀效应是指压力容器壳体在穿透裂纹处的弹性支撑作用受到削弱,在内压作用下会使裂纹所在部位发生径向鼓胀,从而在裂纹尖端产生附加的弯曲应力。附加弯曲应力的大小与容器的半径 R、穿透裂纹的半长 a 以及容器的壁厚 B 有关。

设把薄壁容器壳体当作平板后求得的裂纹的应力强度因子为 K'_I，则其实际的应力强度因子应为

$$K_I = MK'_I \qquad (2-69)$$

M 是中国 CVDA—1984 所采用的鼓胀效应系数，在容器直径较大时可取 $M \approx 1$。其值按下式确定

$$M = \left(1 + \alpha \frac{a^2}{RB}\right)^{1/2} \qquad (2-70)$$

式中 α——系数。

在圆筒形容器中，轴向裂纹 $\alpha = 1.61$，环向裂纹 $\alpha = 0.32$；球形容器中，$\alpha = 1.93$。

2.7 K 判据的工程应用与实例

根据前述分析结果，所有 I 型裂纹的应力强度因子可统一表达成如下形式：

$$K_I = Y\sigma\sqrt{\pi a} \qquad (2-71)$$

式中：Y 为与裂纹类型、大小、位置等几何因素有关的形状系数，一般 $Y \geqslant 1$，其数值可通过计算或查阅有关应力强度因子手册得到。

可见，K 判据 $K_I = K_{Ic}$，描述了裂纹处于临界状态时工作应力、裂纹尺寸与材料断裂韧性三者之间的关系。因此，工程中运用 K 判据可进行以下工作：

1. 确定裂纹体的容限裂纹尺寸

当给定载荷、材料的断裂韧性及裂纹体的几何形态时，运用 K 判据可确定裂纹的容限尺寸，即裂纹开裂时的临界尺寸。

例 2-1 一受拉应力 $\sigma = 750\text{MPa}$ 作用的板式构件，由某种合金钢制成。已知该合金钢在不同回火温度下测得的性能：275℃ 回火时，$\sigma_s = 1780\text{MPa}$，$K_{Ic} = 52\text{MN/m}^{1.5}$；600℃ 回火时，$\sigma_s = 1500\text{MPa}$，$K_{Ic} = 100\text{MN/m}^{1.5}$。如构件中存在有浅表面裂纹，试求在两种回火温度下构件的容限裂纹尺寸 a_c。

解：按照断裂力学的观点，当 $K_I = K_{Ic}$ 时，对应的裂纹尺寸即为 a_c。

由于 $\sigma/\sigma_s \leqslant 0.5$，故浅表面裂纹的应力强度因子可按式(2-26)计算，即

$$K_I = 1.1\sigma\sqrt{\pi a}$$

故得

$$a_c = \frac{1}{\pi}\left(\frac{K_{Ic}}{1.1\sigma}\right)^2$$

当 275℃ 回火时，$a_c = \dfrac{1}{\pi}\left(\dfrac{52}{1.1 \times 750}\right)^2 = 0.00126\text{m} = 1.26\text{mm}$

当 600℃ 回火时，$a_c = \dfrac{1}{\pi}\left(\dfrac{100}{1.1 \times 750}\right)^2 = 0.00468\text{m} = 4.68\text{mm}$

从强度指标来看，275℃ 回火的合金钢略优于 600℃ 回火，但从断裂韧性指标来看，600℃ 回火比 275℃ 回火要好得多。因此权衡考虑，应选用 600℃ 回火。

2. 确定裂纹体的临界载荷

若已知裂纹体及裂纹的几何参数和材料的断裂韧性,运用 K 判据可确定裂纹体的临界载荷。

例 2-2 某钢制压力气瓶,内径 $D_i = 500\text{mm}$,壁厚 $B = 30\text{mm}$,瓶体上有一条长度 $2c = 480\text{mm}$,深度 $a = 13\text{mm}$ 的纵向表面裂纹。若瓶体材料的屈服极限 $\sigma_s = 538\text{MPa}$,断裂韧性 $K_{Ic} = 3480\text{N/mm}^{1.5}$,试按断裂力学观点求其开裂压力 p_c。

解: 按照断裂力学的观点,当裂纹的 K_I 达到 K_{Ic} 时,气瓶的周向应力达到临界值 σ_c,此时所对应的压力即为开裂压力 p_c。

考虑塑性修正,应力强度因子可按式(2-54)计算,即

$$K_{Ic} = \frac{F\sigma_c \sqrt{\pi a}}{\sqrt{\phi^2 - 0.212(\sigma_c/\sigma_s)^2}}$$

由此解得

$$\sigma_c = \frac{\phi K_{Ic}}{[F^2 \pi a + 0.121(K_{Ic}/\sigma_s)^2]^{1/2}}$$

式中

$$\phi = \left[1 + 1.464\left(\frac{a}{c}\right)^{1.65}\right]^{1/2} = \left[1 + 1.464\left(\frac{13}{240}\right)^{1.65}\right]^{1/2} = 1.0059$$

$$F = 1.1 + 5.2 \times (0.5)^{5a/c} \times \left(\frac{13}{30}\right)^{1.8+a/c} = 2.014$$

所以

$$\sigma_c = \frac{1.0059 \times 3480}{[2.014^2 \pi \times 13 + 0.121(3480/538)^2]^{1/2}} = 2650.0\text{MPa}$$

根据周向应力与内压的关系可得

$$p_c = \frac{2\sigma_c B}{D} = \frac{2 \times 265.0 \times 30}{500 + 30} = 30.0\text{MPa}$$

即按断裂力学观点,该气瓶的开裂压力为 300MPa。

3. 对裂纹体进行安全评定

对于给定的含裂纹结构,如已知其载荷及材料的断裂韧性,运用 K 判据可对其进行安全评定。

例 2-3 一内径 $D_i = 3600\text{mm}$,壁厚 $B = 20\text{mm}$ 的圆筒形容器,设计压力 $p = 1.5\text{MPa}$,材料为 16MnR,$\sigma_s = 350\text{MPa}$,$K_{Ic} = 3250\text{N/mm}^{1.5}$。在筒体的膜应力区发现有两条类穿透裂纹(当非穿透裂纹至壳壁两自由表面的最小距离足够小时,可将其视为穿透裂纹):一条为轴向裂纹,长度 $2a = 12\text{mm}$;另一条为环向裂纹,长度 $2a = 20\text{mm}$。试问:(1)哪条裂纹最危险? (2)水压试验过程中能否发生失稳断裂?

解: (1)裂纹的危险性可用裂纹尖端应力强度因子 K_I 的大小来判断。在两条裂纹中,K_I 大者最危险。

该容器在设计压力下的膜应力为

$$\sigma_\theta = \frac{pD}{2B} = \frac{1.5 \times (3600 + 20)}{2 \times 20} = 135.87\text{MPa}$$

$$\sigma_z = \frac{1}{2}\sigma_\theta = 69.7\text{MPa}$$

由式(2-70),轴向裂纹的鼓胀效应系数为

$$M = \left(1 + 1.61\frac{a^2}{RB}\right)^{1/2} = \left(1 + 1.61 \times \frac{6^2}{1810 \times 20}\right)^{1/2} = 1.0008$$

按平面应力问题计,由塑性修正公式(2-49)并考虑到鼓胀效应,即得轴向裂纹的应力强度因子为

$$K_\mathrm{I} = M\sigma_\theta\sqrt{\pi a}/\sqrt{1 - (\sigma_\theta/\sigma_\mathrm{s})^2/2} =$$
$$1.0008 \times 135.8 \times \sqrt{\pi \times 6}/\sqrt{1 - (135.8/350)^2/2} = 613.6\text{N/mm}^{1.5}$$

同理,可得环向裂纹的鼓胀效应系数和应力强度因子分别为

$$M = \left(1 + 0.32\frac{a^2}{RB}\right)^{1/2} = \left(1 + 0.32 \times \frac{1.^2}{1810 \times 20}\right)^{1/2} = 1.00044$$

$$K_\mathrm{I} = M\sigma_z\sqrt{\pi a}/\sqrt{1 - (\sigma_\theta/\sigma_\mathrm{s})^2/2} =$$
$$1.00044 \times 67.9 \times \sqrt{\pi \times 10}/\sqrt{1 - (67.9/350)^2/2} = 384.4\text{N/mm}^{1.5}$$

比较可知,轴向裂纹虽短但较危险。

（2）水压试验压力为

$$p_\mathrm{T} = 1.25p = 1.25 \times 1.5 = 1.875\text{MPa}$$

水压试验时容器所受的环向应力为

$$\sigma_\theta^\mathrm{T} = \frac{p_\mathrm{T}D}{2B} = \frac{1.875 \times (3600 + 20)}{2 \times 20} = 169.69\text{MPa}$$

轴向裂纹的应力强度因子为

$$K_\mathrm{I}^\mathrm{T} = M\sigma_\theta^\mathrm{T}\sqrt{\pi a}/\sqrt{1 - (\sigma_\theta^\mathrm{T}/\sigma_\mathrm{s})^2/2} =$$
$$1.0008 \times 169.69 \times \sqrt{\pi \times 6}/\sqrt{1 - (169.69/350)^2/2} = 784.9\text{N/mm}^{1.5}$$

可见 $K_\mathrm{I}^\mathrm{T} < K_\mathrm{Ic}$,所以水压试验时不会发生失稳断裂。

习　题

2-1　思考题

（1）断裂力学中,裂纹的类型可分为哪三种? 裂纹的扩展有哪三种基本型式? 它们各有什么特点?

（2） G_I 与 G_Ic 有何不同? K_I 与 K_Ic 有何不同?

（3）试简述 G 判据与 K 判据的要点。

（4）为什么平面应变状态下的裂纹尖端塑性区尺寸比平面应力状态下的小?

（5）如何对裂纹尖端的应力强度因子进行塑性区修正?

（6）线弹性断裂理论的适用范围是如何确定的？

2-2 试利用应力强度因子叠加原理计算图 2-11 所示裂纹模型的应力强度因子。

2-3 试根据图 2-12 所示裂纹模型的应力强度因子公式计算图 2-11 所示裂纹模型的应力强度因子。

2-4 有一长 500mm，宽 300mm，厚 5mm 的平板，沿其长度方向作用有均布的拉应力 σ，其值为 500MPa。已知该板材料的 $\sigma_s = 1700MPa$，$K_{Ic} = 1900N/mm^{1.5}$。若板中心处有一垂直于拉应力方向的穿透裂纹，试问该板件的容限裂纹尺寸 a_c 为多大？

2-5 某薄壁压力容器，直径为 D，壁厚为 B，材料的 $\sigma_s = 620MPa$，$K_{Ic} = 1265N/mm^{1.5}$。若筒壁中有一长 $2a = 4mm$ 的轴向类穿透裂纹，试求该容器的临界压力 p_c。

2-6 一内径 $D_i = 2000mm$、壁厚 $B = 60mm$ 的受压容器，经检测发现筒壁中有一轴向浅埋裂纹，长 $2c = 10mm$，深 $2a = 5mm$，距筒壁表面的最小距离 $p_1 = 5mm$。设筒壁材料的 $\sigma_s = 800MPa$，$K_{Ic} = 1420N/mm^{1.5}$。试按断裂力学的观点确定该容器的破裂压力 p_f。

2-7 某火箭发动机外壳，筒体径厚比 $D/B = 220$，在压力试验过程中，当压力升至 $p_c = 6.5MPa$ 时突然破裂，从裂片分析该壳体焊接处存在轴向表面裂纹，$2c = 10mm$，$2a = 5mm$。已知焊接接头处材料的 $\sigma_s = 1500MPa$，$K_{Ic} = 1760N/mm^{1.5}$。试按断裂力学的观点对此破裂的原因作出解释。

第3章 弹塑性断裂理论及工程分析

3.1 概　述

一般金属材料在裂纹扩展前,其裂纹端部都将出现一个塑性区。当此塑性区尺寸很小,即远小于裂纹尺寸($r\ll a$)时,用线弹性断裂理论分析仍有足够的精度,此类断裂称为小范围屈服断裂问题,属于线弹性断裂力学的范畴,即2.1节的内容只适用于弹性和小范围屈服的断裂问题。如果在裂纹扩展前,其裂纹端部的塑性区尺寸已接近或超过裂纹本身的尺寸,那么这类问题就不再属于小范围屈服断裂,而是大范围屈服断裂问题。此外,在工程中还存在另一类断裂问题——全面屈服断裂问题。例如,在压力容器的接管部位,由于存在很高的局部应力与焊接残余应力,致使这一区域的材料处于全面屈服状态。如果在这种高应变塑性区中存在裂纹,那么即使裂纹尺寸很小,也可能因发生扩展而导致断裂。这类断裂就属于全面屈服断裂问题。大范围屈服与全面屈服断裂均属于弹塑性断裂范畴。解决这类问题的理论基础就是弹塑性断裂理论——弹塑性断裂力学。

在压力容器和压力管道的断裂分析和实验中,经常遇到下列两种比较简单而又很典型的弹塑性断裂问题。

1. 压力容器和压力管道中的长穿透裂纹引起的平面应力断裂问题

这类问题的特点是:当裂纹发生时其周围应力仍显著低于材料的屈服点应力。因而,虽然裂纹端部的塑性区尺寸已接近或超过裂纹本身的长度,但整个裂纹和塑性区却仍然被周围广大的弹性区所包围,如图3-1所示。显然,这类断裂属于大范围屈服断裂问题,一般把它简化为图3-1(b)所示的弹性模型,即所谓 D-M(即 Dugdale-Muskhelishvili)模型来进行分析。

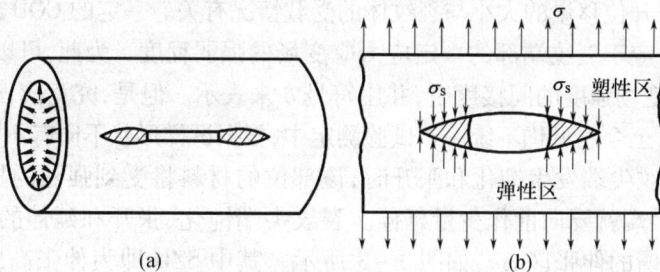

σ

σ_s   σ_s   塑性区

弹性区

(a)   (b)

图3-1　容器和管道壁上的长穿透裂纹及简化模型

2. 全屈服区中的小裂纹问题

在压力容器的接管根部,由于存在高度的应力集中,因而在容器工作或压力试验过程中,管孔两侧大约和管半径具有同一数量级大小的区域内的材料将发生屈服,其应变值可高达$2e_s \sim 6e_s$(e_s为屈服应变)。在这种高应变区域内,较小的裂纹也可能因发生扩展而引起断裂。这类问题的特点是：整个板材已经全面屈服，只有小裂纹的自由表面两侧还存在一个很小的弹性区，整个裂纹和小弹性区都被全屈服区所包围，如图 3 - 2 所示。因此，这类断裂就属于全面屈服断裂问题。对于这类裂纹问题，可以用一个含小裂纹的宽板模型来模拟，并采用弹塑性断裂力学的方法进行分析。

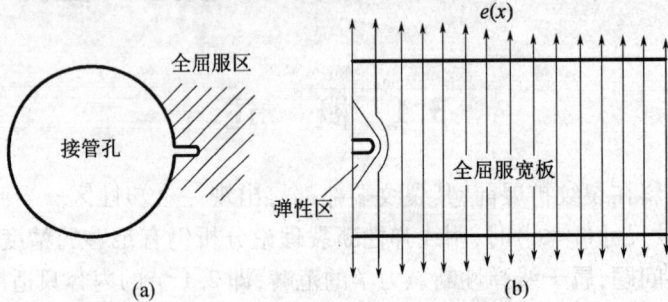

图 3 - 2　容器接管屈服区及全屈服宽板中的小裂纹

目前，用于弹塑性断裂力学研究的方法主要有 COD 法和 J 积分法（也称 COD 理论和 J 积分理论）。

3.2　COD 理论

COD 法即裂纹张开位移（Crack Opening Displacement）法。COD 理论是由 Wells 于 1963 年首先提出的。这是一种建立在经验基础上的分析方法，然而在工程界已得到了广泛的应用。

3.2.1　COD 定义

对于由金属特别是延性好的金属材料制成的裂纹体来说，当受到载荷作用时，由于裂纹尖端高度应力集中，致使该地区的材料发生塑性滑移，从而导致裂纹尖端的钝化（圆化），裂纹表面也随之张开，如图 3 - 3 所示。所谓 COD 就是裂纹尖端的裂纹表面张开的位移量。显然，裂纹表面张开位移量的大小与裂纹体的受载情况有关。一定的 COD 值对应于一定的受载状态，亦即对应于裂纹端部的一定应力应变场的强弱程度。为此，可以把 COD 值作为裂纹端部应力应变场强度的间接度量，并用符号 δ 来表示。但是，究竟应该把 COD 定义为哪一点的位移量，至今意见仍不统一。试验测定中，根据试样形状不同有不同的定义。

（1）由于裂纹尖端发生钝化和张开时，该部位的材料将受到强烈的拉伸。为了保持体积不变，裂纹尖端就要向前作少量延伸。裂纹尖端钝化、张开和延伸的结果，是在裂纹尖端形成一个所谓的伸张区 Δa，如图 3 - 3 所示。其中 SZD 即为伸张高度，而 SZW 则为伸张区的宽度，亦即裂纹由于钝化而向前的延伸量。因此，把 COD 定义为裂纹尖端（加载前的原始裂纹尖端）的张开位移量似乎是顺理成章的，按照这个定义：$\delta = 2SZD$，D - M 模型就是依此定义 COD 的。大量试验还表明，SZD 与 SZW 近似相等，为此，在试验测定 COD 中，常采用从裂纹顶端对称于原裂纹线作一直角交上、下裂纹表面于 a、a' 点，此两点间距离即为 COD，如图 3 - 4 所示。这一定义被广泛应用于中心穿透裂纹受拉伸问题的研究中。

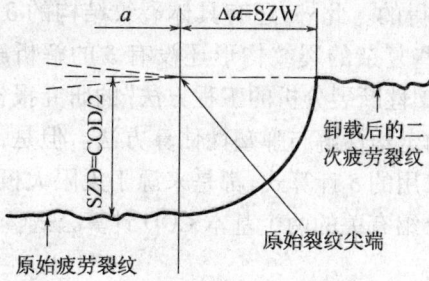

图 3-3 裂纹尖端钝化模型及伸张区

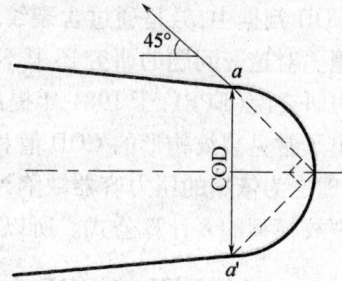

图 3-4 从裂纹顶端作直角来测量 COD

（2）在断裂韧性测试中，经常采用三点弯曲试样。对于这样的试样来说，下述定义是比较合适的，不但便于试验测定，而且在大多数应用情况下有满意的精度。这个定义是：由发生位移后的裂纹自由表面廓线的直线部分外推到裂纹顶端，所得到的张开位移即为 COD，如图 3-5 所示。

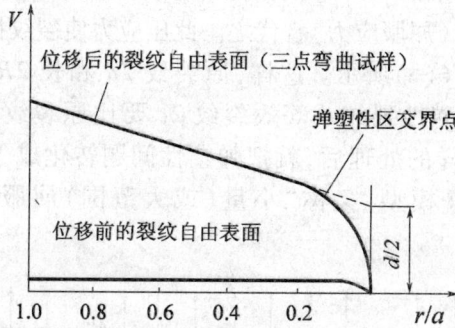

图 3-5 COD 的两种定义法

（3）在有限元法计算 COD 中，大多采用裂纹表面上的弹塑性区交界点的位移量作为 COD，如图 3-5 所示。这一定义有明显的力学意义，但是实测比较困难。

3.2.2 COD 判据

如前所述，COD 值可以作为裂纹端部区域应力应变场的间接度量。随着载荷的增长，裂纹顶端的 δ_{cr} 值也增大，当 δ 值达到某一临界值 δ_{cr} 后，裂纹即开始扩展。因此，按 COD 建立的断裂判据为

$$\delta = \delta_{cr} \tag{3-1}$$

式中：δ_{cr} 为临界 COD 值，上述断裂判据就称为 COD 判据。

δ_{cr} 值通常是用小型三点弯曲试样在全屈服条件下通过间接测量的方法测定出来。其测量技术比较简单，在一定条件下，所测得的结果也比较稳定，基本上是一个与试样尺寸无关的材料常数。也称为材料的断裂韧性。

δ_{cr} 是按裂纹尖端断裂开始来确定的，亦即是起裂时的 COD 值。因此，COD 判据也是一个起裂判据，它只预测断裂的开始，而不预测裂纹是否失稳扩展。这样，对于多数结构来说，特别是对于压力容器等设备来说，COD 判据将得出偏于保守的估计，而不能反映含裂纹结构的实际最大承载能力。

在 COD 判据中，δ_{cr} 是通过含裂纹试样实测而得的。此外，还有具体裂纹结构的 δ 值计算问题。对这一问题的研究还很不够，对于一些复杂的裂纹构形还没有 δ 的解析解。美国电力研究院（EPRI）于 1981 年提出题为："弹塑性断裂分析的工程方法"的研究报告，其中给出了常见裂纹构形的 COD 值和 J 积分值的全塑性解与弹塑性估算方法。但是，在以 COD 理论为依据的压力容器缺陷评定标准中采用的 δ 计算式，都是来源于无限大板中心穿透裂纹模型的 δ 计算公式。所以，本节重点介绍有关的两个基本 COD 计算公式。

3.2.3 D–M 模型及其 COD 公式

1. D–M 模型

Dugdale 于 1960 年应用 Muskhelishvili 应力函数，研究了在平面应力状态下无限大平薄板中心穿透直裂纹的弹塑性应力场问题，并假设材料为理想弹塑性体。如图 3–6（a）所示，原裂纹尺寸为 $2a$，两端部有"耳状"塑性区，R 为 x 轴上的塑性区尺寸。Dugdale 将塑性区简化成尖劈形状，如图 3–6（b）的涂黑部分所示。并假定把涂黑部分的塑性区挖掉，以成对分布压应力 $2\sigma_s$（屈服应力）替代之。此压应力使裂纹捏合，相当于原弹性区对塑性区的约束力，如图 3–6（c）所示。这样，原裂纹 $2a$ 和长 $2R$ 的尖劈形状的塑性区组合等效成长为 $2c$ 的线弹性裂纹。等效裂纹 $2c$ 要比原裂纹 $2a$ 多承受一个成对分布的压应力 σ_s。经过这样的处理后，就把弹塑性问题转化成了线弹性问题。图 3–6 所示的模型常称为 D–M 模型，又称"小量（或大范围）屈服模型"或"窄条屈服模型"。

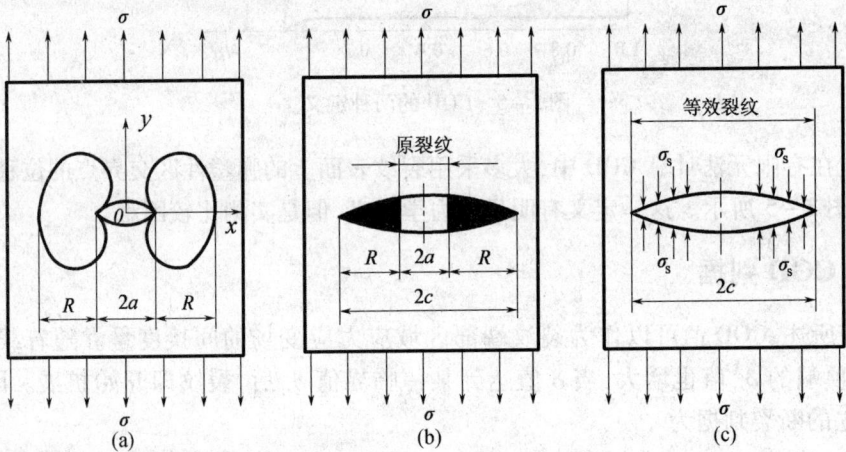

图 3–6 薄板穿透裂纹的 D–M 模型

2. D–M 模型的塑性区尺寸

由于 D–M 模型已处于线弹性状态，即为一个弹性模型，这样就可以对其进行线弹性的断裂力学分析。对于图 3–6（c）中的等效裂纹可分解成两个独立的单元线弹性模型，如图 3–7 所示。

图 3–7（a）的裂纹尖端应力强度因子，根据叠加原理可写成

$$K_{\mathrm{I}}^{(a)} = K_{\mathrm{I}}^{(b)} + K_{\mathrm{I}}^{(c)} \tag{3–2}$$

图 3–7（b）为具有长 $2c$ 的中心穿透裂纹的无限大板，承受均匀拉应力 σ 作用，其

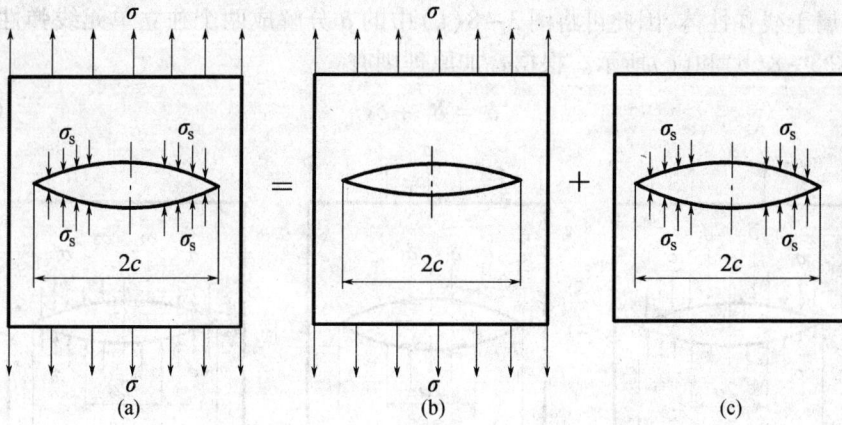

图 3-7 D-M 模型分解成两个独立单元线性裂纹模型

应力强度因子为

$$K_{\mathrm{I}}^{(b)} = \sigma \sqrt{\pi c} \tag{3-3}$$

图 3-7(c)的裂纹,按裂纹面上作用着均布压应力 σ_s,求得(见2.1节)其应力强度因子为

$$K_{\mathrm{I}}^{(c)} = \frac{2}{\sqrt{\pi}} \int_{a}^{c} \frac{-\sigma_s \sqrt{c}}{\sqrt{c^2 - x^2}} \mathrm{d}x = -2\sigma_s \sqrt{\frac{c}{\pi}} \arccos\left(\frac{a}{c}\right) \tag{3-4}$$

将式(3-3)和式(3-4)代入式(3-2)中,则有

$$K_{\mathrm{I}}^{(a)} = \sigma \sqrt{\pi c} - 2\sigma_s \sqrt{\frac{c}{\pi}} \times \arccos\left(\frac{a}{c}\right) \tag{3-5}$$

由2.1节中可知,定义 K_{I} 是裂纹尖端应力应变场具有奇异性时裂纹尖端的应力强度因子。而 D-M 模型中裂纹尖端有塑性区存在,则等效裂纹尖端的应力 $\sigma_y(r,0)$ 为有限值 σ_s,不会产生无限值,即其应力场已不存在奇异性。所以其应力强度因子就应该等于零,即

$$K_{\mathrm{I}}^{(a)} = \lim_{r \to 0} \sqrt{2\pi r} \, \sigma_y(r,0) = 0 \tag{3-6}$$

于是由式(3-5)可得

$$\sigma \sqrt{\pi c} = 2\sigma_s \sqrt{\frac{c}{\pi}} \times \arccos\left(\frac{a}{c}\right)$$

由此式解得

$$\frac{a}{c} = \cos\left(\frac{\pi\sigma}{2\sigma_s}\right) \tag{3-7}$$

式(3-7)是 COD 法的理论基础之一,由此得塑性区尺寸为

$$R = c - a = a\left[\sec\left(\frac{\pi\sigma}{2\sigma_s}\right) - 1\right] \tag{3-8}$$

3. COD 公式

D-M 模型原裂纹尖端($-a,a$)处的张开位移值为 δ,如图 3-8(a)所示。由于 D-

41

M 模型已属于线弹性体,因此可将图 3 - 8(a)中的 δ 分解成两个独立单元线弹性模型的叠加,如图 3 - 8(b)和(c)所示。根据叠加原理则有

$$\delta = \delta_1 + \delta_2 \tag{3-9}$$

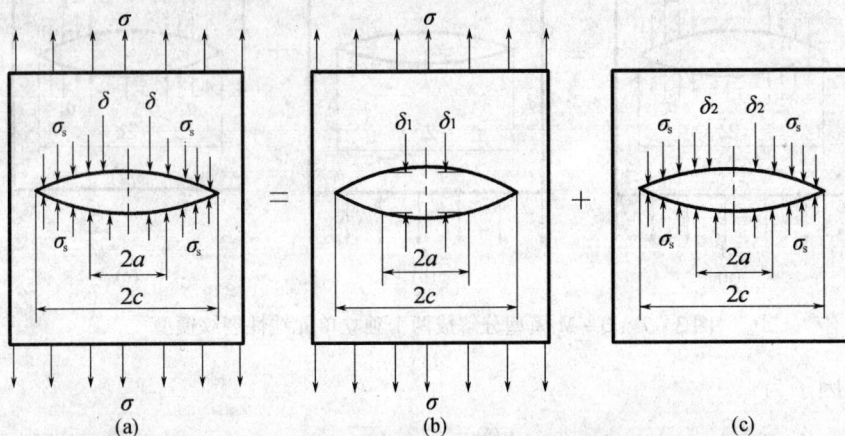

图 3 - 8　D - M 模型原裂纹 $2a$ 的总 δ 可分解成两个独立的 δ_1 和 δ_2

Paris 对 D - M 模型进行分析,利用卡氏定理和能量理论推导 δ_1 和 δ_1 的表达式。如图 3 - 8(b)所示,在无限远处均匀外加拉应力 σ 作用下,$(-a, a)$ 处的张开位移为

$$\delta_1 = \frac{4\sigma}{E} \sqrt{c^2 - a^2} \tag{3-10}$$

式中　E——材料的弹性模量。

如图 3 - 8(c)所示,在分布成对的压应力作用下,$(-a, a)$ 处的张开位移为

$$\delta_2 = -\frac{4\sigma}{E} \times \sqrt{c^2 - a^2} + \frac{8a\sigma_s}{\pi E} \times \ln\left(\frac{c}{a}\right) \tag{3-11}$$

将式(3 - 10)和式(3 - 11)代入式(3 - 9),可得

$$\delta = \frac{8a\sigma_s}{\pi E} \times \ln\left(\frac{c}{a}\right)$$

因为 $\dfrac{a}{c} = \cos\left(\dfrac{\pi\sigma}{2\sigma_s}\right)$,则 $\dfrac{c}{a} = \sec\left(\dfrac{\pi\sigma}{2\sigma_s}\right)$,代入上式得

$$\delta = \frac{8a\sigma_s}{\pi E} \times \ln\left[\sec\left(\frac{\pi\sigma}{2\sigma_s}\right)\right] \tag{3-12}$$

这就是 D - M 模型裂纹尖端张开位移计算公式,亦称 COD 公式。因为 Barenblatt、Bilby、Cotlrell 及 Swinder 等人同样对这个模型进行了较细的分析和研究,所以在有的书中,D - M 模型又称 B - M 模型或 BCS 模型。

式(3 - 12)只适用于小量屈服的情况,这一点可以用应力水平来说明。因为当 $\sigma = \sigma_s$ 时,$\delta \to \infty$。通过计算(表 3 - 1)可知,当 $\sigma/\sigma_s > 0.55$ 时,$R/a = \left[\sec\left(\dfrac{\pi\sigma}{2\sigma_s}\right) - 1\right]$ 将大于 0.5,R/a 值太大,就要考虑裂纹的全屈服问题。所以式(3 - 12)仅适用于 $\sigma/\sigma_s \leqslant 0.55$ 的情况。

42

表 3 – 1　$\sigma/\sigma_{\rm s}$ 与 R/a 的关系

$\sigma/\sigma_{\rm s}$	0.1	0.3	0.5	0.55	0.7	0.9	0.95
R/a	0.0125	0.1223	0.414	0.539	1.203	5.39	11.7

在工程中趋于将 COD 公式简化应用。当 $\sigma/\sigma_{\rm s} \leqslant 0.55$ 时，$\dfrac{\pi\sigma}{2\sigma_{\rm s}} \leqslant 1$，根据 lnsec$x$ 展开成幂级数：

$$\ln\sec x = \frac{1}{2}x^2 + \frac{1}{12}x^4 + \cdots$$

当 $x \leqslant 1$ 时，上式可取 $\ln\sec x \approx \dfrac{1}{2}x^2$，由此可得

$$\ln\sec\left(\frac{\pi\sigma}{2\sigma_{\rm s}}\right) \approx \frac{1}{2}\times\left(\frac{\pi\sigma}{2\sigma_{\rm s}}\right)^2 \tag{3 – 13}$$

于是式(3 – 12)可写成为

$$\delta = \frac{8a\sigma_{\rm s}}{\pi E}\times\frac{1}{2}\times\left(\frac{\pi\sigma}{2\sigma_{\rm s}}\right)^2 = \pi a\times\frac{\sigma_{\rm s}}{E}\times\left(\frac{\sigma}{\sigma_{\rm s}}\right)^2 \tag{3 – 14}$$

式(3 – 14)为工程化的 COD 公式。将应力水平用应变水平代替，则式(3 – 14)可写成

$$\delta = \pi a e_{\rm s}\left(\frac{e}{e_{\rm s}}\right)^2 \tag{3 – 15}$$

此公式即为工程实际中常用的 COD 计算公式。

从第 2 章可知，对于中心穿透裂纹板有 $K_{\rm I} = \sigma\sqrt{\pi a}$，则 $\pi a\sigma^2 = K_{\rm I}^2$，将此关系式代入式(3 – 14)中，可得到 δ 与 $K_{\rm I}$ 的关系式为

$$\delta = K_{\rm I}^2/E\sigma_{\rm s} \tag{3 – 16}$$

这是对平面应力状态而言的，若将式(3 – 16)中 E 用 $\dfrac{E}{1-\mu^2}$ 代替则可得到平面应变状态下 δ 与 $K_{\rm I}$ 的换算关系。

4. 压力容器中裂纹的 COD 计算公式及其应用

1）鼓胀效应修正

上面的 COD 公式是从受拉伸的 D – M 模型而导出的。对于压力容器上穿透裂纹的 COD 计算，仍可采用第 2 章的 K 因子法中的处理方法，即引入一个鼓胀效应系数 M，以考虑曲率变化的影响。这样，压力容器穿透裂纹的 COD 计算公式可由式(3 – 12)直接得出

$$\delta = \frac{8a\sigma_{\rm s}}{\pi E}\times\ln\left[\sec\left(\frac{\pi\sigma M}{2\sigma_{\rm s}}\right)\right] \tag{3 – 17}$$

式中　M——鼓胀系数。

当裂纹开始起裂时，δ 达到临界值 $\delta_{\rm c}$（$\delta = \delta_{\rm c}$）。此时容器壁中的应力为临界开裂应力 $\sigma_{\rm c}$。将 $\delta = \delta_{\rm c}$，$\sigma = \sigma_{\rm c}$ 代入上式可得

$$\delta_{\rm c} = \frac{8a\sigma_{\rm s}}{\pi E}\times\ln\left[\sec\left(\frac{\pi\sigma_{\rm c}M}{2\sigma_{\rm s}}\right)\right] \tag{3 – 18}$$

43

由式(3-18)可解出压力容器中裂纹开始扩展点的开裂应力为

$$\sigma_c = \frac{2\sigma_s}{\pi M} \cos^{-1}\left[\exp\left(\frac{-\pi E\delta_c}{8a\sigma_s}\right)\right] \qquad (3-19)$$

同样可解出(起裂)临界裂纹尺寸为

$$a_c = \frac{\pi E\delta_c}{8\sigma_s} \times \left[\ln\sec\left(\frac{\pi\sigma M}{2\sigma_s}\right)\right]^{-1} \qquad (3-20)$$

例 3-1 一直径 $D = 1800\text{mm}$、壁厚 $B = 18\text{mm}$、受内压 $p = 7\text{MPa}$ 作用的圆筒形容器。所用材料为低强度高韧性钢,$\sigma_s = 441\text{MPa}$,$E = 2.06 \times 10^5\text{MPa}$,$\delta_c = 0.15\text{mm}$。试确定该容器筒壁膜应力区轴向穿透裂纹的临界尺寸 a_c。

解:该容器在内压作用下的环向应力为

$$\sigma_\theta = \frac{pD}{2B} = \frac{7 \times 1800}{2 \times 18} = 350\text{MPa}$$

其轴向裂纹的临界尺寸 a_c,可按式(3-20)确定,即

$$a_c = \frac{\pi E\delta_c}{8\sigma_s} \times \left[\ln\sec\left(\frac{\pi\sigma_\theta M}{2\sigma_s}\right)\right]^{-1}$$

$$= \frac{\pi \times 2.06 \times 10^5 \times 0.15}{8 \times 441} \times \left[\ln\sec\left(\frac{3.14 \times 350M}{2 \times 441}\right)\right]^{-1}$$

$$= 27.52\left[\ln\sec(1.247M)\right]^{-1}$$

式中,鼓胀效应系数由式(2-70)可得

$$M = \left(1 + 1.61\frac{a_c^2}{RB}\right)^{1/2} = (1 + 0.0000984a_c^2)^{1/2}$$

可见,a_c 不易由以上两式直接解得,可先假定一个初值,然后迭代求解。最后解得

$$a_c = 22.2\text{mm}$$

2) 应变硬化的考虑

根据式(3-19),在已知裂纹尺寸和材料的屈服应力 σ_s 与断裂韧性 δ_c 后,便求出开裂应力 σ_c,但对于韧性较好的中低强度钢制压力容器和压力管道来说,由于材料具有流变(塑性)特征,所以裂纹开始扩展(起裂)并不等于失稳扩展(断裂)。实际情况是:开裂后裂纹缓慢扩展,此时工作应力(或工作压力)还可以继续升高,直到发生失稳断裂。因此,对于塑性较好材料的容器,其断裂应力 σ_f 明显高于开裂应力 σ_c。工程上最关心的是预测断裂应力 σ_f 和断裂压力 p_f(又称爆破应力和爆破压力)。由于小试样测出的断裂 COD(δ_f)值,已不是材料的常数(图3-9),而且与实际容器断裂的最大 COD 值也不一致。因此,不能把式(3-19)中的 δ_c 换成 δ_f 来求 σ_f 值。

如何估算断裂应力 σ_f 呢?假设在平面应力状态大范围屈服条件下有

$$\frac{K_1^2}{E} = \sigma_s\delta = \sigma_s\frac{8a\sigma_s}{\pi E} \times \ln\sec\left(\frac{\pi\sigma M}{2\sigma_s}\right)$$

44

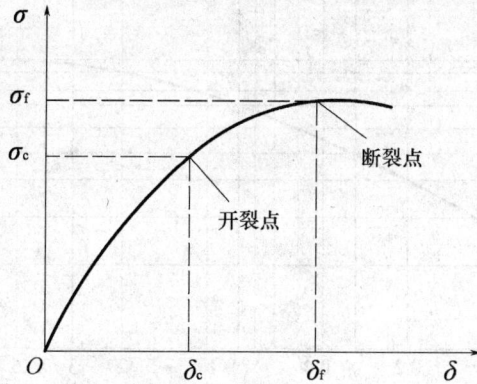

图 3-9 开裂 σ_c 和断裂 σ_f

由此式可得

$$\sec\left(\frac{\pi\sigma M}{2\sigma_s}\right) = \exp\left(\frac{\pi K_I^2}{8a\sigma_s}\right)$$

再由此式解出 σ 可得

$$\sigma = \frac{2\sigma_s}{\pi M} \times \cos^{-1}\left[\exp\left(\frac{-\pi K_I^2}{8a\sigma_s^2}\right)\right] \tag{3-21}$$

当 $K_I = K_{Ic}$ 时，断裂判据 $\sigma = \sigma_f$；另外还要考虑到实际材料的应变硬化效应，将式 (3-21) 中屈服应力改为流变应力 σ_0，则得到断裂应力表达式为

$$\sigma_f = \frac{2\sigma_0}{\pi M} \times \cos^{-1}\left[\exp\left(\frac{-\pi K_{Ic}^2}{8a\sigma_0^2}\right)\right] \tag{3-22}$$

式 (3-22) 中流变应力 σ_0 的取值，原则上应根据具体材料而定。一般对于 $\sigma_s = 200 \sim 400\mathrm{MPa}$ 级的钢材取

$$\sigma_0 = \frac{1}{2}(\sigma_s + \sigma_b) \tag{3-23a}$$

中国 CVDA 规范中，针对中国压力容器用钢特点，规定 σ_0 按下式计算：

$$\sigma_0 = \sigma_s + \frac{1}{2}(\sigma_b - \sigma_s) \times \frac{\sigma_b}{\sigma_s} \tag{3-23b}$$

式中　σ_b——材料的抗拉强度。

式 (3-22) 即为计算压力容器断裂应力的常用公式。一般说来，此式在 $\sigma/\sigma_s \leqslant 0.55$ 范围内较为适用。将此式绘成 $M\sigma_f/\sigma_0$ 与 $\pi K_{Ic}^2/8a\sigma_0^2$ 的关系曲线，如图 3-10 所示。

从图 3-10 中可以看出，当 $\pi K_{Ic}^2/8a\sigma_0^2 \geqslant 4$ 时，$M\sigma_f/\sigma_0 \approx 1$，即为一定值，这时压力容器的断裂应力计算式可表示为

$$\sigma_f = \sigma_0/M \tag{3-24}$$

式 (3-22) 和式 (3-24) 常称为塑性失稳判据 (又称流变应力判据)。此外，当 $M=1$，

45

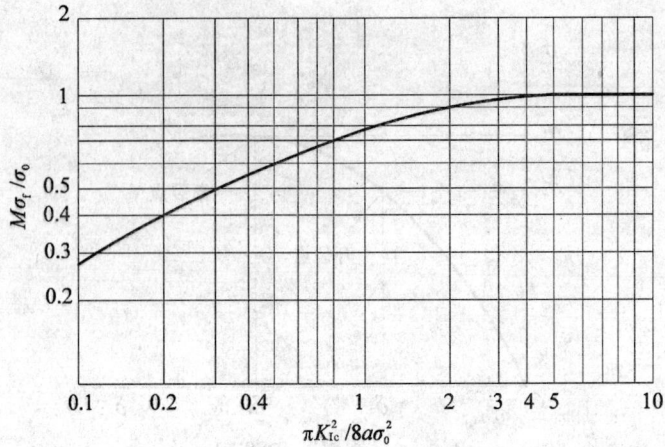

图 3 – 10 $M\sigma_f/\sigma_0$ 与 $\pi K_{1c}^2/8a\sigma_0^2$ 关系图

而且断裂应力 σ_f 远远低于流变应力 σ_0 时, 由式(3 – 22)又可得如下简化公式:

$$\begin{cases} \sigma_f = \dfrac{K_{1c}}{\alpha \sqrt{\pi a}} \\[3mm] \sigma_c = \dfrac{K_{1c}}{\alpha \sqrt{\pi a}}(\sigma_f = \sigma_c) \\[3mm] a_c = \dfrac{1}{\pi} \times \left(\dfrac{K_{1c}}{\alpha\sigma}\right)^2 \end{cases} \quad (3 – 25)$$

对于压力容器, 考虑到鼓胀效应和安全因素, 一般取 $\alpha = 1.2$, 于是有

$$a_c = \frac{1}{\pi} \times \left(\frac{K_{1c}}{1.2\sigma}\right)^2 \qquad (3 – 26)$$

式(3 – 26)即为压力容器中评定临界裂纹尺寸的基本公式。

总之, 压力容器断裂应力一般可采用式(3 – 22)进行计算, 在低应力脆性材料情况下可采用式(3 – 26), 而对于高韧性、短裂纹的压力容器, 则可采用式(3 – 24)。中国 CVDA 规范中塑性失稳评定采用了式(3 – 24)。应该指出, 本节研究的对象是穿透裂纹, 对于表面裂纹和埋藏裂纹则不能采用此法。

例 3 – 2   有一圆筒形压力容器, 用 14MnMoVB 钢制成。外径 $D_o = 200\text{mm}$, 壁厚 $t = 6\text{mm}$, 在筒壁上有一条轴向穿透裂纹长为 $2a = 100\text{mm}$。材料屈服应力 $\sigma_s = 515\text{MPa}$, 抗拉强度 $\sigma_b = 685\text{MPa}$, 安全系数 $n_s = 1.6$, 弹性模量 $E = 2.1 \times 10^5 \text{MPa}$, 断裂韧性 $\delta_c = 0.06\text{mm}$。求该容器的开裂压力及断裂(爆破)压力。

解:(1) 无裂纹时的情况(常规强度理论):

许用应力:$[\sigma] = \sigma_s/n_s = 515/1.6 = 321.9\text{MPa}$

允许工作压力:$p = [\sigma]t/R = 321.9 \times 6/97 = 19.9\text{MPa}$

爆破压力:$p_b = \sigma_b t/R = 685 \times 6/97 = 42.3\text{MPa}$

(2) 有裂纹的情况(COD 理论)。压力容器穿透裂纹要考虑鼓胀效应的影响, 得鼓胀效应系数为

46

$$M = (1 + 1.6a^2/Rt)^{1/2} = [1 + 1.61 \times 50^2/(97 \times 6)]^{1/2} = 2.81$$

由式(3-19)得开裂应力为

$$\sigma_c = \frac{2\sigma_s}{\pi M}\cos^{-1}\left[\exp\left(\frac{-\pi E\delta_c}{8a\sigma_s}\right)\right] = 70\text{MPa}$$

相应的开裂压力为

$$p_c = \sigma_c t/R = 4.3(\text{MPa})$$

按式(3-24)计算断裂应力。其流变应力为

$$\sigma_0 = \sigma_s + \frac{1}{2}(\sigma_b - \sigma_s) \times \frac{\sigma_b}{\sigma_s} = 628\text{MPa}$$

则断裂应力为

$$\sigma_f = \sigma_0/M = 628/2.81 = 223.4\text{MPa}$$

相应的断裂应力为

$$p_f = \sigma_f t/R = 223.4 \times 6/97 = 13.8\text{MPa}$$

(3)实际情况。经过实际测定该容器的开裂压力为 $p_c = 4\text{MPa}$,爆破压力 $p_f = 14.4\text{MPa}$。可以看出计算结果与实测结果是比较接近的,其相对误差如下:

开裂压力误差:(4.3-4)/4 = 7.5%

爆破压力误差:(13.8-14.4)/14.4 = -4.16%

3.2.4　全面屈服条件下的COD公式

压力容器中值得关注的一个问题是局部的高应力、高应变区域的存在。若在该局部区域存在裂纹,即使小裂纹,也很容易形成破坏容器的"裂源",如图3-11所示。

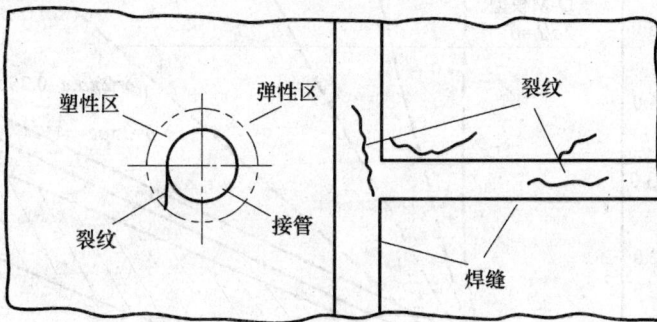

图3-11　压力容器接管和焊缝处的高应变区域的小裂纹

形成高应力高应变的原因很多,如容器的接管根部附近,焊缝未退火而存在着焊接残余应力,其值接近于材料的屈服应力。在内压作用下,焊缝处应力势必超过屈服应力。又如焊缝上有角变形或错变量,由此产生的弯曲应力叠加在膜应力上,再加上残余应力等,则此时总的应变可能接近甚至超过2倍屈服应变(e_s)。据英国资料报道,有些容器在内压作用下,局部应变值有时可高达屈服应变的6~7倍。可见,为了保证压力容器的安全运行,对高应变区域的断裂分析是十分重要的。

前面讨论的 COD 公式,属于大范围屈服的 COD 计算公式。虽然其适用范围比线弹性理论的适用范围有所提高,但仍不能适用于压力容器局部全面屈服的状态。即 $\sigma/\sigma_s > 0.55$ 时怎么办？COD 理论又开辟了另一渠道,即 Wells 公式。

对于全屈服区小裂纹的 COD 分析,在理论上更为困难,至今尚无完善的解答。Wells 根据宽板试验结果,于 1963 年提出了一个全屈服条件下的 COD 计算公式,其形式为

$$\delta = 2\pi ae = 2\pi ae_s\left(\frac{e}{e_s}\right) \qquad (e \geq e_s) \qquad (3-27)$$

式(3-27)是作为经验公式提出来的。鉴于此式有很大的实用意义,因此很多人都试图从理论上对这一公式加以严格证明。Wells 本人对这一公式采用线弹性的方法加以证明,物理意义非常勉强,很不严格。其后,英国焊接学会 Burdekin 和 Stone 也对 Wells 公式进行了验证,他们借用 D-M 模型,并利用 Westergaard 应力函数线性叠加原理得到一个结果。如图 3-12 中虚线所示,就是他们得出的在不同标距下 δ 与 σ 之间的关系曲线。纵坐标是无量纲化张开位移 ϕ,其值为 $\phi = \dfrac{\delta}{2\pi ae_s}$;横坐标为应变水平:$e/e_s$;$L$ 为标距;$2a$ 为裂纹长度。图中还绘出了试验数据带。

由图 3-12 可以看出,在小范围屈服和大范围屈服($e/e_s < 1$)的情况下,实测的 ϕ 值比按 D-M 模型计算得出的结果略低。这是由于在实际试样的屈服区中,存在应变硬化以及一定程度的三向应力(平面应变)状态。但是,在 $e/e_s > 1$ 的高应变区域,实测 ϕ 值与计算结果(虚线)差别甚大,这说明 D-M 模型在高应变水平情况下已完全无效。可见,Burdekin 他们与 Wells 犯了同样的错误,即不适当地将小范围屈服下 D-M 模型推广到了全屈服情况,因而均不是严格的理论证明。

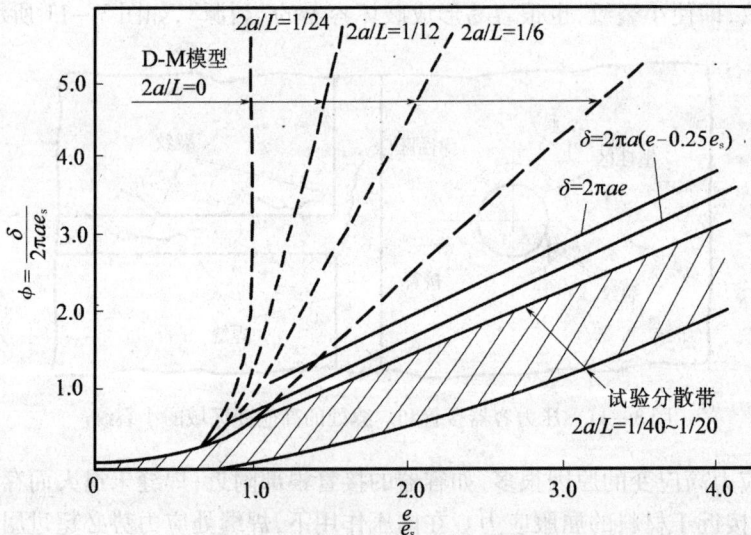

图 3-12 Burdekin 等的计算结果与宽板实验结果的比较

后来 Burdekin 把他们计算的曲线(图 3-12 中虚线所示)的线性段改用试验数据分散带的上限值,得出另一经验公式:

$$\delta = 2\pi a e_{\mathrm{s}}(e/e_{\mathrm{s}} - 0.25)$$ (3 - 28)

式(3 - 28)的适用范围为 $e/e_{\mathrm{s}} > 0.86$。

3.3　J 积分理论

3.2 节介绍的 COD 理论,在中、低强度钢制压力容器断裂分析中得到了广泛的应用。但是,COD 值本身并不是一个直接而严密的裂纹端部弹塑性应力应变场的表征参量。涉及裂纹尖端张开位移的精确定义、分析和直接测定也都比较困难。因此,Rice 于 1968 年提出了 J 积分的概念。

J 积分是一个定义明确、理论严密的应力应变场参量,它的试验测定也比较简单可靠。此外,J 积分还具有与积分路径无关这一特点,故可避开裂纹尖端处极其复杂的应力应变场。它不仅适用于线弹性,也适用于弹塑性的断裂分析。20 世纪 80 年代以来,国内外断裂理论研究工作者对 J 积分产生了极大兴趣,并进行了大量研究工作。从 J 积分理论的深入研究到工程实际的应用研究都取得了重大进展。目前,J 积分理论已在压力容器缺陷评定中广泛应用。

3.3.1　J 积分的定义及其守恒性

J 积分有两种定义或表达式:回路积分定义和形变功率定义。

1. 回路积分定义

在固体力学研究中,为了分析缺陷周围区域的应力应变场,常利用一些具有守恒性质的线积分。所谓守恒性,指的是围绕缺陷的线积分值是一个与积分路线无关的常数。该常数的数值反映了缺陷的某种力学特性或应力应变场的强度。在分析二维裂纹体裂纹端部区域应力应变场强度时,具有这种守恒性质的线积分之一,就是 J 积分。它的定义是由一个围绕裂纹尖端且与路线无关的线积分给出的,如图 3 - 13 所示,其定义表达式为

$$J = \int_{\Gamma}\left(W \mathrm{d}x_2 - T_i \frac{\partial u_i}{\partial x_1}\mathrm{d}s\right)$$ (3 - 29a)

若用 y 轴表示 x_2 轴,x 轴表示 x_1 轴,则可写成

$$J = \int_{\Gamma}\left(W \mathrm{d}y - T \frac{\partial u}{\partial x}\mathrm{d}s\right)$$ (3 - 29b)

式中　Γ——自裂纹下表面任一点开始,按逆时针方向围绕裂纹尖端到裂纹上表面任一点的积分路径;

　　　　$\mathrm{d}s$——回路 Γ 上的弧元素;

　　　　T——作用在 $\mathrm{d}s$ 弧元上,对应微元面积 $B\mathrm{d}s$ 上的应力矢量,T_i 为该矢量在 x_i 方向上的分量,B 为板厚;

　　　　u——弧元素处的位移矢量,u_i 为这一矢量在 x_i 方向上的分量;

　　　　W——任意点 (x,y) 处的应变能密度(弹性体),在弹塑性体中为形变功密度。

W 的表达式为

$$W = \int_0^{e_{mn}} \sigma_{ij}\mathrm{d}e_{ij} = \int_0^{e_{mn}} (\sigma_{11}\mathrm{d}e_{11} + \sigma_{22}\mathrm{d}e_{22} + \sigma_{12}\mathrm{d}e_{12} + \sigma_{21}\mathrm{d}e_{21})$$ (3 - 30)

式中 e_{mm}——各应变分量的终值。

2. J 积分的守恒性

在小应变条件下,根据连续体微元方程、几何方程(全量理论)和 Green 积分变换定理,可以证明 J 积分的守恒性或积分路线无关性。取闭合回路 ABCDEFA,如图 3 – 14 所示。证明下式成立,即守恒性成立:

$$\int_{\Gamma}\left(W\mathrm{d}y - T\frac{\partial u}{\partial x}\mathrm{d}s\right) = \int_{\Gamma'}\left(W\mathrm{d}y - T\frac{\partial u}{\partial x}\mathrm{d}s\right)$$

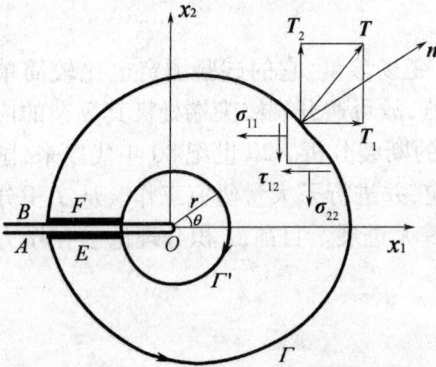

图 3 – 13 J 积分的积分回路   图 3 – 14   沿不同积分路线的 J 积分

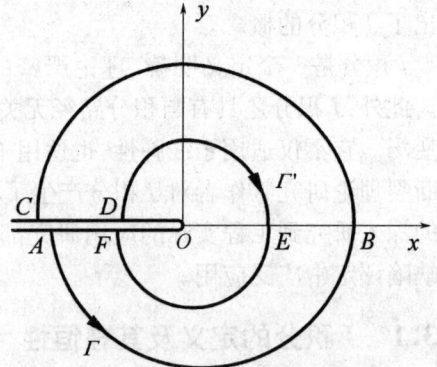

或

$$\int_{ABCDEFA}\left(W\mathrm{d}y - T\frac{\partial u}{\partial x}\mathrm{d}s\right) = 0$$

由图 3 – 14 可知

$$\int_{ABCDEFA} = \int_{ABC}\left(W\,\mathrm{d}y - T\frac{\partial u}{\partial x}\mathrm{d}s\right) + \int_{CD}\left(W\,\mathrm{d}y - T\frac{\partial u}{\partial x}\mathrm{d}s\right) +$$

$$\int_{DEF}\left(W\,\mathrm{d}y - T\frac{\partial u}{\partial x}\mathrm{d}s\right) + \int_{FA}\left(W\,\mathrm{d}y - T\frac{\partial u}{\partial x}\mathrm{d}s\right)$$

由于在裂纹面 CD 和 FA 上 $T = 0$(没有应力),且 $\mathrm{d}y = 0$(裂纹面 $y = 0$),所以有

$$\int_{CD}\left(W\mathrm{d}y - T\frac{\partial u}{\partial x}\mathrm{d}s\right) = \int_{FA}\left(W\mathrm{d}y - T\frac{\partial u}{\partial x}\mathrm{d}s\right) = 0$$

另外,$\int_{ABC}\left(W\,\mathrm{d}y - T\frac{\partial u}{\partial x}\mathrm{d}s\right) = \int_{\Gamma}\left(W\,\mathrm{d}y - T\frac{\partial u}{\partial x}\mathrm{d}s\right)$,$\int_{DEF}\left(W\,\mathrm{d}y - T\frac{\partial u}{\partial x}\mathrm{d}s\right) = -\int_{\Gamma'}\left(W\,\mathrm{d}y - T\frac{\partial u}{\partial x}\mathrm{d}s\right)$

(路径逆时针为正),于是有

$$\int_{ABCDEFA}\left(W\,\mathrm{d}y - T\frac{\partial u}{\partial x}\mathrm{d}s\right) = \int_{\Gamma}\left(W\,\mathrm{d}y - T\frac{\partial u}{\partial x}\mathrm{d}s\right) - \int_{\Gamma'}\left(W\,\mathrm{d}y - T\frac{\partial u}{\partial x}\mathrm{d}s\right) = 0$$

即 $\int_{\Gamma}\left(W\,\mathrm{d}y - T\frac{\partial u}{\partial x}\mathrm{d}s\right) = \int_{\Gamma'}\left(W\,\mathrm{d}y - T\frac{\partial u}{\partial x}\mathrm{d}s\right)$

3. J 积分的形变功率定义

断裂判据的参量必须易于试验测定和理论计算,才能在工程上获得应用。然而,在弹

50

塑性情况下，直接用回路积分定义式计算和试验测定 J 积分都很不方便，不仅计算量大，而且计算精度也难保证。此外，上述 J 积分定义的物理意义也不明确，不便于用试验来进行直接测量。因此，除回路积分定义外，还存在另一种 J 积分定义，即 J 积分的形变功率定义。它是利用 J 积分和试样在加载过程中所接受的位能或形变功之间的关系，来得到 J 积分。其定义表达式为

$$J = -\frac{1}{B} \times \frac{\mathrm{d}U}{\mathrm{d}a} + \oint_c T_i \frac{\mathrm{d}u_i}{\mathrm{d}a} \mathrm{d}s \tag{3-31}$$

式中　B——试样厚度；

　　　a——裂纹尺寸；

　　　U——总变形功。

由于积分 $\oint_c T_i \dfrac{\mathrm{d}u_i}{\mathrm{d}a} \mathrm{d}s$ 是沿着试样的边界进行的，其值也只是与边界上力矢量的分量 T_i 及位移分量 u_i 的微商 $\dfrac{\mathrm{d}u_i}{\mathrm{d}a}$ 有关。因此，按此定义式计算 J 积分比起直接按回路积分定义式 (3 - 29) 计算要方便得多，也更便于试验标定。

在断裂韧性测试中，常用的简单加载情况如图 3 - 15 所示。在自由界面 C_0 上，$T_i = 0$；在固定界面 C_u 上（固定卡头或支点处），$\dfrac{\mathrm{d}u_i}{\mathrm{d}a} = 0$（位移为零）；它们对积分均无贡献。而在施加集中载荷 P 的边界 C_t 上，$T_i = \dfrac{P}{BW}$（单位面积上的力）。故若令加载点的位移为 $u = \Delta$（例如 x 向位移 $u_1 = 0$，y 向位移 $u_2 = \Delta$），则有

$$\oint_c T_i \frac{\mathrm{d}u_i}{\mathrm{d}a} \mathrm{d}s = \int_{c_t} T_i \frac{\mathrm{d}u_i}{\mathrm{d}a} \mathrm{d}s = \frac{P}{BW} \times \frac{\mathrm{d}\Delta}{\mathrm{d}a} \int_0^W \mathrm{d}s = \frac{P}{B} \times \frac{\mathrm{d}\Delta}{\mathrm{d}a}$$

于是 J 积分的形变功率定义式可改写成

$$J = -\frac{1}{B} \times \frac{\mathrm{d}U}{\mathrm{d}a} + \frac{P}{B} \times \frac{\mathrm{d}\Delta}{\mathrm{d}a} \tag{3-32}$$

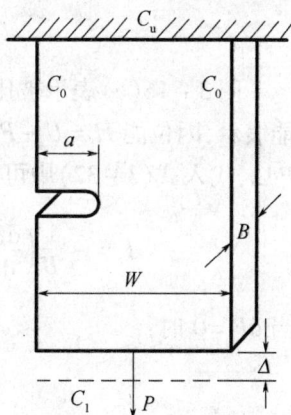

图 3 - 15　单边裂纹拉伸试验

4. J 积分的物理意义

根据 J 积分的形变功率来讨论 J 积分的物理意义，研究试样在加载过程中以及裂纹扩展过程中的能量变化。在图 3 - 16(a) 中，OA 与 OB 分别是带有裂纹长为 a 和 $a + \delta a$ 的两个试样的加载曲线。由图可以看出，两个试样在加载过程中所接受的形变功（载荷—位移曲线下面积）差量为

$$\delta U = 面积\ OBDO - 面积\ OACO = 面积\ B'BDC - 面积\ OAB'O =$$
$$面积\ ABDC - 面积\ OABO = P\delta\Delta - 面积\ OABO$$

于是有

$$面积\ OABO = -\delta U + P\delta\Delta$$

上式两边用 $B\delta a$ 相除，并取极限（$\delta a \to 0$）可得

$$\lim_{\delta a \to 0} \frac{\text{面积 } OABO}{B \delta a} = -\frac{1}{B} \times \frac{dU}{da} + \frac{P}{B} \times \frac{d\Delta}{da}$$

显然,等式右边即为 J 积分。可见曲线 OA 与 OB 间的阴影面积($OABO$)即代表 $JB\delta a$。

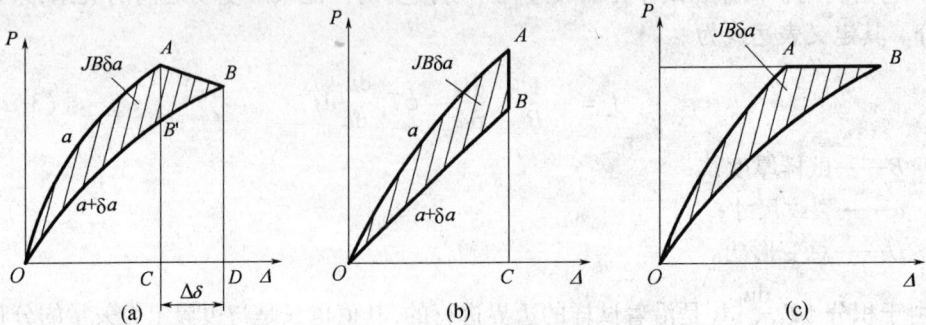

图 3 - 16 J 积分的物理含义

图 3 - 16(b)表示被比较的两个试样有相同的位移。位移不变,$d\Delta = 0$,则 J 积分式为

$$J = -\frac{1}{B} \times \frac{dU}{da}\bigg|_{\Delta} = -\frac{1}{B} \times \left(\frac{\partial U}{\partial a}\right)_{\Delta} \tag{3 - 33a}$$

图 3 - 16(c)表示被比较的两个试样有相同的载荷,即 $dP = 0$。将 J 积分表达式用位能表示,因位能 $\Pi = U - P\Delta$(位能 = 总形变功 - 动能),则 $U = \Pi + P\Delta$,$dU = d\Pi + \Delta dP + Pd\Delta$,代入式(3 - 32)中可得

$$J = -\frac{1}{B}\left(\frac{d\Pi}{da} + \Delta\frac{dP}{da} + P\frac{d\Delta}{da}\right) + \frac{P}{B} \times \frac{d\Delta}{da} = -\frac{1}{B}\left(\frac{d\Pi}{da} + \Delta\frac{dP}{da}\right)$$

当 $dP = 0$ 时:

$$J = -\frac{1}{B}\left(\frac{d\Pi}{da}\right)_{P} \tag{3 - 33b}$$

对于线弹性体,$U = \frac{1}{2}P\Delta$,则 $\Pi = U - P\Delta = -\frac{1}{2}P\Delta = -U$,所以式(3 -33b)可写成

$$J = \frac{1}{B}\left(\frac{\partial U}{\partial a}\right)_{P}$$

可见,对于线弹性体而言,按形变功率定义的 J 积分,表示两个外形相同、裂纹尺寸相近(差为 δa)的试样,在单调加载(无卸载)到相同载荷或相同位移时所接受的形变功率差。这就是,积分的物理意义。

3.3.2 J 积分与 G_I、K_I 和 COD 的关系

由 J 积分的形变功率定义不难看出,J 积分也就是裂纹扩展单位面积系统所释放出的能量。Rice 已证明,在线弹性情况下,J 积分为弹性能量释放率 G_I。因此,J 积分理论是能量释放率理论在弹塑性断裂力学中的推广。对于线弹性裂纹问题,由能量释放率 G_I 与应力强度因子 K_I 之间的关系式

$$G_{\mathrm{I}} = \begin{cases} K_{\mathrm{I}}^2 / E & \text{(平面应力)} \\ (1 - \mu^2) K_{\mathrm{I}}^2 / E & \text{(平面应变)} \end{cases}$$

可得，J 与 G_{I} 和 K_{I} 之间的关系为

$$J = G_{\mathrm{I}} = \begin{cases} K_{\mathrm{I}}^2 / E & \text{(平面应力)} \\ (1 - \mu^2) K_{\mathrm{I}}^2 / E & \text{(平面应变)} \end{cases} \tag{3-34}$$

可见，对断裂力学而言，J 积分是一个具有普遍意义的参量。

3.3.3 两种典型弹塑性断裂问题的 J 积分

3.2 节已经介绍了压力容器断裂分析中经常遇到的长穿透裂纹问题与全屈服区中小裂纹问题的 COD 计算结果。这里则分别介绍一下这两种典型弹塑性断裂问题的 J 积分计算公式。

1. D - M 模型的 J 积分计算

式(3-34)已介绍 D - M 模型是一个弹性化了的模型，消除了裂纹尖端的弹性奇异点，整个区域的应变量都是小应变。因而，J 积分的路径无关性是准确成立的。为此，取弹塑性区的边界线 ABC(图 3-17)作为积分回路来计算 J 积分。

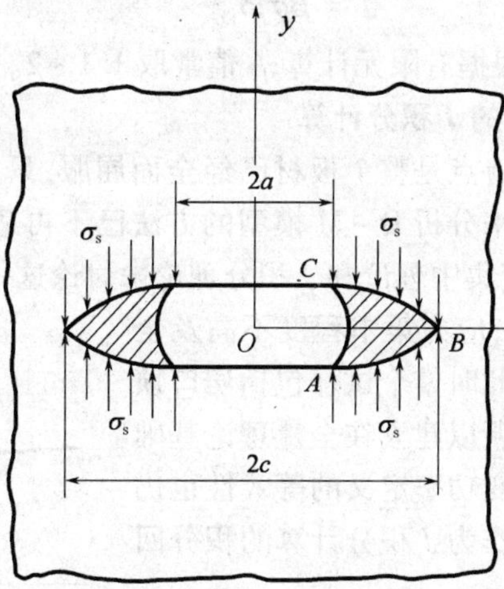

图 3-17 D-M 模型的 J 积分

设整个积分路径 AB 和 BC 都平行于 x 轴，故沿此路径的 y 轴方向没有变化，即 $\mathrm{d}y = 0$，且 $\mathrm{d}s \approx \mathrm{d}x$。于是由 J 积分的回路积分定义式为

$$J = \int_{ABC} \left(W \mathrm{d}y - T \frac{\partial u}{\partial x} \mathrm{d}s \right) = -\int_{ABC}^{T} \frac{\partial u}{\partial x} \mathrm{d}x = -\int_{ABC} \left(T_x \frac{\partial u}{\partial x} + T_y \frac{\partial u}{\partial y} \right) \mathrm{d}x$$

在 x 轴方向上，位移 $u = 0$，应力分量 $T_x = 0$，所以上式中第一项 $T_x \dfrac{\partial u}{\partial x} = 0$；在 y 轴方向上，位移为 v，应力分量 $T_y = -\sigma_s$(实际 σ_s 是压应力，与坐标正向相反，故 T_y 为负值)。代入上式可得

$$J = -\int_{ABC} \left(-\sigma_s \frac{\partial v}{\partial x} \right) \mathrm{d}x = \int_{ABC} \sigma_s \mathrm{d}v = \int_{v_A}^{v_C} \sigma_s \mathrm{d}v = \sigma_s (v_C - v_A) \tag{3-35}$$

式中 v_C、v_A——C 点和 A 点在 y 方向上的位移。

根据 COD 定义可知,C 点和 A 点的位移之和就是裂纹尖端张开位移量 δ,即

$$v_C = \frac{\delta}{2}, v_A = -\frac{\delta}{2}$$

于是式(3-35)可写成

$$J = \sigma_s \delta \tag{3-36}$$

这就是由 D-M 模型而得到的 J 积分与 COD 值 δ 的在平面应力状态下的换算关系。将 COD 公式(3-12)代入式(3-36)中,即得到 D-M 模型的 J 积分表达式为

$$J = \frac{8a\sigma_s^2}{\pi E} \times \ln\sec\left(\frac{\pi\sigma}{2\sigma_s}\right) \tag{3-37}$$

对于平面应变状态,仍然近似地借用 D-M 模型,则可用 $\sigma_{ys} = \dfrac{\sigma_s}{1-2\mu} \approx 2\sigma_s$ 取代式(3-36)中的 σ_s,从而求得平面应变状态下 J 积分与 δ 的换算关系式为

$$J = 2\sigma_s \delta \tag{3-38}$$

考虑到试样表面的平面应力层以及材料应变硬化的影响,式(3.28)可改写为

$$J = \beta\sigma_s \delta \tag{3-39}$$

式中 β——COD 降低系数。根据有限元计算,β 值常取 1.1~2。

2. 位于全屈服区内小裂纹的 J 积分计算

全屈服区内小裂纹问题的特点是整个板材已经全面屈服,只有裂纹的自由表面两侧还存在一个小弹性区。因而用来分析 D-M 模型的方法已不再适用,而必须采用另外的分析方法。这里应用应力、应变集中理论和 J 积分理论来讨论这一问题。

首先研究圆角半径 ρ 较大,应力集中程度不高及全屈服程度不深的钝切口试样。此时整个试样包括切口顶端区域在内,满足小应变条件,所以建立在全量理论基础上的 J 积分守恒性以及它与形变功率定义的等效性也仍旧有效。取切口表面的边界线作为 J 积分计算的积分回路,如图 3-18 所示。

图 3-18 沿钝切口周边的 J 积分

由于切口表面无径向力,即 $T=0$,所以沿回路的 J 积分为

$$J = \int_\Gamma W \mathrm{d}y \tag{3-40}$$

另外,由于切口表面上的 $\sigma_r = 0$,$\tau_{r\theta} = 0$;对于平面应变状态 $e_z = 0$,对于平面应力状态 $\sigma_z = 0$。所以无论是平面应力状态还是平面应变状态,其形变功密度总为

$$W = \int_0^{e_{mn}} \sigma_{ij} \mathrm{d}e_{ij} = \int_0^{e_{mn}} (\sigma_r \mathrm{d}e_r + \sigma_\theta \mathrm{d}e_\theta + \tau_{r\theta} \mathrm{d}e_{r\theta} + \sigma_z \mathrm{d}e_z) = \int_0^{e_{mn}} \sigma_\theta \mathrm{d}e_\theta \tag{3-41}$$

由于切口顶点 $\theta = 0°$ 处的周向应力、周向应变都有最大值,故此处的形变功密度最大,其值为

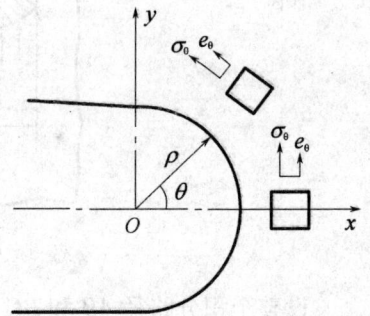

54

$$W_0 = \int_0^{e_0} \sigma_0 \, \mathrm{d}e_0 \tag{3-42}$$

而在 $\theta = \dfrac{\pi}{2}$ 处的周向应力应变值最小,其形变功密度近于零。因而可以假设切口表面上各点的形变功密度按下述规律分布:

$$W = W_0 \cos\theta$$

又因 $y = \rho\sin\theta$,$\mathrm{d}y = \rho\cos\theta\mathrm{d}\theta$,代入式(3-40)中可得

$$J = \int_{-\frac{\pi}{2}}^{\frac{\pi}{2}} W_0 \cos^2\theta \rho \mathrm{d}\theta = \frac{\pi}{2}\rho W_0 \tag{3-43}$$

式中,W_0 与材料的应力应变规律有关。

在全屈服情况下,假设应力应变关系服从幂硬化规律,则切口顶端($\theta = 0°$)的应力为 $\sigma_0 = Ae_0^n$,代入式(3-42),得

$$W_0 = \int_0^{e_0} \sigma_0 \mathrm{d}e_0 = \int_0^{e_0} Ae_0^n \mathrm{d}e_0 = \frac{Ae_0^{n+1}}{n+1} = \frac{\sigma_0 e_0}{n+1} = \frac{(k_\sigma \sigma) \times (k_e e)}{n+1}$$

$$\left(k_\sigma = \frac{\sigma_0}{\sigma}, \ k_e = \frac{\sigma_0}{e} \right) \tag{3-44a}$$

式中　k_σ——切口端部塑性应力集中系数;

　　　k_e——切口端部塑性应变集中系数;

　　　σ_0、e_0——标称流变应力和应变。

令 $k_\sigma k_e = k_t^2$,则式(3-44a)可写成

$$W_0 = k_t^2 \left(\frac{\sigma e}{n+1} \right) = k_t^2 \int_0^e \sigma \mathrm{d}e = k_t^2 \overline{W} \tag{3-44b}$$

将此式代入式(3-43),可得

$$\begin{cases} J = \dfrac{\pi}{2}k_t^2 \rho \overline{W} \\ \overline{W} = \displaystyle\int_0^e \sigma \mathrm{d}e \end{cases} \tag{3-45}$$

式中　k_t——线弹性体切口试样的理论应力集中系数;

　　　$\overline{W}$——标称形变功密度。

式(3-45)说明切口试样的 J 积分与标称形变功密度 $\overline{W}$ 成正比。这是钝切口试样分析的结果。对于尖裂纹试样,如果其全屈服的程度不太深,除裂纹尖端外还都处于小应变阶段,那么,由于 J 积分值主要由试样的总体应力和形变状态决定,而对于靠近裂纹尖端很小区域内的几何细节并不敏感,因而式(3-45)仍旧成立。

上面讨论了两种简化模型的 J 积分计算问题。对于 D-M 模型可直接应用式(3-37)计算 J 积分值;对于钝切口模型用式(3-45),但其中应力集中系数 k_t 和标称形变功密度 $\overline{W}$ 还不能确定,与材料的应力应变特性有关,实际计算也是较困难的,对于实际问题就更复杂了。对具体的含裂纹结构,应用 J 积分的定义式直接计算 J 积分值是非常困难的,必须采用有限元方法或其他数值方法进行计算。正是这一原因,致使 J 积分方法在早

期(20世纪80年代前)没有能够广泛应用。然而,美国EPRI的研究推动了J积分理论的应用。他们提供了一套计算J积分的估算法,从而使得各种含裂纹结构的J积分计算成为可能,且较为简单。20世纪80年代中期以来,J积分理论的工程应用越来越广泛。

3.4 弹塑性断裂分析的工程方法

3.4.1 COD设计曲线

COD设计曲线是描述无量纲张开位移 $\phi = \dfrac{\delta}{2\pi a e_s}$ 和无量纲应变(应变水平) $\dfrac{e}{e_s}$ 之间关系的曲线,如图3-19所示。COD设计曲线是Wells于1965年首先提出的。后来又有些人提出修正建立了不同的COD设计曲线(实质也就是不同的COD计算公式)。国际上以COD理论为基础的压力容器缺陷评定标准中的COD计算公式,就是根据不同的COD设计曲线而来的。

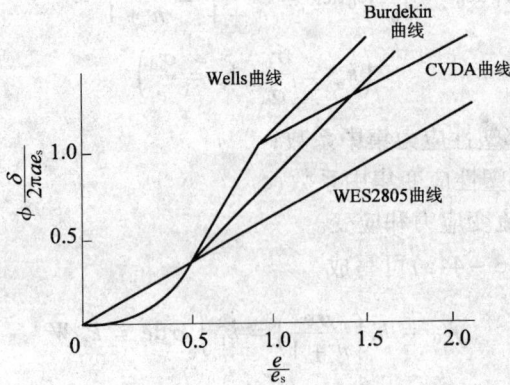

图3-19 COD设计曲线

图3-19中最上面一段斜直线就是由式(3-27)标绘而成的Wells曲线。由图3-19可以看到Wells曲线过于保守(离图3-12中试验数据带太远)。1971年Burdekin与Dawes把他们计算的曲线(图3-12中虚线)的线性段改为取用试验分散带的上限得式(3-28),前一段采用式(3-12)计算COD值。这时COD设计曲线成为用如下两个式子表达的两段曲线:

$$\phi = \frac{4}{\pi^2} \times \text{lnsec}\left(\frac{\pi e}{2 e_s}\right) \qquad \left(\frac{e}{e_s} \leqslant 0.86\right) \tag{3-46a}$$

$$\phi = \frac{e}{e_s} - 0.25 \qquad \left(\frac{e}{e_s} > 0.86\right) \tag{3-46b}$$

1972年Egan又做了一批中心表面裂纹试样的拉伸试验。试验结果认为:在 $e/e_s > 0.5$ 时,按式(3-46a)计算没有安全裕度。所以,在1974年由Dawes从式(3-46a)右端按级数展开式中取第一项近似得出:

$$\phi = \frac{4}{\pi^2} \times \text{lnsec}\left(\frac{\pi e}{2 e_s}\right) \approx \frac{1}{2} \times \left(\frac{e}{e_s}\right)^2 \tag{3-47}$$

考虑安全裕度取 2 倍的安全系数,最后得到 COD 设计曲线表达式为

$$\phi = \frac{\delta}{2\pi a e_s} = \left(\frac{e}{e_s}\right)^2 \qquad \left(\frac{e}{e_s} \leqslant 0.5\right) \qquad (3-48a)$$

$$\phi = \frac{\delta}{2\pi a e_s} = \frac{e}{e_s} - 0.25 \qquad \left(\frac{e}{e_s} > 0.5\right) \qquad (3-48b)$$

这就是图 3 – 19 中的 Burdekin 曲线。这一 COD 设计曲线的表达式曾被许多国家的压力容器缺陷评定标准所采用。如国际焊接学会 ⅡW—1975;英国焊接标准协会 WEE/37—1975;英国标准协会 PD6493—1980 等。

然而,上述结果未能考虑到材料的应变硬化。所建立的远场应变值与裂纹尖端张开位移之间的关系本质上可视为小范围屈服理论的外推。日本学者考虑到应力应变集中的局部性。建立了宽板上跨裂纹距为 4 倍裂纹半长$\left(\frac{L}{a}=4\right)$的标称应变与张开位移的经验关系式:

$$\delta = 3.5ae \qquad (3-49a)$$

或

$$\phi = \frac{\delta}{2\pi ae} = 0.56\frac{e}{e_s} \qquad (3-49b)$$

这就是日本规范 WES 2805—1984 所采用的 COD 计算公式,相应的 COD 设计曲线如图 3 – 19 中所示。

中国压力容器缺陷评定规范 CVDA—1984 采用的设计曲线如图 3 – 19 中 CVDA 曲线所示,其表达式为

$$\phi = \frac{\delta}{2\pi a e_s} = \left(\frac{e}{e_s}\right)^2 \qquad \left(\frac{e}{e_s} \leqslant 1\right) \qquad (3-50a)$$

$$\phi = \frac{\delta}{2\pi a e_s} = \frac{1}{2} \times \left(\frac{e}{e_s} + 1\right) \qquad \left(\frac{e}{e_s} > 1\right) \qquad (3-50b)$$

显然,中国的 COD 设计曲线与前面的曲线有所不同。这条曲线在 $e/e_s \leqslant 1$ 的范围内,采用了 Burdekin 曲线在 $e/e_s \leqslant 0.5$ 区间的关系式,而在 $e/e_s > 1$ 的全屈服阶段,明显特点是采用最低斜率。

在线弹性阶段($e/e_s \leqslant 0.5$),线弹性断裂力学有一套严密的理论体系和相当丰富的使用经验,COD 理论和应力强度因子理论也是完全一致的。所以,在 COD 设计曲线的线弹性阶段,采用线弹性断裂理论已有的结果式(3 –48a)是完全合理的。在 $0.5 \leqslant e/e_s \leqslant 1$ 的范围内,式(3 –48)中的两个表达式计算结果还是比较接近的,而式(3 –48a)更趋于保守。注意到利用塑性区修正的方法,可以适当扩大线弹性断裂理论的应用范围。所以,在工程应用中适当地把线弹性的结果外推到 $e/e_s = 1$ 的水平也是可行的。试验表明,在 $0.5 \leqslant e/e_s \leqslant 1$ 的范围内,Burdekin 曲线并不保守,有些试验点甚至落在该曲线的上方,而日本的 WES2805 的编制者在分析 Burdekin 曲线的保守性以后,对 Burdekin 曲线进行了修正,降低了全面屈服后曲线的斜率(斜率降低一半),但同时也降低了 $e/e_s = 1$ 附近的安全裕度。所以日本的 WES 曲线在这个($0.5 \leqslant e/e_s < 1.5$)区域就显得更不安全。中国在 $0.5 \leqslant e/e_s \leqslant 1$ 范围内仍采用式(3 –48a)作为设计曲线的第一部分,不仅是可行的,而且是

必要的。$e/e_s = 1$ 附近是一个至关重要的区域。压力容器应力、应变集中部位,以及具有残余应力的部位常达到很高的应变水平。所以,对 $e/e_s \approx 1$ 的情况,处理时采用偏于安全的审慎态度是可取的。当 e/e_s 很高时,材料屈服程度加深,屈服范围更广。从微观上看,最初强烈的弹性约束所形成的位错塞积,在一定条件下使相邻晶体内的位错源开始动作,产生较大范围的塑性变形,使局部应力松弛。由此可见,在 e/e_s 很高的区域内,具有屈服平台的材料塑性变形可以在较小的约束下进行,能更好地发挥材料的潜力,必然会增加含裂纹构件的安全度。再者,在韧性较好的材料中,断裂前一般都有一个裂纹稳定扩展阶段,过去并未考虑。所以在高应变水平下,Burdekin 曲线显得过于保守。中国 CVDA 曲线,在分析国内外试验数据后,适当地提高了 Burdekin 曲线在 $0.5 < e/e_s < 1.5$ 范围内的安全裕度,降低了 $e/e_s > 1.5$ 以后的安全裕度,使各段曲线的安全裕度大体相当,这是比较合理的。

综上可见,COD 法至今还只是一种经验方法,COD 本身也不是一个直接而严密的应力应变场参量,其确切定义和直接测定还存在困难。然而,实践证明它是一种简单而有效的方法。在工程应用上特别是压力容器的断裂分析中已取得不少成功的经验。因此,20世纪 70 年代末、80 年代初,在压力容器缺陷评定标准中,COD 理论曾占有统治地位。

例 3 – 3 某压力容器由于接管根部存在较大的应力集中,故局部应变水平明显提高:设计压力下达到 $e/e_s = 2$;水压试验压力下达到 $e/e_s = 6$。已知材料的 σ_s 和 E,并测得其断裂韧性 δ_c。求设计压力下和水压试验下的允许裂纹尺寸 a_c。

解: 由于 $e/e_s > 1$,这时接管根部已进入整体屈服($\sigma = \sigma_s$),若按式(3 – 12)计算 δ 将趋于无穷大(即不能有裂纹)。这说明 D – M 模型已不适用,这里必须采用 Wells 等设计曲线表达式进行计算。

(1) Wells 曲线解。由式(3 – 27)可得

$$a_0 = \frac{\delta_c}{2\pi e_s \left(\dfrac{e}{e_s} \right)}$$

则 $e/e_s = 2$ 时,$a_c = 0.08\delta_c/e_s$;$e/e_s = 6$ 时,$a_c = 0.027\delta_c/e_s$。

(2) Burdekin 曲线解。式(3 – 48b)可得

$$a_c = \frac{\delta_c}{2\pi e_s (e/e_s - 0.25)}$$

则 $e/e_s = 2$ 时,$a_c = 0.098\delta_c/e_s$;$e/e_s = 6$ 时,$a_c = 0.028\delta_c/e_s$。

(3) 日本 WES2805 曲线解。由式(3 – 49b)可得

$$a_c = \frac{\delta_c}{1.12\pi e_s \left(\dfrac{e}{e_s} \right)}$$

则 $e/e_s = 2$ 时,$a_c = 0.142\delta_c/e_s$;$e/e_s = 6$ 时,$a_c = 0.047\delta_c/e_s$。

(4) 采用中国 CVDA 曲线解。由式(3 – 50b)可得

$$a_c = \frac{\delta_c}{\pi e_s \left(\dfrac{e}{e_s} + 1 \right)}$$

则 $e/e_s = 2$ 时，$a_c = 0.106\delta_c/e_s$；$e/e_s = 6$ 时，$a_c = 0.045\delta_c/e_s$。

从此例计算结果可以看出，采用不同的 COD 设计曲线，所得到的允许裂纹尺寸 a_c 值差别比较大。按 Wells 设计曲线计算出来的允许裂纹尺寸 a_c 最小，按日本 WES2805 曲线计算出来的 a_c 最大。大量试验也表明，Wells 和 Burdekin 曲线在高应变水平下过于保守，而日本 WES2805 曲线又过于不保守。中国 CVDA 设计曲线计算出来的 a_c 值适中，比较合理。

3.4.2 弹塑性 J 积分的工程估算方法

工程中弹塑性 J 积分的估算方法来源于 Shih、Hutchinson 和 Rice 等人的工作，并由美国电力研究院(EPRI)所采用，其主要思想是把弹性解和全塑性解简单地叠加以作为弹塑性解的估算结果，如图 3 – 20 所示。

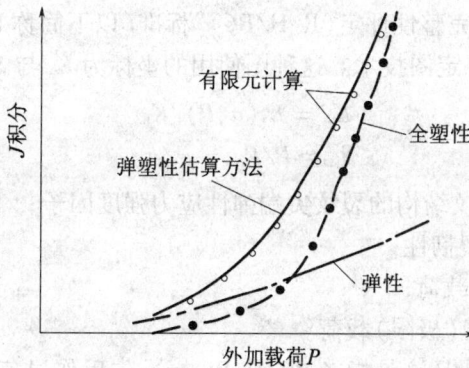

图 3 – 20 弹塑性估算方法示意

此方法认为材料服从 Ramberg – Osgood 关系(ROR)，即

$$\frac{\varepsilon}{\varepsilon_0} = \frac{\sigma}{\sigma_0} + \alpha\left(\frac{\sigma}{\sigma_0}\right)^n \tag{3 – 51}$$

式中　α、n——材料的应变硬化系数和指数；

　　　σ_0、ε_0——屈服应力或流变应力和相应的应变。

按照这一关系，取其塑性分量 $\varepsilon_P/\varepsilon_0 = \alpha(\sigma/\sigma_0)^n$ 的全塑性材料，用不可压缩有限元方法计算可得到 J 积分的全塑性解，并以 $J_P(a,P,n) = \alpha\sigma_0\varepsilon_0 aH(P/P_0)^{n+1}$ 的形式表示，式中 H 为与裂纹构形和材料硬化指数 n 有关的函数。这样，J 积分的弹塑性解可表示为弹性解 $J_e(a_e,P)$ 与全塑性解 $J_P(a,P,n)$ 之和的形式，即

$$J = J_e(a_e,P) + J_P(a,P,n) \tag{3 – 52}$$

式中　a_e——修正裂纹尺寸，$a_e = a + \dfrac{1}{[1 + (P/P_0)^2]\beta_a\pi}\left(\dfrac{n-1}{n+1}\right)\left(\dfrac{K_I}{\sigma_0}\right)^2$；

　　　P、P_0——单位厚度上的载荷和以 σ_0 为基础的塑性极限载荷；

　　　β_a——系数，对于平面应力状态 $\beta_a = 2$；对于平面应变状态 $\beta_a = 6$。

由于含裂纹构件的弹性解已有手册可查，因此求解弹塑性断裂问题，关键是要对广泛的结构形式建立裂纹的全塑性解。Kumar(库摩)和 Shih(施)等人利用不可压缩有限元技术求出了常用试样几何条件以及一些常见结构的全塑性解，并汇编成册。这样，借助于弹

59

性解手册和全塑性解手册,人们可方便地处理许多试样和构件的弹塑性断裂问题。

3.4.3　失效评定图技术

在评定一个含裂纹结构的安全性时,要考虑到两种极端的失效情况,即线弹性断裂和塑性失稳。在这两种极端的失效情况之间存在着一种过渡的失效情况。为此,需要引进一个新的判据对这种过渡的失效情况进行评定。这种新的判据在上述两种极端情况下应分别退化为线弹性断裂判据和塑性失稳判据。这种新的判据是以弹塑性断裂理论为依据的。失效评定图(或称失效评定曲线)就是评定这种过渡的失效情况所用的判据。

1. 失效评定图概念

失效评定图的概念最早是由英国中央电力局(CEGB)提出来的。CEGB 于 1976 年提出了一个"带缺陷结构的完整性评定(R/H/R6)"标准(以下简称 R6)。从此,在压力容器缺陷评定中诞生了失效评定图技术。这种图使用的坐标为 K_r 与 S_r,二者的定义式如下:

$$K_r = K_I(a,P)/K_{Ic} \qquad (3-53a)$$

$$S_r = P/P_0 = \sigma/\sigma_0 \qquad (3-53b)$$

式中　$K(a,P)$——含裂纹结构的裂纹尖端弹性应力强度因子;

K_{Ic}——材料的断裂韧性;

P(或 σ)——外加载荷;

P_0(或 σ)——失稳(极限)载荷。

典型的 R6 失效评定图(这是指老 R6 图,R6 标准先后作过三次修订,1986 年发表第三版为新 R6。二者有着重大的差别),如图 3-21 所示。图中所示的曲线为失效评定曲线。这是最初的 R6 失效评定曲线。该曲线是以 COD 理论为依据的。它是由 D-M 模型出发推导出曲线方程的,其曲线方程表达式为

$$K_r = S_r \left[\frac{8}{\pi^2} \ln\sec\left(\frac{\pi S_r}{2} \right) \right]^{-1/2} \qquad (3-54)$$

此即为老 R6 失效评定曲线方程。

图 3-21 中包含着线弹性断裂和塑性失稳这两个判据,按式(3-53)定义的为评定点坐标计算式。应力强度因子 K_I 与断裂韧性 K_{Ic} 之比 K_r,表征结构接近于线弹性断裂的程度,当 $K_r=1$ 时即为线弹性断裂判据。外加载荷 σ 与失稳载荷 σ_0 之比 S_r,表征了结构

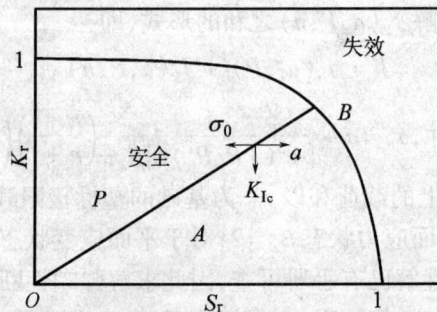

图 3-21　按英国的双参数法建立的实效评定示意图

60

接近于塑性破坏的程度,当 $S_r = 1$ 时则为塑性失稳判据。因而,这种评定过渡失效形态(弹塑性)所用的方法也称为"双判据法"或"双参数法"。

2. 失效评定图的作用

1）计算 K_I 值

对于一个给定的裂纹结构,根据载荷和裂纹尺寸可以计算 K_r 值。从而可按式(3-53)计算对应的评定点坐标 (S_r, K_r),把评定点标绘在评定图上(图3-21中 A 点),便可立即判断该缺陷能否接受(裂纹是否安全)。即当评定点落在失效评定曲线内侧时,结构是安全的,缺陷可被接受;若评定点落在评定曲线外侧,则结构是不安全的,其缺陷不能接受。

2）确定安全裕度

当评定点位于评定曲线内侧时,结构是安全的。但还有多大的安全系数呢?这可以通过载荷因数来确定。由图3-21可见,随着载荷的增加,评定点 A 将沿 OA 线向上移动,到 B 点为临界点。则 $F = \dfrac{OB}{OA}$ 就定义为载荷因数,即以载荷表示的安全系数。F 值的大小反映了结构的安全程度。另外也会看到,当 $F \leqslant 1$ 时将发生破坏(或不安全);$F > 1$ 结构才是安全的。

3）进行参数敏感性分析

在图3-21中还可以看出,评定点 A 离坐标原点 O 的距离与施加载荷 P 成正比,而与材料参数 σ_0 及 K_{Ic} 成反比。如果只有一个输入参数变动,则评定点将按图中相应的箭头方位移动。即借助于评定图可以对输入参数变动的灵敏度(敏感性)进行分析。

美国电力研究院(EPRI)在研究弹塑性断裂理论的同时,也研究了 CEGB 的 R6 失效评定图技术。在此基础上,使用 J 控制裂纹扩展的概念和 J 积分的工程估算方法,推导出以 J 积分理论为基础的失效评定图。其失效评定曲线方程为

$$K_r = (J_r)^{1/2} = \left(\frac{L_r^2}{H_e L_r^2 + H_n L_r^{n+1}} \right)^{1/2} \qquad (3-55)$$

下面简要介绍此方程的推导过程。在 J 控制裂纹扩展的条件下,裂纹扩展的平衡要求驱动力等于阻力,即

$$J(a, P) = J_R(\Delta a) \qquad (3-56)$$

根据工程估算方法,裂纹驱动力可表示为

$$J = J_e(a_0) = J_P(a, n)$$

或者

$$J = J'(a_e) \left(\frac{P}{P_0} \right)^2 + J'(a, n) \left(\frac{P}{P_0} \right)^{n+1} \qquad (3-57)$$

由式(3-56)可得

$$J'(a_e) \left(\frac{P}{P_0} \right)^2 + J'(a, n) \left(\frac{P}{P_0} \right)^{n+1} = J_R(\Delta a) \qquad (3-58)$$

将式(3-58)两边除以 $J_e(a, P)$,可得到

$$J_e(a,P)/\left[J'(a_e)\left(\frac{P}{P_0}\right)^2 + J'(a,n)\left(\frac{P}{P_0}\right)^{n+1}\right] = J_e(a,P)/J_R(\Delta a) \quad (3-59)$$

式中 J_e 为弹性裂纹驱动力,并具有下列形式:

$$J_e(a,P) = J'(a)\left(\frac{P}{P_0}\right)^2 \qquad (3-60)$$

根据 J 积分与 K_I 的关系式 $J_e = K_I^2/E_I$,则 J 控制扩展的结果有

$$E_I J_R(\Delta a) = K_R^2(\Delta a) \qquad (3-61)$$

式中,K_R 曲线是在小范围屈服条件下获得的,只要满足 J 控制扩展条件,当裂纹扩展时,式(3-61)就成立。于是下式也成立:

$$K_r = K_I(a,P)/K_R(\Delta a) \qquad (3-62a)$$

$$J_r = J_e(a,P)/J_R(\Delta a) \qquad (3-62b)$$

$$L_r = \frac{P}{P_0} \qquad (3-62c)$$

而且有

$$K_r^2(a,p,\Delta a) = J_r(a,p,\Delta a) \qquad (3-63)$$

将式(3-62c)和式(3-60)代入式(3-59)可得

$$K_r^2 = J_r = L_r^2 / \left[L_r^2 \frac{J'(a_e)}{J'(a)} + L_r^{n+1}\frac{J'(a,n)}{J'(a)}\right]$$

令 $H_e = J'(a_e)/J'(a)$,$H_n = J'(a,n)/J'(a)$,代入上式即得式(3-55)。

式(3-55)描述了 K_r 与 L_r 之间的相关曲线。在此曲线上裂纹驱动力等于材料阻力。因为 H_e 与 H_n 两函数取决于裂纹形状与包括硬化指数的材料性能,则平衡曲线的形状和位置也取决于这些参数。

EPRI 的失效评定曲线是以 J 积分为依据的,合理地考虑到裂纹体的几何形状、加载形式以及材料的应变硬化特性等。较老 R6 的评定曲线要先进得多。图3-22~图3-25是根据工程估算方程求出 H_e 与 H_n 值,然后按式(3-55)得到的各种情况的失效评定曲线。

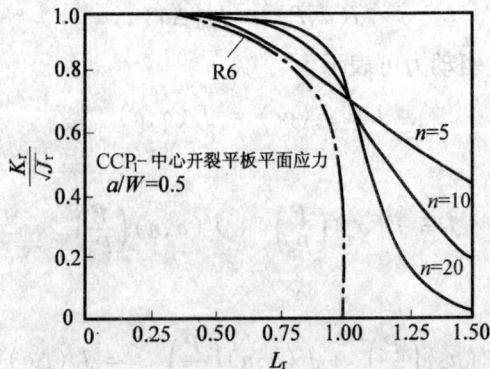

图3-22 包括几种应变硬化指数的中心开裂平板的平面应力失效曲线

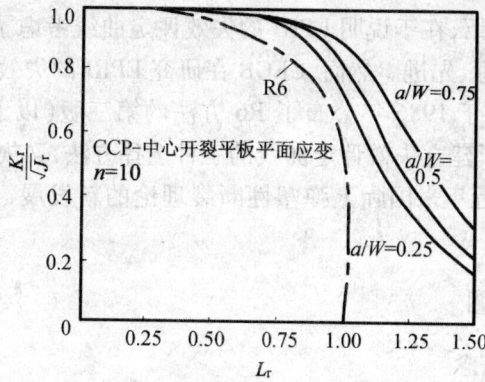

图 3 - 23　包括几种裂纹长度/宽度比中心开裂平板的平面应力失效曲线

图 3-22 ~ 图 3-25 均为失效评定曲线。从中可见指数 n 对评定曲线的影响程度。图 3-23 为中心开裂平板平面应变条件下,不同裂纹长度 a 与板宽 W 之比的失效评定曲线。从中可以看出 a/W 值对评定曲线的影响。图 3-24 为中心开裂平板和紧凑拉伸试件的失效评定曲线。它表明了裂纹构形不同、应力状态不同,则失效评定曲线也不同。图 3-25 是圆筒含轴向裂纹和环向裂纹的失效评定曲线。它表明裂纹构形相同而材料不同的影响程度。

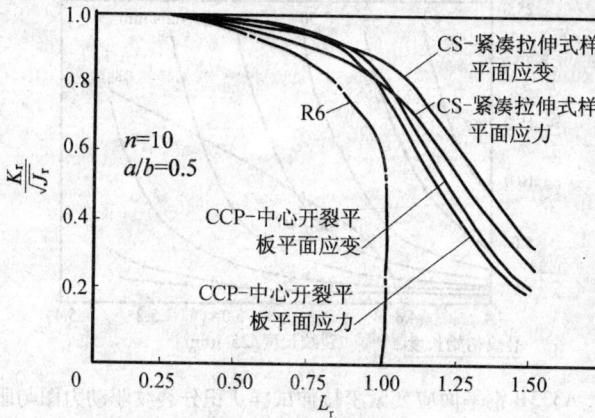

图 3 - 24　中心开裂平板及紧凑拉伸试样的平面应变及平面应力失效曲线

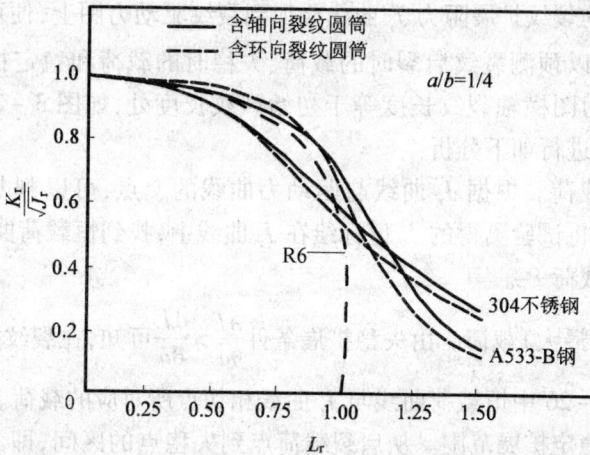

图 3 - 25　含轴向裂纹及环向裂纹圆筒的失效曲线

上面对几个图的介绍,在于说明 EPRI 的失效评定曲线考虑了多种参量的影响,要比英国 CEGB 的老 R6 合理、先进。然而,CEGB 在研究 EPRI 的失效评定曲线之后,对老 R6 曲线又做了彻底修改。于 1986 年公布了 R6 方法的第三版(以下称新 R6)。新 R6 以 J 积分理论为依据,提出了建立失效评定曲线的三种选择方法,又规定了三种类别的评定方法。新 R6 方法反映了近年来国际上弹塑性断裂理论的新发展,从而也使得失效评定图技术更加完善。

3.4.4 裂纹驱动力图

1. 裂纹驱动力图概念

如前所述,对于给定的任意裂纹体,J 积分是裂纹尺寸 a 和外载(单位厚度)P 的函数,当给定某一载荷值 P 时,对于不同的裂纹尺寸 a 可得出对应的 J 积分值,将这些对应点绘制在 $J-a$ 坐标中,便得到一条恒载荷下的 $J-a$ 曲线(恒载荷曲线)。在不同载荷下,可以得到一组恒载荷下的 $J-a$ 的相关曲线,这种相关曲线图就称为裂纹驱动力图。图 3-26 给出了 A533B 钢平面应变紧凑拉伸试样的裂纹驱动力图,图中各细实线即为不同载荷下的恒载荷曲线。

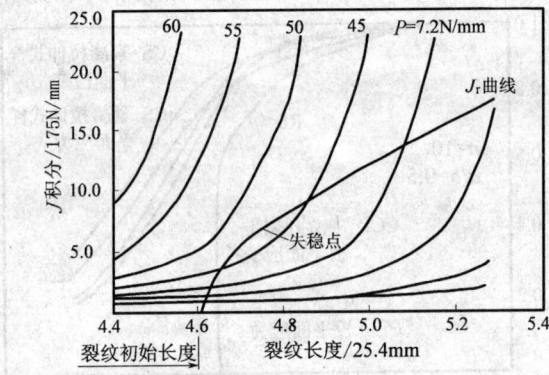

图 3-26　A533B 钢平面应变紧凑拉伸试样 J 积分裂纹驱动力图与阻力曲线

2. 裂纹驱动力图的作用

把由试验测定的裂纹扩展阻力 J_r 曲线叠加到裂纹驱动力图上,便可进行弹塑性断裂的全过程分析,即可以预测裂纹启裂时的载荷、失稳时的载荷和稳定扩展范围等。将 J_r 曲线起点交于驱动力图横轴裂纹长度等于初始裂纹长度处,如图 3-26 中粗实线所示。然后,利用此图可以进行如下分析:

(1)确定启裂载荷。根据 J_r 曲线与驱动力曲线的交点,可以判断裂纹启裂时的载荷。具体的做法是:将试验测得的 J_{Ic} 值标绘在 J_r 曲线上,找到恒载荷曲线与该点的交点,便可求得启裂时的载荷 P_c。

(2)确定失稳(最大)载荷。由失稳扩展条件 $\dfrac{\partial J}{\partial a} > \dfrac{\mathrm{d}J_r}{\mathrm{d}a}$ 可知,在裂纹扩展过程中达到的最大载荷,即为图 3-26 中恒载荷曲线与 J_r 曲线相切点所对应的载荷。

(3)确定裂纹稳定扩展范围。从启裂载荷点到失稳点的区间,即为裂纹稳定扩展的范围。

64

实际上,在裂纹扩展至失稳点以前,裂纹驱动力 J 与阻力 J_r 总是随着载荷的增加沿阻力曲线同步增长,二者始终保持相等。在启裂点以前,载荷增大,裂纹并不扩展;而在启裂点以后,裂纹随载荷增加而不断扩展,直至失稳点。当裂纹扩展到失稳点后,随着扩展量 Δa 的增加,阻力增加的速度总赶不上驱动力增加的速度,所以驱动力 J 始终大于阻力 J_r。这表明,此时即使不再增大载荷,裂纹也会继续扩展下去,直到整个构件断裂。

由以上讨论可见,裂纹由启裂到失稳扩展通常有一个过程,这一过程的长短以及裂纹扩展量 Δa 的大小取决于试样材料及几何尺寸。在这一过程中,裂纹的连续扩展依赖于载荷的不断提高。此时,驱动力与阻力均随载荷的提高而沿 J_r 曲线变化。因此,在这一过程中驱动力与阻力始终是相等的,亦即促使裂纹扩展的能量与消耗于裂纹扩展中的形变功是平衡的。所以,这一过程属于裂纹稳态扩展阶段,亦称为亚临界扩展阶段。

J_r 曲线形状除了与材料性能有关外,还与试样的厚度和韧带尺寸有关。这是因为厚度和韧带尺寸都要影响裂纹端部的应力状态和塑性区尺寸,从而影响裂纹扩展的阻力。此外,裂纹的初始长度不同,J 曲线的斜率也不一样(对应于同一载荷而言),而 J_r 曲线的形状基本上不受裂纹初始长度的影响。

习　题

3-1　思考题

(1) COD 的含义是什么?

(2) 写出 COD 判据式,并说明其含义。

(3) 何为 D-M 模型,画图说明。

(4) 对于整体屈服的情况,能否用 D-M 模型下的 COD 公式计算值 δ,为什么?

(5) 由 D-M 模型导出的塑性区尺寸与考虑应力松弛获得的平面应力塑性区尺寸(见第 2 章)有何不同,计算公式有何不同。

(6) 当应力水平 $\dfrac{\sigma}{\sigma_s} < 1$ 时,可否用 Wells 公式计算 δ 值?

(7) J 积分有几种定义,其定义式如何?

(8) 何谓 J 积分的守恒性?

(9) J 积分的物理意义是什么?

(10) J 积分值与 J_{Ic} 值有何区别?

(11) 何谓 J 主导和 J 控制裂纹扩展?

(12) J 积分与应力强度因子的关系如何?

(13) J 积分与 δ 的换算关系如何?

(14) 我国的 COD 设计曲线和 Dawes 设计曲线有何差异?

(15) 何谓失效评定图? 它有何作用?

(16) 何谓裂纹驱动力图? 它有何作用?

3-2　一圆筒形压力容器,内径 $D_i = 1600\text{mm}$,壁厚 $B = 8\text{mm}$,操作压力 $p = 8\text{MPa}$。所用材料为低强度高韧性钢材,$\sigma_s = 441\text{MPa}$,$E = 2.06 \times 10^5 \text{MPa}$,$\delta_c = 0.15\text{mm}$。试确定筒体

上轴向和周向裂纹的临界尺寸 a_c。

3-3 有一圆筒形压力管道，外径 $D_o = 204\text{mm}$，壁厚 $t = 6\text{mm}$。管道材料的屈服应力为 $\sigma_s = 588\text{MPa}$，$\delta_c = 0.07\text{mm}$，$E = 2.1 \times 10^5 \text{MPa}$。工作一段时间后，发现有一内部密封的轴向贯穿裂纹，长为 $2a = 60\text{mm}$。求管道能承受的压力 p_c 为多大？当取安全系数为 1.5 时，所允许的工作压力 $[p]$ 为多大？

3-4 一个用 14MnMoVB 钢制成的圆筒形压力容器，外径 $D_i = 1000\text{mm}$，壁厚 $B = 20\text{mm}$，筒壁焊缝处有一纵向类穿透裂纹，全长 $2a = 600\text{mm}$。已知材料的 $\sigma_s = 515\text{MPa}$，$\sigma_b = 685\text{MPa}$，$E = 2.1 \times 10^5 \text{MPa}$，$\delta_c = 0.065\text{mm}$。试求该容器的开裂压力 p_c 及断裂（爆破）压力 p_f。

3-5 某储运厂一台液化气球罐，最高操作压力 $p = 1.8\text{MPa}$，内径 $D_i = 12400\text{mm}$，壁厚 $B = 32\text{mm}$。主体材质为 16MnR，$\sigma_s = 338\text{MPa}$，$E = 2.09 \times 10^5 \text{MPa}$，$\delta_c = 0.068\text{mm}$。检验发现对接焊缝熔合线内表面存在长 $2c = 200\text{mm}$、深 $a = 8\text{mm}$ 的表面裂纹。若取 δ_c 的安全系数，试校核容器是否安全。

3-6 实验表明，在工作应力作用下，压力容器接管根部应力集中区域的最高应变可达到屈服应变 ε_s 的 2 倍。若已知材料的 σ_s、E 和 δ_c 值，试按 BurdeKin 公式确定该部位的临界裂纹尺寸 a_c。

3-7 某压力容器，设计工作应力为材料屈服应力的 2/3，若已知材料的 σ_s、E 和 δ_c 值，（1）试按我国的 COD 设计曲线和 Dawes 设计曲线确定该容器的允许裂纹尺寸 a_m；（2）如假设容器筒体表面存在深长比 $a/c = 0.025\text{mm}$ 轴向浅表面裂纹，试确定该裂纹的允许深度。

第4章　压力容器的安全评定

4.1　概　述

断裂力学的出现和发展,为含缺陷压力容器的安全评定提供了科学依据。从20世纪70年代初,世界各国纷纷开展压力容器缺陷评定技术研究,提出了一些工程评定方法或规范,并不断地修改和完善。

世界上第一部以断裂理论为基础的压力容器缺陷评定标准,是1971年美国公布的ASME锅炉压力容器规范第Ⅲ卷附录G及第Ⅺ卷附录A。到20世纪80年代初期,世界上已公布近10部压力容器缺陷评定规范或指导性文件(下统称为标准)。例如:英国焊接标准协会于1978年发行的"焊接缺陷验收标准若干方法指南"(英国 WEE/37,1978);国际焊接学会1975年发行的"按脆断破坏观点建议的缺陷评定方法"(国际焊接学会ⅡW,1975);日本焊接协会1976年发行的"按脆断评定的焊接缺陷验收标准"(日本 WES 2805—1976);美国机械工程师学会(ASME)1977年发行的锅炉压力容器规范第Ⅲ卷附录G"防止非延性破坏"和第Ⅺ卷附录A"缺陷显示的分析";英国标准协会1980年发行的"焊接缺陷验收标准若干方法指南"(英国 BSI PD6493,1980);英国中央电力局(CEGB)发行的"有缺陷结构完整性的评定"(英国 CEGB R/H/R6);美国电力研究院(EPRI)发行的"含缺陷核容器及管道完整性评定方法"(美国 EPRI 方法,1982);中国发行的"压力容器缺陷评定规范"(CVDA‐1984);德国焊接协会发行的"焊接接头缺陷的断裂力学评定"(德国 DVS2401‐1,1984)等。这些标准按其理论基础大体可以分为四类。

(1)以美国 ASME 规范为代表的线弹性断裂理论的评定方法。

(2)以英国 BSI PD6493(1980)为代表的 COD 理论的评定方法。COD 法是英国焊接研究所提出来的弹塑性断裂准则。第3章中已经介绍,COD 法是以窄条区屈服模型(D‐M 模型)为基础的。为了扩大应用于裂纹处于全屈服区的断裂分析,用含中心穿透裂纹的宽板拉伸试验的结果,提出了一条确定裂纹容限的经验曲线,称为 COD 设计曲线。用COD 设计曲线进行断裂分析,方法简单直观,应用也比较方便。因此,在20世纪70年代末和80年代初,COD 设计曲线法在国际上的压力容器缺陷评定标准中占有统治地位。上述标准中有多数是以 COD 法为依据的,如国际焊接协会标准ⅡW‐X‐749‐74;英国焊接标准协会的 WEE/37—1987;英国的 BSI PD6494—1980;日本的 WES2805—1976;德国的 DVS2401—1984;中国的 CVDA—1984 等,都采用 COD 设计曲线的方法。

(3)以英国中央电力局(CEGB)的 R6 为代表的失效评定图技术。在 COD 设计曲线法发展的同一时期,英国 CEGB 发表了 R6 方法,采用失效评定图技术进行压力容器缺陷评定。当时(第一版和第二版,也称老 R6 法)的失效评定曲线,仍然是从 COD 理论导出的。即利用理想塑性材料的 D‐M 模型和线弹性断裂理论的关系推导而得其曲线方程。理论上不是很严格,也只能看作是一个经验关系。

（4）以美国 EPRI 方法为代表的以 J 积分理论为基础的评定方法。

4.2 GB/T 19624 简介

GB/T 19624—2004《在用含缺陷压力容器安全评定》是以近代科学技术发展为理论基础、在充分吸收国内外压力容器安全评定技术和规范的最新研究成果、紧密跟踪国际同类评定规范发展潮流、积极吸取我国 CVDA—1984 规范之精华、密切结合我国十多年来压力容器安全评定工程实践经验的基础上提出来的。

本标准适用于在用钢制含超标缺陷压力容器的安全评定,锅炉、管道以及其他金属材料制容器在安全评定时也可以参照使用。

本标准所评定的缺陷类型:平面缺陷,包括裂纹、未熔合、未焊透、深度大于 1mm 的咬边等;体积缺陷,包括凹坑、气孔、夹渣、深度小于 1mm 的咬边等。

本标准所考虑的失效模式:断裂失效、塑性失效和疲劳失效。

安全评定所需的基础数据:缺陷的类型、尺寸和位置;结构和焊缝的几何形状和尺寸;材料的化学成分、力学和断裂韧度性能数据;由载荷引起的应力;残余应力。

4.3 断裂与塑性失效评定

断裂评定是基于裂纹体的弹塑性断裂力学,为防止在载荷作用下发生裂纹起裂的工程评定方法,高级评定还可以进行防止裂纹延性撕裂破坏的评定。塑性失效评定是基于塑性力学的极限分析,为防止载荷超过含缺陷结构的塑性极限载荷而失效的评定方法。

4.3.1 评定方法

平面缺陷的评定采用三级评定,即简化评定、常规评定和分析评定。三者的差别主要是采用不同的断裂评定方法,其评定目的、技术路线以及所需材料断裂韧度等的比较列于表 4 - 1 中。

表 4 - 1 平面缺陷断裂评定三个级别的比较

级别	评定目的	评定技术路线	所需的材料性能数据
简化评定(一级)	防止起裂及塑性失效的简化评定方法	采用以 $\sqrt{\delta_r} - \delta_r$ 的矩形失效评定图	屈服点 σ_s、抗拉强度 σ_b、弹性模量 E、断裂韧度 δ_c
常规评定(二级)	防止起裂及塑性失效的常规评定方法	采用 $K_r - L_r$ 的通用失效评定图	屈服点 σ_s、抗拉强度 σ_b、弹性模量 E、断裂韧度 J_{Ic} 或 J_c
分析评定(三级)	防止撕裂破坏及塑性失效的分析评定方法	采用 EPRI 工程估算评定方法	屈服点 σ_s、抗拉强度 σ_b、弹性模量 E、J_r (Δa) 曲线

对于平面缺陷,可采用简化评定或常规评定方法进行,当二者的评定结果发生矛盾时,以常规评定结果为准。在特殊和可能的情况下,也可按分析评定方法(GB/T 1964—2004 标准附录 F)进行更为详尽的分析评定。

4.3.2 缺陷的表征

由于实际缺陷形状和尺寸一般都是不规则的,需要先进行规则化处理,使之成为便于进行力学分析的形状和尺寸,简称为缺陷的表征。规则化后的平面缺陷尺寸称为表征裂纹尺寸;规则化后的凹坑缺陷尺寸称为表征凹坑尺寸。

1. 平面缺陷的表征

平面缺陷的表征裂纹尺寸应根据具体情况由缺陷的外接矩形来确定,如图 4-1 所示。对穿透裂纹,长为 $2a$;对表面裂纹,高为 a、长为 $2c$;对埋藏裂纹,高为 $2a$、长为 $2c$;对孔边角裂纹,高为 a、长为 c。

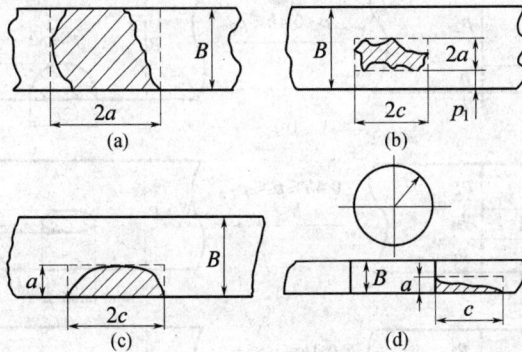

图 4-1　平面缺陷的表征图例
(a) 穿透裂纹;(b) 埋藏裂纹;(c) 表面裂纹;(d) 孔边角裂纹。

1) 表面缺陷的规则化与表征裂纹尺寸

若表面缺陷沿壳体表面方向的实测最大长度为 l,沿板厚方向的实测最大深度为 h,则表面缺陷的规则化与裂纹尺寸的表征如图 4-2 所示。

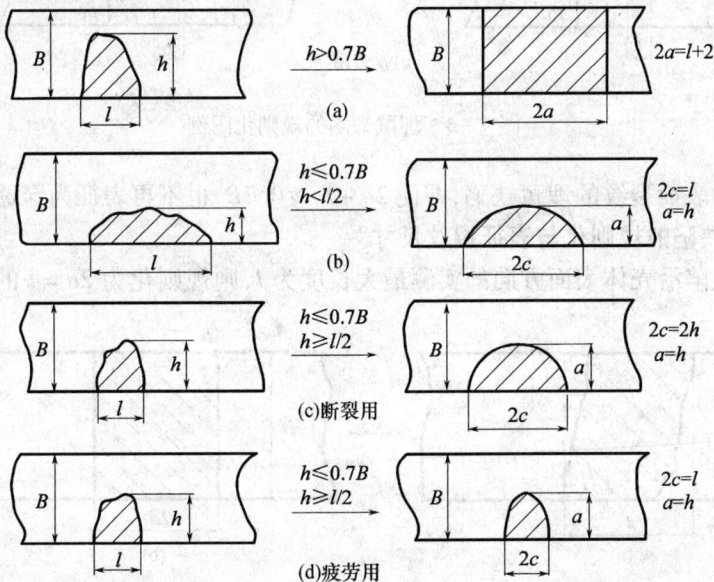

图 4-2　表面缺陷的规则化图例

2）埋藏缺陷的规则化与表征裂纹尺寸

若埋藏缺陷沿壳体表面方向的实测最大长度为 l，沿板厚方向的实测最大自身高度为 h，缺陷到壳体内外表面的最短距离分别为 p_1 和 p_2，且 $p_1 \leqslant p_2$，则埋藏缺陷的规则化与裂纹尺寸的表征如图 4-3 所示。

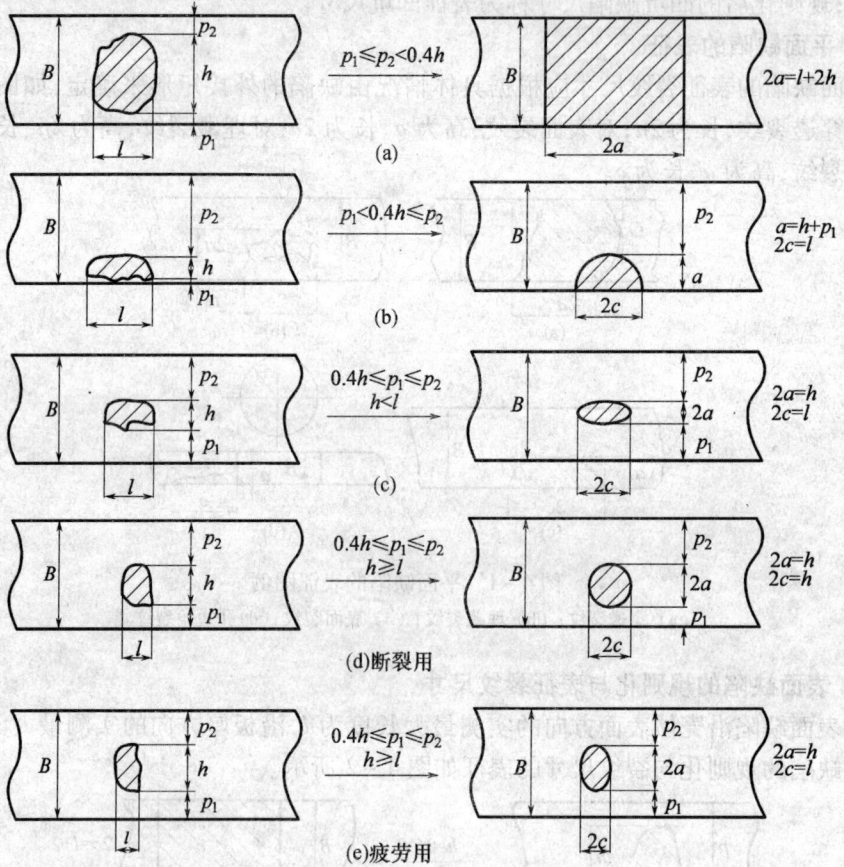

图 4-3　埋藏缺陷的规则化图例

已表征为表面裂纹的埋藏缺陷，即使 $2a + p_1 > 0.7B$，也不再表征为穿透裂纹。

3）穿透缺陷的规则化与表征裂纹尺寸

若穿透缺陷沿壳体表面方向的实测最大长度为 l，则规则化为 $2a = l$ 的穿透裂纹（图 4-4）。

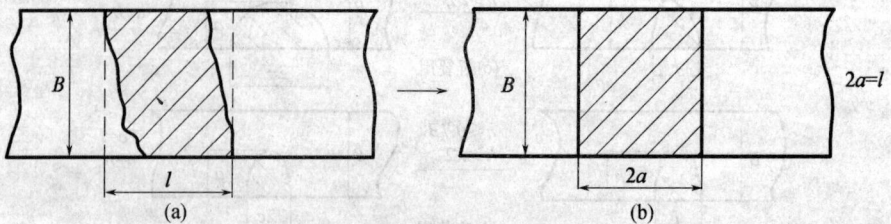

图 4-4　穿透缺陷的规则化图例

70

4）斜裂纹的表征

当裂纹平面方向与主应力方向不垂直时,可将裂纹投影到与主应力方向垂直的平面内,在该平面内按投影尺寸确定表征裂纹尺寸。

5）裂纹群的处理

当两裂纹或多裂纹相邻时,应考虑裂纹之间的相互影响。可按以下规定先确定裂纹间距 s 和合并间距 s_0,然后再根据情况进行复合及相互影响处理。图 4-5 示出了共面裂纹的合并规则。

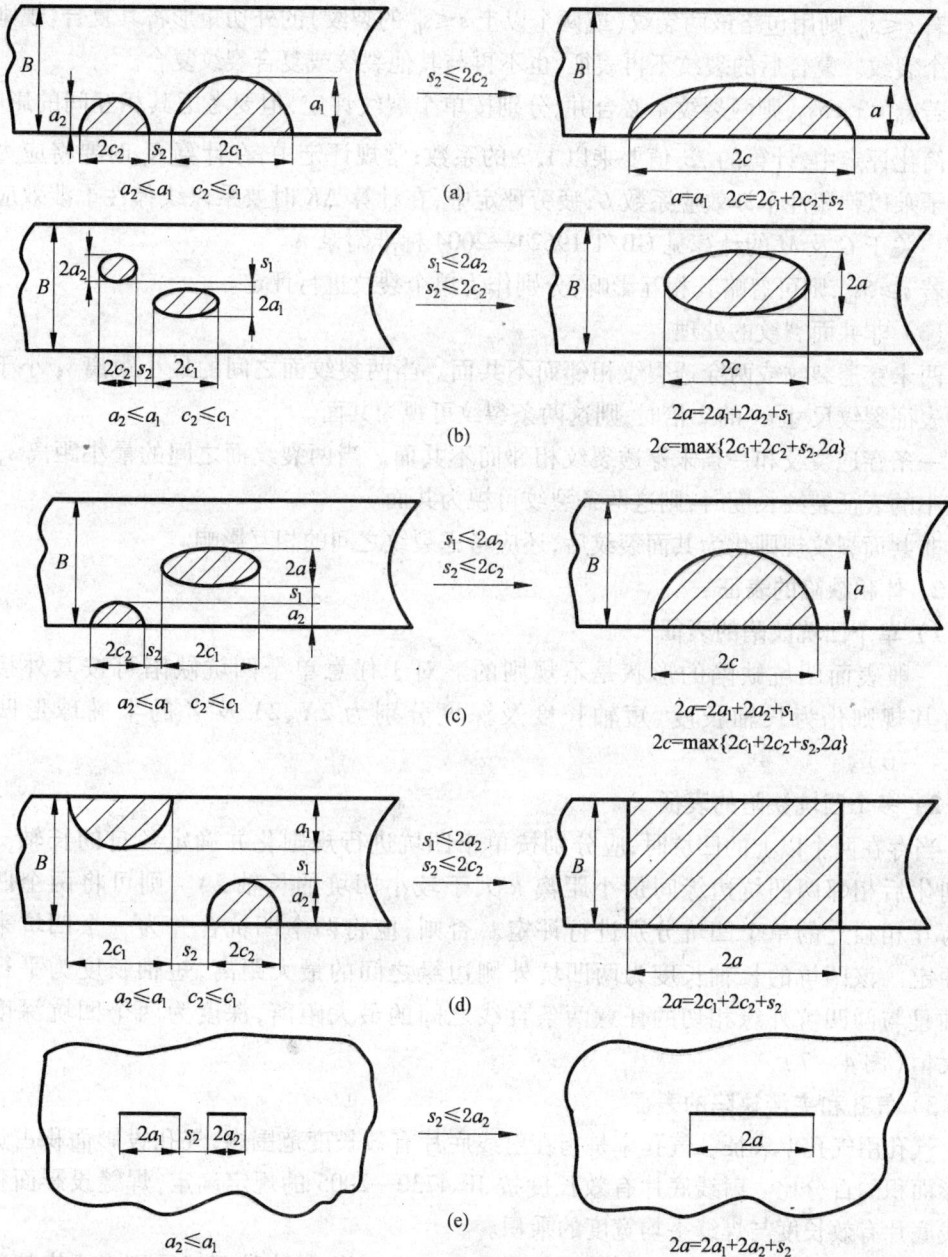

图 4-5 共面缺陷的合并规则图例

71

（1）裂纹间距 s 及合并间距 s_0 的确定。

参照图 4-5 所示的典型情况，裂纹间距 s 与合并间距 s_0 的确定原则如下：

① 在图 4-5(a)中，$s=s_2$，$s_0=2c_2$。

② 在图 4-5(b)、(c)、(d)中，若 $\dfrac{s_1}{2a_2}>\dfrac{s_2}{2c_2}$，则 $s=s_1$，$s_0=2a_2$；否则 $s=s_2$，$s_0=2c_2$；

③ 在图 4-5(e)中，$s=s_2$，$s_0=2a_2$。

（2）共面裂纹的复合及相互影响处理。

若 $s\leqslant s_0$，则用包络该两裂纹（或两个以上 $s\leqslant s_0$ 的裂纹）的外切矩形将其复合，规则化为一个裂纹。复合后的裂纹不再表征，也不再与其他裂纹或复合裂纹复合。

若 $s_0<s<5s_0$，则两裂纹不必合并，分别按单个裂纹评定，但要考虑其相互间的影响。即在简化评定中，计算的 $\sqrt{\delta_i}$ 值要乘以 1.2 的系数；常规评定中，在计算 K_r 时要将应力强度因子乘以弹塑性干涉效应系数 G；疲劳评定中，在计算 ΔK 时要乘以线弹性干涉效应系数 M。关于 G 及 M 的计算见 GB/T 19624—2004 标准附录 A。

若 $s\geqslant 5s_0$，则可忽略其相互影响，分别作为单个裂纹进行评定。

（3）非共面裂纹的处理。

两未穿透裂纹或两穿透裂纹相邻而不共面。当两裂纹面之间的最小距离 s_3 小于较小的表征裂纹尺寸 a_2 的 2 倍时，则这两条裂纹可视为共面。

一条穿透裂纹和一条未穿透裂纹相邻而不共面。当两裂纹面之间的最小距离 s_3 小于较小的表征裂纹长度时，则这两条裂纹可视为共面。

非共面裂纹规则化为共面裂纹后，还应考虑裂纹之间的相互影响。

2. 体积缺陷的表征

1）单个凹坑缺陷的表征

一般表面凹坑缺陷的形状是不规则的。对于任意单个凹坑缺陷可按其外接矩形将其规则化为长轴长度、短轴长度及深度分别为 $2X$、$2Y$ 及 Z 的半椭球形凹坑（图 4-6）。

2）多个凹坑缺陷的表征

当存在两个以上的凹坑时，应分别按单个凹坑进行规则化并确定各自的长轴。若规则化后相邻两凹坑边缘间最小距离 k 大于较小凹坑的长轴 $2X_2$，则可将两个凹坑视为互相独立的单个凹坑分别进行评定。否则，应将两个凹坑合并为一个凹坑来进行评定。该凹坑的长轴长度为两凹坑外侧边缘之间的最大距离，短轴长度为平行于长轴且与两凹坑外缘相切的任意两条直线之间的最大距离，深度为两个凹坑深度的较大值（图 4-7）。

3）气孔和夹渣缺陷的表征

气孔用气孔率表征。气孔率是指在射线底片有效长度范围内，气孔投影面积占焊缝投影面积的百分比。射线底片有效长度按 JB 4730—2005 的规定确定，焊缝投影面积为射线底片有效长度与焊缝平均宽度的乘积。

夹渣以其在射线底片上的长度表征。多个夹渣相邻时，应按下述原则考虑夹渣间的相互影响：

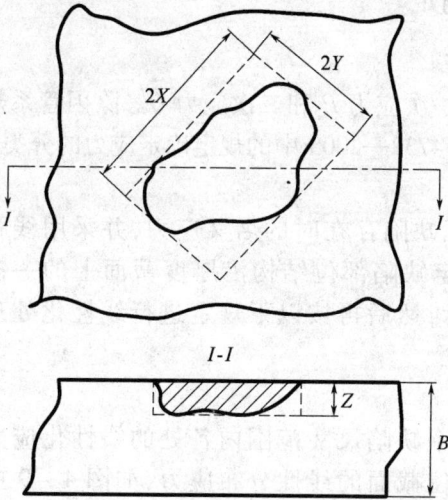

图4-6 单个凹坑缺陷表征示意图

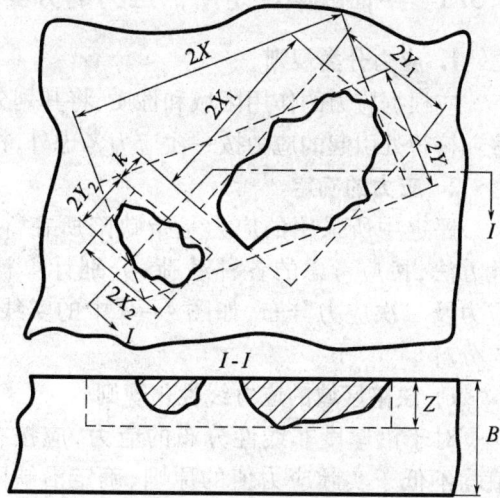

图4-7 多个凹坑缺陷表征示意图

（1）共面夹渣间的复合。若两个夹渣间的距离小于图4-8中的规定值,则将其复合为一个连续的大夹渣。

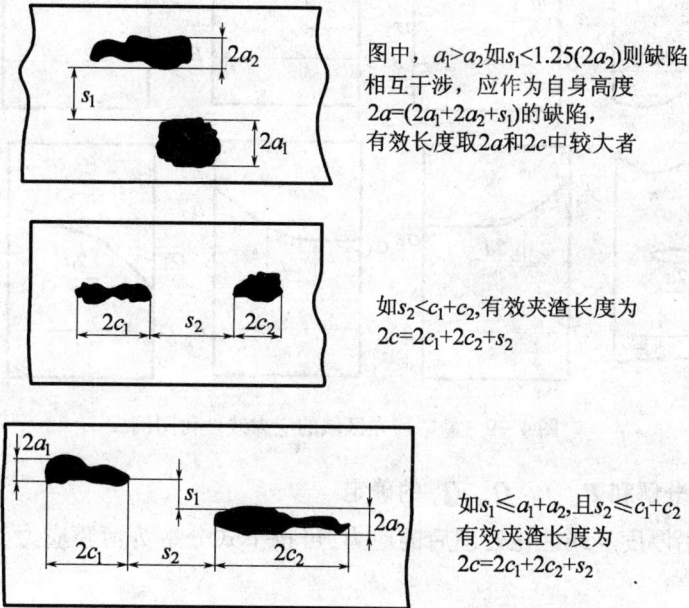

图中,$a_1>a_2$如$s_1<1.25(2a_2)$则缺陷相互干涉,应作为自身高度$2a=(2a_1+2a_2+s_1)$的缺陷,有效长度取$2a$和$2c$中较大者

如$s_2<c_1+c_2$,有效夹渣长度为$2c=2c_1+2c_2+s_2$

如$s_1\leqslant a_1+a_2$,且$s_2\leqslant c_1+c_2$有效夹渣长度为$2c=2c_1+2c_2+s_2$

图4-8 多个夹渣的复合准则图例

（2）非共面夹渣的处理。当两个非共面埋藏夹渣之间的最小距离 s_2 小于较小夹渣的自身高度的1/2时,则这两个夹渣可视为共面并按共面夹渣的规定进行复合。否则,均应逐个分别进行评定。

（3）复合后的夹渣不再与其他夹渣或复合夹渣进行复合。

4.3.3 平面缺陷评定所需应力的分类及确定

1. 应力分类规则

应根据应力的作用区域和性质,将其划分为一次应力 P 和二次应力 Q。除因管系热胀在接管处引起的应力按一次应力考虑外,按 JB 4732—2005 中的规定确定应力的分类。

2. 应力的确定

评定中所采用的应力是指缺陷所在部位无缺陷存在时的名义应力,并采用线弹性方法,按应考虑的各种载荷,分别计算被评定缺陷部位结构沿厚度截面上的一次应力及二次应力分布,如图 4-9 中的实线所示,然后再按以下规定进行线性化处理与分解。

1) 缺陷区域的应力线性化规则

对于沿厚度非线性分布的应力,应按在整个缺陷尺寸范围内各处的线性化应力值均不低于实际应力值的原则,确定沿缺陷部位截面的线性分布应力,如图 4-9 中虚线所示。

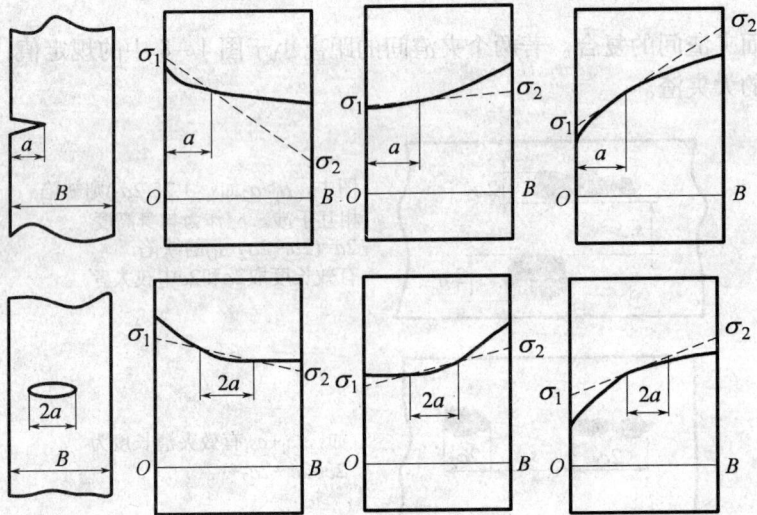

图 4-9 缺陷所在区域的应力线性化图例

2) 应力的分解和 P_m、P_b、Q_m、Q_b 的确定

(1) 对于沿厚度经线性化处理后的应力,可按下式分解为薄膜应力分量 σ_m 和弯曲应力分量 σ_B:

$$\begin{cases} \sigma_m = (\sigma_1 + \sigma_2)/2 \\ \sigma_B = (\sigma_1 - \sigma_2)/2 \end{cases} \tag{4-1}$$

由一次应力分解而得的 σ_m、σ_B,分别为 P_m、P_b;由二次应力分解而得的 σ_m、σ_B,分别为 Q_m、Q_b。

(2) 对于焊接残余应力,如不能得到实际应力分布,可参照表 4-2 确定 Q_m、Q_b。

表 4-2　典型焊接接头残余应力分布和估算

焊接接头		残余应力 σ_R 分布示意图	σ_R 分布或 Q_m、Q_b 的确定
$B < 25mm$ 的对接焊接头	作用在垂直于焊缝的平面上的 σ_R 分布,用于垂直焊缝的缺陷		$\dfrac{\sigma_R}{\sigma_R^{max}} = \left[1 - 4(x/6B)^2\right] \exp\left[-2(x/6B)^2\right]$ 并假设沿厚度均匀分布这里取拉伸应力区宽度为 $6B$
	作用在平行于焊缝的平面上的 σ_R 分布,用于平行焊缝的缺陷		$\sigma_R = 0.3\sigma_R^{max}$,均布于截面上即 $Q_m = 0.3\sigma_R^{max}$,$Q_b = 0$
$B \geqslant 25mm$ 的对接焊接头	筒体环焊缝等低约束对接焊缝,σ_R 沿板厚的分布		表面裂纹 $a/B \leqslant 0.5$ 时,$Q_m = -\sigma_R^{max}$,$Q_b = 2\sigma_R^{max}$;其他情况按线性化规则确定
	球罐、厚壁高压容器,σ_R 沿板厚的分布		表面裂纹 $a/B \leqslant 0.5$ 时,$Q_m = 0$,$Q_b = \sigma_R^{max}$;其他情况按线性化规则确定
角焊缝、T型对接焊缝及接管连接焊缝在焊趾处及容器焊趾处裂纹	接管焊趾裂纹		按管焊趾裂纹时取 $Q_m = 0.5\sigma_R^{max}$,$Q_b = 0.5\sigma_R^{max}$;其他情况按线性化规则确定
	容器焊趾裂纹		$Q_m = \sigma_R^{max}$,Q_b

注:表中 σ_R^{max} 按如下规则确定:

(1) 对于焊态结构,$\sigma_R^{max} = \max(\sigma_s^W, \sigma_s)$;

(2) 对于经炉内整体消除应力退火热处理的焊接结构,$\sigma_R^{max} = (0.3 \sim 0.5)\max(\sigma_s^W, \sigma_s)$;

(3) 对于经局部消除应力退火热处理或现场整体热处理的焊接结构,可实测确定或依据经验确定。

对焊接修补区、高拘束度焊缝区或焊接残余应力分布情况不明区域,可取焊接残余应力引起的二次应力 $Q_m = \sigma_s$,$Q_b = 0$。

(3) 对接焊接接头中由错边、角变形所产生的应力为二次弯曲应力 Q_b,可按表 4-3 中所列公式计算。

表 4-3　因错边及角变形引起的二次弯曲应力计算公式

类型	细节图	二次应力 Q_b	注释
容器焊缝的角变形	P_m　$2l'$为两直边段总跨度　P_m	设边界条件如下： 固支：$\dfrac{Q_b}{P_m} = \dfrac{3d'}{B(1-v^2)}\dfrac{\tanh(\beta/2)}{\beta/2}$ 铰支：$\dfrac{Q_b}{P_m} = \dfrac{6d'}{B(1-v^2)}\dfrac{\tanh\beta}{\beta}$ 式中 $\beta = \dfrac{2l'}{B}\sqrt{\dfrac{3(1-v^2)P_m}{E}}$	设定为理想几何形状 $d' = y/2$ 或 $d' = a'l'/2$
容器焊缝的错边	P_m　$B_1 \geqslant B_2$　错边 e_1 为两板厚度中心线偏移量	$\dfrac{Q_b}{P_m} = \dfrac{6e_1}{B_1(1-v^2)}\dfrac{B_1^b}{(B_1^b + B_2^b)}$	$b = 1.5$ 用于环焊缝和球壳焊缝；$b = 0.6$ 用于纵焊缝

4.3.4　材料性能数据的确定原则

评定中应优先采用实测数据。在无法实测时,在充分考虑材料化学成分、冶金和工艺状态、试样和试验条件等影响因素且保证评定的总体结果偏于安全的前提下,可选取代用数据。

实测数据所用的试样尽可能取自被评定缺陷部位的材料,也可取自在化学成分、力学性能、冶金和工艺状态以及使用条件等方面能真实反映缺陷所在部位材料性能的试板。

实测试样中的裂纹面和裂纹扩展方向应同被评定结构中的情况一致,也可选取能获得该材料最低断裂韧度数据的其他取样方法。对取自热影响区的试样,应考虑裂纹尖端所在部位组织结构类型和晶粒尺寸等的影响。

材料性能数据的测定和选取方法详见 GB/T 19624—2004 标准附录 B 中的规定。

4.3.5　平面缺陷的简化评定

1. 评定方法

平面缺陷的简化评定采用了 CVDA 的 COD 设计曲线成果,但以失效评定图的形式表示。简化失效评定图如图 4-10 所示,由纵坐标 $\sqrt{\delta_r}$、横坐标 S_r 以及 $\sqrt{\delta_r} = 0.7$ 的水平线和 $S_r = 0.8$ 的垂直线所围成的矩形为安全区,评定点位于该区内,则为安全或可以接受;否则为不能保证安全或不可接受。

2. 评定程序

平面缺陷的简化评定按下列步骤进行:

(1) 缺陷表征和等效裂纹尺寸的确定;

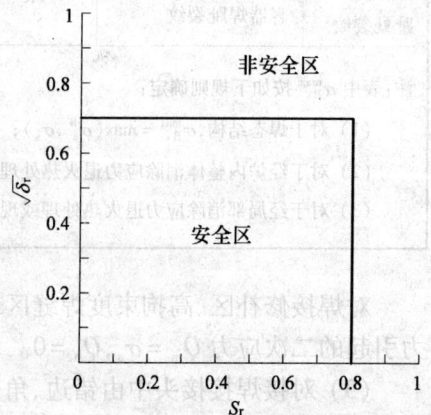

图 4-10　平面缺陷简化评定的失效评定图

（2）应力的确定；

（3）材料性能数据的确定；

（4）δ 及 $\sqrt{\delta_r}$ 的计算；

（5）L_r 的计算；

（6）安全性的评价。

3. 所需基本数据的确定

1）缺陷表征和等效裂纹尺寸 $\bar{a}$ 的确定

根据缺陷的实际位置、形状和尺寸，按4.3.2节的规定进行缺陷规则化，获得表征裂纹尺寸 a、c，然后按下列规定计算等效裂纹尺寸 $\bar{a}$：

$$\bar{a} = \begin{cases} a & \text{（对于穿透裂纹）} \\ \Omega^2 a & \text{（对于埋藏裂纹）} \\ (F_1/\phi)^2 a & \text{（对于表面裂纹）} \end{cases} \qquad (4-2)$$

2）总当量应力 σ_Σ 的确定

简化评定计算所需总当量应力 σ_Σ 可按下式估算，并保守地假设总当量应力均匀分布在主应力平面上，即

$$\sigma_\Sigma = K_t P_m + X_b P_b + X_r Q \qquad (4-3)$$

式中　K_t——由焊缝形状引起的应力集中系数；

　　　X_b——弯曲应力折合系数；

　　　X_r——焊接残余应力折合系数；

　　　Q——被评定缺陷部位热应力最大值与焊接残余应力最大值 σ_R^{max} 之代数和。

表4-4给出了几种常见焊接接头结构 K_t 的取值，表4-5给出了 X_b 和 X_r 的取值。

表4-4　常见焊接接头结构局部应力集中系数 K_t

焊缝种类		含缺陷结构示意图	K_t
对接焊接接头结构	焊趾处裂纹		$\eta/B \leqslant 0.15$ 时，$K_t = 0.5$； $\eta/B > 0.2$ 时，$K_t = 1.0$； η/B 介于 $0.15 \sim 0.2$ 之间时，K_t 可按线性内插求得； 无焊缝增高时，取 $K_t = 1.0$
	有角变形及错边量		$K_t = \Gamma\left[1 + \dfrac{3(\omega + e_1)}{\beta B}\right]$； 对 $\eta/B \leqslant 0.5$ 的表面裂纹取 $\beta = 1$； 对 $\eta/B > 0.5$ 的表面裂纹和埋藏裂纹取 $\beta = 2$； Γ：$\eta/B \leqslant 0.15$ 时，$\Gamma = 1.5$；$\eta/B > 0.2$ 时，$\Gamma = 1.0$； η/B 介于 $0.15 \sim 0.2$ 之间，Γ 可按线性内插求得

焊缝种类		含缺陷结构示意图	K_t
接管处内拐角	球壳及球形封头接管	θ：接管轴与器壁法线间夹角 裂纹	$K_t = 2.0(1 + 2\sin^2\theta)$
	圆柱壳接管	裂纹 内拐角 θ 外拐角	$K_t = 3.1(1 + 2\sin^2\theta)$，用于 θ 角平面与容器横截面平行时； $K_t = 3.1[1 + (\tan\theta)^{4/3}]$，用于 θ 角平面与容器纵截面平行时
		注：用于结构尺寸满足分析设计规范的规定时	

表 4 – 5 X_b 值和 X_r 值的选取

裂纹种类		X_b	X_r		
			裂纹平行熔合线	裂纹垂直熔合线	填角焊缝裂纹
埋藏裂纹		0.25	0.2	0.6	0.6
穿透裂纹		0.5	0.2	0.6	0.6
表面裂纹	弯曲的拉伸侧	0.75	0.4 ~ 0.6	0.6	0.6
	弯曲的压缩侧	0			

3）断裂韧度 δ_c 的确定

δ_c 应按实际情况可取 δ_i 值或 δ_{is} 的值（也可保守地取 $\delta_{0.05}$ 的值），并将所得的材料断裂韧度 δ_c 除以 1.2 后的值用作简化评定所需的 δ_c 值。

4）δ 及 $\sqrt{\delta_r}$ 的计算

$$\delta = \begin{cases} \pi \bar{a}\sigma_s(\sigma_\Sigma/\sigma_s)^2 M^2/E & (\sigma_\Sigma < \sigma_s) \\ 0.5\pi \bar{a}\sigma_s(\sigma_\Sigma/\sigma_s + 1)^2 M^2/E & (\sigma_\Sigma \geq \sigma_s \geq K_t P_m + X_b P_b) \end{cases} \tag{4-4}$$

式中　M——鼓胀效应系数，按式（2-67）计算。

$$\sqrt{\delta_r} = \begin{cases} \sqrt{\delta/\delta_c} & (单裂纹（含复合后的）或不需要考虑干涉效应的裂纹群) \\ 1.2\sqrt{\delta/\delta_c} & (需要考虑干涉效应的裂纹群) \end{cases}$$

$$\tag{4-5}$$

5）S_r 的计算

$$S_r = L_r/L_r^{max} \tag{4-6}$$

式中，L_r^{max} 的值取 1.20 及 $0.5(\sigma_s + \sigma_b)/\sigma_s$ 两者中的较小值；L_r 根据 P_m、P_b 按 GB/T 19624—2004 标准附录 C 的规定计算。几种常见结构的 L_r 计算公式如下：

（1）压圆筒体上的轴向穿透裂纹（板厚 B，内径 R_i）：

$$L_r = \frac{1.2P_m}{\sigma_s}\sqrt{1 + 1.6\left(\frac{a^2}{R_i B}\right)} \tag{4-7}$$

（2）内压圆筒体上的轴向表面裂纹（板厚 B，内径 R_i）：

$$L_r = \frac{1.2P_m}{\sigma_s} \frac{1 - a/(B\sqrt{1 + 1.6[c^2/(R_iB)]})}{1 - a/B} \tag{4-8}$$

（3）内压球壳上的穿透裂纹（板厚 B，内径 R_i）：

$$L_r = \frac{P_m}{\sigma_s} \frac{1 + \sqrt{1 + 8a^2/[R_iB\cos^2(a/R_i)]}}{2} \tag{4-9}$$

6）安全性评价

将计算得到的评定点坐标 $(S_r, \sqrt{\delta_r})$ 绘在图 4-10 中，如果评定点落在安全区内，评定的结论为安全或可以接受。否则为不能保证安全或不可接受。

4.3.6 平面缺陷的常规评定

1. 评定方法

平面缺陷的常规评定采用通用失效评定图方法。该失效评定图如图 4-11 所示。

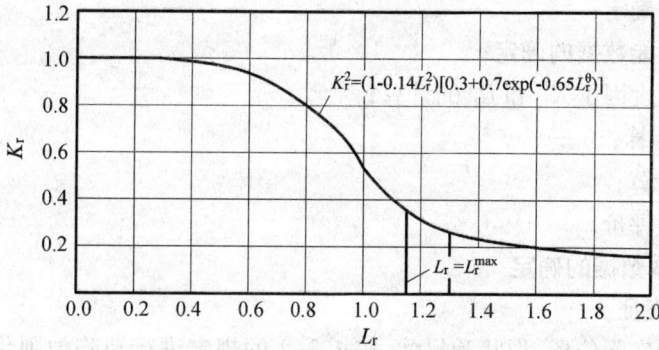

图 4-11 通用失效评定图

图 4-11 中，由 $K_r = f(L_r)$ 曲线、$L_r = L_r^{max}$ 直线和两坐标轴所围成的区域之内为安全区，区域之外为非安全区。L_r^{max} 的值取决于材料特性：对奥氏体不锈钢，$L_r^{max} = 1.8$；对无屈服平台的低碳钢及奥氏体不锈钢焊缝，$L_r^{max} = 1.25$；对无屈服平台的低合金钢及其焊缝，$L_r^{max} = 1.15$；对于具有长屈服平台的材料，一般情况下，$L_r^{max} = 1.0$，当材料温度不高于200℃时，L_r^{max} 可根据 K_r 值及材料屈服强度级别，由表 4-6 确定；对于不能按钢材类别确定 L_r^{max} 的材料，$L_r^{max} = 0.5(\sigma_s + \sigma_b)/\sigma_s$。

表 4-6 温度不大于200℃的长屈服平台材料的值 L_r^{max}

K_t / L_r^{max} 材料	235MPa≤σ_s<350MPa	σ_s>350MPa
1.25	K_t≤0.10	K_t≤0.13
1.20	0.10≤K_t<0.12	0.13≤K_t<0.15
1.15	0.12≤K_t<0.20	0.15≤K_t<0.26
1.00	K_t≥0.20	K_t≥0.26

在评定点的计算时,相关的参量应按表4-7的规定取相应的分安全系数。

表4-7　常规评定安全系数取值

失效后果	缺陷表征尺寸分安全系数	材料断裂韧度分安全系数	应力分安全系数	
			一次应力	二次应力
一般	1.0	1.1	1.2	1.0
严重	1.1	1.2	1.5	1.0

注:1. 失效后果一般系指缺陷一旦失效尚能予以控制,不会造成人员伤亡、企业长期停产及重大经济损失的严重后果;

2. 失效后果严重系指缺陷一旦失效,可能造成设备爆炸、形成火灾、恶性中毒、人员伤亡或企业长期停产及重大经济损失的后果。

2. 评定程序

平面缺陷的常规评定按下列步骤进行:

(1) 缺陷的表征;

(2) 应力的确定;

(3) 材料性能数据的确定;

(4) 应力强度因子 K_I^p 和 K_I^s 的计算;

(5) K_r 的计算;

(6) L_r 的计算;

(7) 安全性评价。

3. 所需基本数据的确定

1) 缺陷的表征

根据缺陷的实际位置、形状和尺寸,按4.3.2的规定进行缺陷规则化,得到相应的表征裂纹尺寸,并乘以表4-7中规定的表征裂纹分安全系数后作为计算用的表征裂纹尺寸 a、c 值。

2) 应力的确定

先按按4.3.3的规定,分别确定各种载荷下的一次应力、二次应力及各应力分量;再分别计算各类应力分量的代数和,并乘以表4-7中规定的应力分安全系数,由此所得的各应力值即为常规评定所需的一次应力和二次应力的应力分量 P_m、P_b、Q_m、Q_b。

3) 断裂韧度 K_c 和 K_p 的确定

断裂韧度 J_{Ic} 值可按实际情况取实测的 J_i 值或 J_{is} 值,也可保守地取 $J_{0.05}$ 的值。断裂韧度 K_c 可由 J_{Ic} 按下式求得:

$$K_c = \sqrt{EJ_{Ic}/(1-\mu^2)} \qquad (4-10)$$

当不能直接得到 J_{Ic} 值时,可直接测量材料的 K_{Ic},此时 K_c 值可用 K_{Ic} 值代替,也可由 δ_c 按下式估算 K_c 的下限值:

$$K_c = \sqrt{1.5\sigma_s E\delta_c/(1-\mu^2)} \qquad (4-11)$$

评定用材料的断裂韧度 K_p 值取 K_c 值除以表4-7中规定的断裂韧度分安全系数。

4) K_I^P 和 K_I^S 的计算

一次应力 P_m、P_b 和二次应力 Q_m、Q_b 作用下的应力强度因子 K_I^P、K_I^S 按标准附录 D 的规定计算。几种常见结构的 K_I^P、K_I^S 计算公式如下：

（1）含穿透裂纹的板壳（板宽 $2W$，板长 $2L$）：

$$K_I = (\sigma_m + \sigma_B)\sqrt{\pi a} \tag{4-12}$$

（2）含半椭圆表面裂纹的板壳（板宽 $2W$，板长 $2L$，板厚 B）：

$$K_I = (\sigma_m f_m + \sigma_B f_b)\sqrt{\pi a} \tag{4-13}$$

$$f_m^a = \frac{1}{[1 + 1.464(a/c)^{1.65}]^{0.5}}\left\{ 1.13 - 0.09\frac{a}{c} + \left(-0.45 + \frac{0.89}{0.2 + a/c}\right)\left(\frac{a}{B}\right)^2 + \right.$$

$$\left. \left[0.5 - \frac{1}{0.65 + a/c} + 14\left(1 - \frac{a}{c}\right)^{24}\right]\left(\frac{a}{B}\right)^4 \right\}$$

$$f_b^a = \left\{ 1 + \left(-1.22 - 0.12\frac{a}{c}\right)\frac{a}{B} + \left[0.55 - 1.05\left(\frac{a}{c}\right)^{0.75} + 0.47\left(\frac{a}{c}\right)^{1.5}\right]\left(\frac{a}{B}\right)^2 \right\} f_m^a$$

$$f_m^c = \left\{ [1.1 + 0.35(a/B)^2](a/c)^{0.5} \right\} f_m^a$$

$$f_b^c = [1 - 0.34a/B - 0.11a^2/(cB)] f_m^c$$

式中　上标 a、c——求裂纹深度处和长度方向两端点处 K_I 时用的系数。

（3）含椭圆埋藏裂纹的板壳（板宽 $2W$，板厚 B）：

$$K_I = (\sigma_m f_m + \sigma_B f_b)\sqrt{\pi a} \tag{4-14}$$

$$f_m^a = \frac{1.01 - 0.37a/c}{\left\{1 - \left(\frac{2a/B}{1 - 2e/B}\right)^{1.8}\left[1 - 0.4\frac{a}{c} - \left(\frac{e}{B}\right)^2\right]\right\}^{0.54}}$$

$$f_b^a = [2e/B + a/B + 0.34a^2/(cB)] f_m^a$$

$$f_m^c = \frac{1.01 - 0.37a/c}{\left\{1 - \left(\frac{2a/B}{1 - 2e/B}\right)^{1.8}\left[1 - 0.4\frac{a}{c} - 0.8\left(\frac{e}{B}\right)^{0.4}\right]\right\}^{0.54}}$$

$$f_b^c = [2e/B - a/B - 0.34a^2/(cB)] f_m^c$$

式中　e——埋藏裂纹中心与板厚中心的偏移量，$e = B/2 - a - p_1$，p_1 为埋藏裂纹离表面的最近距离。

5) K_r 的计算

评定点的纵坐标 K_r 值由下式计算：

$$K_r = G(K_I^P + K_I^S)/K_P + \rho \tag{4-15}$$

式中　G——相邻两裂纹间弹塑性干涉效应系数，按 GB/T 19624—2004 标准附录 A 的规定确定；

ρ——塑性修正因子：

$$\rho = \begin{cases} \psi_1 & (当 L_r \leqslant 0.8 时) \\ \psi_1(11 - 10L_r)/3 & (当 0.8 < L_r < 1.1 时) \\ 0 & (当 L_r \geqslant 1.1 时) \end{cases} \qquad (4-16)$$

式中 ψ_1 值可根据 $K_1^S/(\sigma_s \sqrt{\pi a})$ 的值由图 4-12 查得；L_r 按以下规定计算。

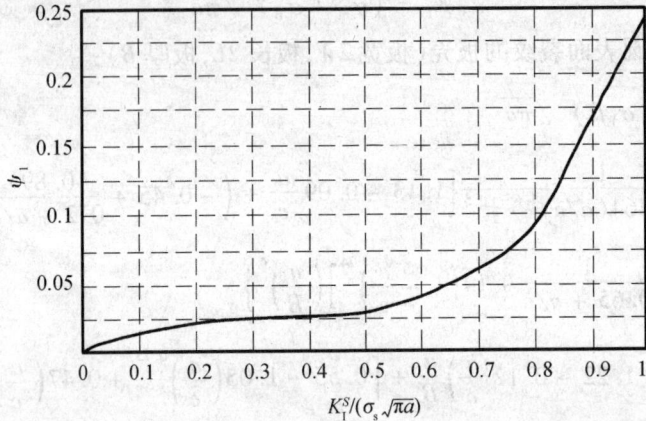

图 4-12 不同 $K_1^S/(\sigma_s \sqrt{\pi a})$ 下的 ψ_1 值

6) L_r 的计算

L_r 的计算同前。几种常见结构的 L_r 计算公式见式(4-7)~式(4-9)。

7) 安全性评价

将以上计算得到的评定点 L_r, K_r 绘在常规评定通用失效评定图 4-11 中。如果该评定点位于安全区之内，则认为该缺陷是安全的或可以接受的；否则，认为不能保证安全或不可接受。如果 $L_r \leqslant L_r^{\max}$ 而评定点位于失效评定曲线上方，则容许采用分析评定法(GB/T 19624—2004 标准附录 F)重新评定。

4.3.7 凹坑缺陷的安全评定

1. 评定方法与限定条件

在应用本方法评定之前，应将被评定缺陷打磨成表面光滑、过渡平缓的凹坑，并确认凹坑及其周围无其他表面缺陷或埋藏缺陷。

该评定适用于符合下述条件的压力容器：

(1) $B_0/R < 0.18$ 的筒壳或 $B_0/R < 0.10$ 的球壳，B_0 为缺陷附近实测的容器壳体壁厚；

(2) 材料韧性满足压力容器设计规定，未发现劣化；

(3) 凹坑深度 Z 小于计算厚度 B 的 60%，且坑底最小厚度 $(B-Z)$ 不小于 2mm；

(4) 凹坑长度 $2X \leqslant 2.8 \sqrt{RB}$，凹坑宽度 $2Y$ 不小于凹坑深度 Z 的 6 倍(容许打磨至满足本要求)。

2. 评定程序

平面缺陷疲劳评定按下列步骤进行：

(1) 缺陷的表征；

（2）缺陷部位容器尺寸的确定；

（3）材料性能数据的确定；

（4）凹坑缺陷尺寸参数 G_0 的计算和免于评定的判别；

（5）塑性极限载荷和最高容许工作压力的确定；

（6）安全性评价。

3. 所需基本数据的确定

1）缺陷的表征与缺陷部位容器尺寸的确定

对经检测查明的凹坑缺陷，根据其实际位置、形状和尺寸，按 4.3.2 节的规定将其规则化，并确定凹坑所在部位容器的计算厚度 B 和平均半径 R。

2）材料流动应力 $\overline{\sigma'}$ 的确定

评定中所需的材料流动应力 $\overline{\sigma'}$ 按下述规定选取：

$$\overline{\sigma'} = \begin{cases} \sigma_s & （对于非焊缝区凹坑） \\ \phi\sigma_s & （对于焊缝区凹坑） \end{cases}$$

式中　ϕ——焊缝系数，按容器的实际设计要求选取。

4. 免于评定的判别

如果容器表面凹坑缺陷的无量纲参数 G_0 满足如下条件：

$$G_0 = \frac{Z}{B} \cdot \frac{X}{\sqrt{RB}} \leqslant 0.10 \qquad (4-17)$$

则该凹坑缺陷可免于评定，认为是安全的或可以接受的。

5. 塑性极限载荷和最高容许工作压力的确定

1）无凹坑容器极限载荷 p_{L0} 的计算

$$p_{L0} = \begin{cases} 2\,\overline{\sigma'}\ln\dfrac{(R+B/2)}{(R-B/2)} & （对于球形容器） \\[2mm] \dfrac{2}{\sqrt{3}}\,\overline{\sigma'}\ln\dfrac{(R+B/2)}{(R-B/2)} & （对于圆筒形容器） \end{cases} \qquad (4-18)$$

2）带凹坑缺陷容器极限载荷 p_L 的计算

$$p_L = \begin{cases} (1-0.6G_0)p_{L0} & （对于球形容器） \\ (1-0.3\sqrt{G_0})p_{L0} & （对于圆筒形容器） \end{cases} \qquad (4-19)$$

3）带凹坑缺陷容器最高容许工作压力 p_{max} 的计算

$$p_{max} = p_L/1.8 \qquad (4-20)$$

6. 安全性评定

若 $p \leqslant p_{max}$，则认为该凹坑缺陷是安全的或可以接受的；否则，是不能保证安全或不可接受的。

4.3.8　气孔和夹渣缺陷的安全评定

1. 评定方法与限定条件

该评定适用于符合下述条件的压力容器：

（1）$B_0/R < 0.18$ 的压力容器。

（2）材料性能满足压力容器设计制造规定。对铁素体钢，$\sigma_s < 450\text{MPa}$，且在最低使用温度下夏比 V 形冲击试验中 3 个试样的平均冲击功不小于 40J、最小冲击功不小于 28J；对其他材料，气孔、夹渣所在部位的 $K_{\text{Ic}} > 1250\text{N/mm}^{1.5}$。

（3）未发现材料劣化。

（4）气孔、夹渣未暴露于器壁表面，且无明显扩展情况或可能。

（5）缺陷附近无其他平面缺陷。

对于暴露于器壁表面的气孔、夹渣，可打磨消除。打磨成凹坑时，应按 4.3.7 节的规定进行安全评定。

2. 安全性评价

1）气孔的安全性评价

如果满足下列条件，则该气孔是容许的；否则，是不可接受的：

（1）气孔率不超过 6%；

（2）单个气孔的长径小于 $0.5B$，且小于 9mm。

2）夹渣的安全性评价

如果夹渣的尺寸满足表 4-8 的规定，则该夹渣是容许的；否则，是不可接受的。

表 4-8　夹渣的容许尺寸

夹渣位置	夹渣尺寸的容许值	
球壳对接焊缝、圆筒体纵焊缝、与封头连接的环焊缝	总长度不大于 6B	自身高度或宽度不大于 0.25B，并且不大于 5mm
	总长度不限	自身高度或宽度不大于 3mm
圆筒体环焊缝	总长度不大于 6B	自身高度或宽度不大于 0.30B，并且不大于 6mm
	总长度不限	自身高度或宽度不大于 3mm

按以上规定评定为不可接受的气孔或夹渣，可表征为平面缺陷重新评定，作出相应的安全性评价。

4.4　疲　劳　评　定

疲劳评定包括平面缺陷的疲劳评定和体积型焊接缺陷的疲劳评定。

4.4.1　平面缺陷的疲劳评定

1. 评定方法

平面缺陷的疲劳评定采用断裂力学疲劳裂纹扩展分析法，并根据判别条件来判断该平面缺陷是否会发生泄漏和疲劳断裂。

2. 评定程序

平面缺陷疲劳评定按下列步骤进行：

（1）缺陷的表征；

（2）应力变化范围的确定；

（3）材料性能数据的确定；

（4）疲劳裂纹的 ΔK 计算；

（5）免于疲劳评定的判别；

（6）疲劳裂纹扩展量的计算；

（7）容许裂纹尺寸的计算和安全性评价。

3. 所需基本数据的确定

1）缺陷的表征

按 4.3.2 节中 1. 的平面缺陷的表征规定对缺陷规则化,确定疲劳评定初始裂纹的尺寸。

2）应力变化范围及循环次数的确定

根据外加载荷的变化历程,分别确定被评定缺陷所在截面上垂直于裂纹面的一次应力和二次应力变化范围的分布曲线及其循环次数。平行于裂纹面的应力变化不予考虑。

按照缺陷处壁厚范围内各点应力变化范围值均不低于实际分布曲线的原则,确定沿缺陷部位截面的线性分布直线,如图 4-13 所示。根据经线性化处理后的应力变化范围,参照式(4-1)即可求得相应的薄膜应力变化范围值 $\Delta\sigma_m$ 及弯曲应力变化范围值 $\Delta\sigma_B$。

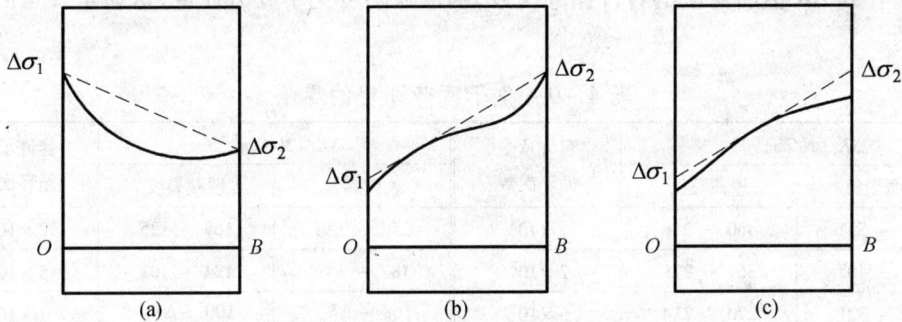

图 4-13　疲劳评定中应力变化范围分布线性化规则图例

由一次应力的变化范围分布曲线所获得的 $\Delta\sigma_m$ 及 $\Delta\sigma_B$ 为 ΔP_m 及 ΔP_b,以二次应力的变化范围分布曲线所获得的 $\Delta\sigma_m$ 及 $\Delta\sigma_B$ 为 ΔQ_m 及 ΔQ_b。

若在预期寿命内存在 d 种不同的应力变化范围,则应按评定周期内的载荷作用历程,计算出 $i=1,2,\cdots,d$ 种不同应力变化范围作用时的 $(\Delta\sigma_m)_i$ 和 $(\Delta\sigma_B)_i$,同时确定其在评定期间内相应的预期循环次数 n_i。

在载荷变化范围计算中应包括由于操作压力、操作温度和其他外载荷的波动所产生的应力变化范围,并考虑它们的组合效果。焊接残余应力不予考虑。

3）材料性能数据的确定

（1）疲劳裂纹扩展速率公式中的系数 A 与指数 m 的取值。应尽可能根据实际试样实验数据,用最小二乘法回归得到 A 和 m,并用回归得到的 A 值乘以不小于 4.0 的系数后作为评定用的 A 值。

对 16MnR 钢在 100℃ 以下的空气环境中,并且 ΔK 在 $300\sim1500\mathrm{N/mm}^{1.5}$ 范围内时,也可取: $m=3.35,A=6.44\times10^{-14}$。

对 $\sigma_{0.2}<600\mathrm{MPa}$ 的铁素体钢,在不超过 100℃ 的空气环境中,也可取 $m=3.0,A=3\times10^{-13}$。

对伴有解理或微孔聚合等具有更高扩展速率的疲劳裂纹扩展机制时,应取 $m = 3.0$, $A = 3 \times 10^{-13}$。

(2) 疲劳裂纹扩展下门槛值 ΔK_{th} 的取值。当幸存概率为 97.5% 时,碳钢和碳锰钢在空气中的疲劳裂纹扩展下门槛值 ΔK_{th} 可按以下规定估算:

对于母材
$$\Delta K_{\mathrm{th}} = \begin{cases} 170 - 214 R_{\sigma} & (0 \leqslant R_{\sigma} < 0.5) \\ 63 & (R_{\sigma} \geqslant 0.5) \end{cases}$$

对于焊接接头
$$\Delta K_{\mathrm{th}} = \begin{cases} 214 \Delta \sigma / \sigma_{\mathrm{s}} - 44 & (R_{\sigma} > \sigma_{\mathrm{s}} / 2) \\ 63 & (R_{\sigma} \leqslant \sigma_{\mathrm{s}} / 2) \end{cases}$$

4. 应力强度因子变化范围 ΔK 的计算

应力强度因子变化范围 ΔK 的计算与应力强度因子 K_{I} 的计算完全类同,只是式中的 σ_{m}、σ_{B} 应分别以 $\Delta \sigma_{\mathrm{m}}$、$\Delta \sigma_{\mathrm{B}}$ 替代。参照平面缺陷常规评定中关于 K_{I}^{P} 和 K_{I}^{S} 的计算,即可算出不同载荷循环下的 ΔK_{a} 小于 ΔK_{c}。

5. 免于疲劳评定的判别

按不同载荷循环下的 ΔK_{a}、ΔK_{c} 及所对应的预期循环次数,如果其结果均小于表 4 - 9 中相应各列 ΔK 值所对应的容许循环次数,则该缺陷可免于疲劳评定,认为是安全的或可接受的。

表 4 - 9　免于疲劳评定的界限

$\Delta K / (\mathrm{N/mm}^{1.5})$		容许承受循环次数	$\Delta K / (\mathrm{N/mm}^{1.5})$		容许承受循环次数
表面裂纹	埋藏裂纹		表面裂纹	埋藏裂纹	
690 ~ 551	460 ~ 368	1×10^3	254 ~ 188	169 ~ 125	2×10^4
550 ~ 407	367 ~ 271	2×10^3	187 ~ 149	124 ~ 101	5×10^4
406 ~ 321	270 ~ 214	5×10^3	148 ~ ΔK_{th}	100 ~ ΔK_{th}	1×10^5
320 ~ 255	213 ~ 170	1×10^4	< ΔK_{th}	< ΔK_{th}	不限

6. 疲劳裂纹扩展量及裂纹最终尺寸的计算

疲劳裂纹扩展量及裂纹最终尺寸的计算采用迭代法,即按应力变化范围历程逐个循环计算。方法与步骤如下:

按 a_{i-1}、c_{i-1} 和第 i 个循环的 $(\Delta \sigma_{\mathrm{m}})_i$、$(\Delta \sigma_{\mathrm{B}})_i$ 计算 $(\Delta K_{\mathrm{a}})_{i-1}$、$(\Delta K_{\mathrm{c}})_{i-1}$,并计算第 i 个循环后的裂纹尺寸:

$$\begin{cases} a_i = a_{i-1} + A (\Delta K_{\mathrm{a}})_{i-1}^m \\ c_i = c_{i-1} + A (0.9 \Delta K_{\mathrm{c}})_{i-1}^m \end{cases} \quad (i = 1, 2, \cdots, N) \quad (4 - 21)$$

重复以上步骤,直到评定期间预期的最后一个应力变化循环为止,即得到疲劳裂纹扩展的最终裂纹尺寸 a_{f}、c_{f}。

7. 安全性评价

1) 疲劳泄漏评定

对表面裂纹:若 $a_{\mathrm{f}} \leqslant 0.7 B$,则不会发生漏泄。

对埋藏裂纹:若 $(p_1 + a_0 - a_{\mathrm{f}}) / a_{\mathrm{f}} \geqslant 0.8$ 且 $(p_1 + a_0 + a_{\mathrm{f}}) / B \leqslant 0.7$,则不会发生漏泄。

2）疲劳断裂评定

按4.3节断裂与塑性失效评定中平面缺陷简化评定或常规评定的方法,根据最终裂纹尺寸和缺陷所在部位承受的最大应力值进行断裂和塑性失效评定,如果评定的结果是安全或可以接受的,则不会发生疲劳断裂和塑性破坏失效。

若疲劳评定结果能同时满足以上条件,则认为该缺陷是安全的或可以接受的;否则,是不能保证安全或不可接受的。

4.4.2 体积型焊接缺陷的疲劳评定

体积型缺陷的疲劳评定是基于 S－N 曲线的评定方法,适于同时满足下列条件的含体积型缺陷的在用压力容器焊接接头的疲劳评定:

（1）容器壁厚等于或大于 10mm;

（2）操作温度低于 375℃ 的碳钢、碳—锰钢和低合金钢制容器或操作温度低于 430℃ 的奥氏体不锈钢制容器。

容器受双向应力疲劳作用时,其疲劳评定按单向应力进行。

1. 评定程序

体积型焊接缺陷的疲劳评定按下列步骤进行:

（1）缺陷表征;

（2）应力变化范围的确定;

（3）免于疲劳评定的判别;

（4）服役工况需求的疲劳强度参量$(S^3N)_x$值的确定;

（5）容许疲劳强度参量$(S^3N)_y$值的确定;

（6）安全性评价。

2. 所需基本数据的确定

（1）缺陷的表征。按4.3.2节中的气孔和夹渣缺陷的表征规则对缺陷进行表征。

（2）应力变化范围及循环次数的确定。按4.3.2节中的规定确定应力的变化范围。体积缺陷承受的循环次数 N 及 n_i 应为从该容器投运时起计算。

3. 免于疲劳评定的判别

符合以下条件之一者,可免于进行疲劳评定,并认为该缺陷是可以接受的:

（1）缺陷所在截面的工作应力变化范围低于 23MPa;

（2）仅承受与焊缝方向一致的疲劳载荷的咬边缺陷。

4. $(S^3N)_x$ 值的计算

对于恒幅疲劳,可根据缺陷所在截面的应力变化范围 $\Delta\sigma$ 和在整个寿命期内的总循环次数 N,按下式计算:

$$(S^3N)_x = (\Delta\sigma)^3 N \tag{4-22}$$

对于非恒幅疲劳,如有 d 种应力变化范围 $\Delta\sigma_i(i=1,2,\cdots,d)$,它们所承受的循环次数分别为 $n_i(i=1,2,\cdots,d)$,则按下式计算:

$$(S^3N)_x = \sum_{i=1}^{d}\left[(\Delta\sigma_i)^3 n_i\right] \tag{4-23}$$

计算时，所有小于表 4-10 规定的最小应力变化范围 $\Delta\sigma_{min}$，可以忽略不计。

表 4-10　计算非恒幅疲劳的 $(S^3N)_x$ 时可忽略的最小应力变化范围 $\Delta\sigma_{min}$

$(S^3N)_x$ 值	$(\Delta\sigma)_{min}$/MPa	$(S^3N)_x$ 值	$(\Delta\sigma)_{min}$/MPa
1.52×10^{12}	42	4.31×10^{11}	28
1.04×10^{12}	37	2.50×10^{11}	23
6.33×10^{11}	32		

5. $(S^3N)_y$ 值的确定

容许疲劳强度参量 $(S^3N)_y$ 值取决于缺陷的构形。对于气孔缺陷，根据气孔率由表 4-11 确定。

表 4-11　含气孔焊接接头的容许疲劳强度参量 $(S^3N)_y$

气孔在射线底片上所占的面积	$(S^3N)_y$ 值	气孔在射线底片上所占的面积	$(S^3N)_y$ 值
3%	4.980×10^6E	5%	1.196×10^6E

对于夹渣缺陷，根据夹渣长度以及焊缝是否进行焊后消氢热处理的情况，按表 4-12 或表 4-13 确定。

表 4-12　含夹渣的焊态焊接接头的容许疲劳强度参量 $(S^3N)_y$

最大夹渣长度/mm	$(S^3N)_y$ 值	最大夹渣长度/mm	$(S^3N)_y$ 值
2.5	7.270×10^6E	35	2.062×10^6E
4.0	4.980×10^6E	>35	1.196×10^6E
10	3.029×10^6E		

表 4-13　含夹渣的经消氢热处理焊接接头的容许疲劳强度参量 $(S^3N)_y$

最大夹渣长度/mm	$(S^3N)_y$ 值	最大夹渣长度/mm	$(S^3N)_y$ 值
19	7.270×10^6E	>58	1.196×10^6E
58	4.980×10^6E		

对于容器壁厚 $B = 10\sim25mm$、深度小于 1mm 的咬边缺陷，根据咬边深度与壁厚的比值，按表 4-14 或表 4-15 确定。

表 4-14　含咬边的对接焊接接头的容许疲劳强度参量 $(S^3N)_y$

最大咬边深度/壁厚	$(S^3N)_y$ 值	最大咬边深度/壁厚	$(S^3N)_y$ 值
0.025	7.270×10^6E	0.075	3.029×10^6E
0.050	4.980×10^6E	0.100	1.196×10^6E

表 4 – 15　含咬边的角接焊接接头的容许疲劳强度参量 $(S^3N)_y$

最大咬边深度/壁厚	$(S^3N)_y$ 值	最大咬边深度/壁厚	$(S^3N)_y$ 值
0.050	$3.029 \times 10^6 E$	0.100	$1.196 \times 10^6 E$
0.075	$2.062 \times 10^6 E$		

6. 安全性评价

如果体积缺陷经评定满足式(4 – 24),则该体积型缺陷是容许的或可以接受的;否则,是不能容许或不可接受的。

$$(S^3N)_y \geqslant (S^3N)_x \qquad (4 – 24)$$

关于平面缺陷的分析评定见标准附录 F。此外标准附录 G 和 H 还给出了压力管道直管段平面缺陷和体积缺陷的安全评定方法。

4.5　GB/T 19624 标准的特色与创新点

由于 GB/T 19624 标准充分吸收了国内外的最新研究成果,并保留了 CVDA—84 规范之精华,因此在诸多方面和技术上不仅形成了自己的特色,而且还具有一定的创新性。

4.5.1　GB/T 19624 标准的特色

1. 断裂及塑性失效评定采用三级评定的技术路线

20 世纪 80 年代以来,世界各国出版或再版了一系列缺陷安全评定标准和规程。其中英国 CEGB R6—86 第 3 版(新 R6)、PD6494 – 91 等标准和规程在断裂评定中都采用三级评定路线,但 PD6493 的三级评定和新 R6 的三级评定无论在目的还是方法上均有较大差别。

新 R6 完全采用失效评定图技术,其三级评定可简述为 3 种选择、3 种类别。失效评定曲线有 3 种选择:选择 3 是严格的 $K_r = \sqrt{J_e/J} = f(L_r)$ 失效评定曲线;选择 2 是 Ainsworth 提出的仅反映材料性能而忽视结构因素的以参考应力法进行简化的失效评定曲线;选择 1 是按各种材料的选择 2 曲线的下包络线作出的保守通用失效评定曲线,非常简单,可用于任何材料和任何结构。3 种类别是指 3 个不同目的的评定,即起裂评定、有限量撕裂评定和撕裂失稳评定。

PD6493 的三级评定也都采用失效评定图技术。1 级评定实际上继承了老版的 COD 设计曲线法,但以失效评定图的形式表示,是初步的筛选方法;2 级评定采用了老 R6 中以 D – M 模型为基础的通用失效评定图;3 级评定采用新 R6 的选择 2 曲线,并在应力应变曲线不能确定(例如热影响区)时采用新 R6 的选择 1 的通用失效评定曲线。作为其主要的、新的、全面的评定方法,2 级评定和 1 级评定一样,均以评定点落在失效评定曲线以内还是以外来判断其安全程度。但该方法并未明确评定是起裂评定还是有限量撕裂评定。

与新 R6 和 PD6493 的三级评定相似,GB/T 19624 的失效评定也采用了三级评定的技术路线,分别是平面缺陷的简化评定、平面缺陷的常规评定和平面缺陷的分析评定。GB/T 19624 三级评定的技术路线,既积极跟踪国际先进技术,与国际接轨,又反映了国内成熟的科研成果和实践经验,并有所发展,因而具有中国特色。

2. 平面缺陷的简化评定继承了国内 CVDA 的精华,比英国 PD6494—91 的筛选评定方法更为先进和安全

尽管 COD 设计曲线并不是先进的技术,但国内大量工程实践证明它是一种安全、保守的评定方法,并且已在国内应用多年,从而为广大技术人员所熟悉,因此将其作为第一级简化评定法的基础,以继承国内 CVDA 的精华。PD6494-80 与 CVDA 都采用 COD 设计曲线,但 PD6494-91 采用失效评定图形式,将它的 COD 曲线转变为失效评定图,这一技术为 GB/T 19624 简化评定的建立提供了借鉴。

GB/T 19624 的简化评定方法在以下方面与 PD6494-91 一致:采用以 $\sqrt{\delta_r} = \sqrt{\delta/\delta_c}$ 为纵坐标的简化失效评定图;考虑安全系数为 2,即以 $\delta = \delta_c/2$ 为临界条件,从而确定了呈水平状的断裂失效评定曲线 $\sqrt{\delta_r} = 0.7$;横坐标用 $S_r = L_r(\sigma_s + \sigma_b)/2\sigma_s$ 表示,并限制 $S_r = 0.8$,即以 $S_r = 0.8$ 为截止线。所以简化失效评定图是矩形的。

这两个标准的 COD 估算值是不同的。PD6493 的 δ 按 Burdekin 的 COD 设计曲线计算,而 GB/T 19624 按 CVDA 给出的 COD 设计曲线计算。理论分析和实践经验均表明,CVDA 的设计曲线优于 PD6493,其主要差别反映在施加应变与材料屈服应变之比为 0.8~1.2 时,在此区间内,宽板试验的断裂点常落在 Burdekin 设计曲线之上和 CVDA 曲线之下,说明 CVDA 的 COD 设计曲线比 PD6493 更符合实际,技术更为先进,评定更为安全。

3. 平面缺陷的常规评定方法采用新 R6 的通用失效评定曲线,并选取了符合国情的分安全系数

从先进性、成熟性、工程实用性综合考虑,GB/T 19624 在常规评定中采用了新 R6 的通用失效评定图进行防止起裂的评定。评定的原因:①20 世纪 90 年代,世界各国发表的所有标准和规程均采用新 R6 的通用失效评定图,说明它是世界公认的工程评定方法。采用技术上较成熟的新 R6 通用失效评定图,既与国际接轨,又便于与国外标准对比,有利于对 GB/T 19624 标准中一些细节作出评价。②国内"八五"科技攻关 85-924-02-02 专题建立的国内常用压力容器用钢的母材、焊缝、各种试板、容器、焊接接头、各种穿透裂纹和表面裂纹、高应变区裂纹、应变时效或温度影响下的 800 多条严格的积分失效评定曲线(即新 R6 的选择 3 曲线)与新 R6 通用失效评定曲线对比表明:在绝大多数情况下,新 R6 通用失效评定曲线是偏于安全的,虽在个别情况下,积分失效评定曲线会比新 R6 通用失效评定曲线略低,但所有曲线的下包络线在 $L_r < 1$ 范围内,与通用失效评定曲线的误差(以载荷计)均不大于 10%。这就为 GB/T 19624 采用新 R6 通用失效评定图进行常规评定提供了符合国情的试验依据,同时也为平面缺陷的常规评定采用分安全系数提供了重要的依据。

20 世纪末,欧盟各国组织研究编制了欧洲统一的"工业结构完整性评定方法"SIN-TAP-99,R6 发表的第 4 版(2001 年版)也作了相应的修改。其中,针对长屈服平台用钢的失效评定曲线与无屈服平台用钢有很大差异,发展了一种称为有屈服平台材料的近似选择 2 曲线,SINTAP 称为第 1 级之一的有屈服平台失效评定曲线,从而解决了采用新 R6 通用失效评定曲线时被迫取 $L_r^{max} = 1$ 所带来的一些问题。2003 年,根据国外这一最新成果对 GB/T 19624 作了局部修改,即根据新 R6 的有屈服平台材料的近似选择 2 曲线与通用失效评定曲线的差异,给出了不同强度长屈服平台用钢在不同情况下 L_r^{max} 值的规定,从而使得该标准表面上只采用了一条通用失效评定曲线,但实质上达到了同时采用新 R6 有长屈服平台和无屈服平台材料的两条近似选择 2 曲线的效果。

4. 平面缺陷的分析评定采用 EPRI–82 工程优化方法,并有创新

平面缺陷的分析评定直接采用 J 积分为断裂参量,是最严格的弹塑性断裂力学方法,该方法能精确地评定含缺陷容器从起裂、有限量撕裂、直至撕裂失稳的全过程。PD6494—91 的第 3 级评定采用通用失效评定曲线及新 R6 的选择 2 曲线并非严格的失效评定曲线,难于达到精确评定的目的。新 R6 的选择 3 失效评定曲线及第 3 类评定方法能达到精细评定的要求。精细评定也可以采用与新 R6 选择 3 等价的、由 EPRI 建立的稳定性评定图法中,$J(\sigma, a) = J_r(\Delta a)$ 及 $\partial J(\sigma, a)/\partial a = \partial J(\Delta a)/\partial a$ 的失稳条件,根据阻力曲线与推力曲线相切来确定其失稳点,但切点难于判别。GB/T 19624 采用"优化"方法,即由给定的 Δa_k 寻求满足平衡条件 $J(\sigma, a_k) = J_r(\Delta a_k)$ 的相容应力 σ_k,各相容应力的极大值即为失稳应力,并用软件来实现,称为 EPRI 工程优化评定方法,反映了国内的创新成果。

分析评定需要非常详尽的原始资料,例如可靠的 J 积分解和材料的整条 J_r 阻力曲线等。因此,分析评定主要用于重要的大型容器或部件含有常规评定方法不能通过的缺陷且又难于返修的场合。同时,分析评定方法也是常规评定方法的技术基础,是研究、发展、评价常规评定方法和简化评定方法的重要手段。目前,仅有部分含裂纹结构的 J 积分解,因而,还不能在任何情况下都能采用分析评定,且只能由专家使用。2003 年局部修改时决定将其列为附录 F。

5. 平面缺陷简化评定与常规评定之间、常规评定与分析评定之间合理衔接

在平面缺陷的简化评定、常规评定和分析评定中,分别采用了不同的分安全系数,使三级评定方法合理衔接。通过简化评定与常规评定各自在失效评定图上的安全区域的比较、各自的额外安全裕度估算比较,以及大量的实际或模拟案例的评定结果的比较,均未发现简化评定通过而常规评定不通过的"逆转"情况。对不少评定案例同时采用常规评定与分析评定方法进行评定,结果表明也不存在"逆转"现象。这种合理的衔接,为三级评定方法建立了各级既相对独立,又相互联系和衔接的合理关系,也为用户根据实际情况采用任何一级评定方法进行平面缺陷的安全评定提供了可能。用户一般可先采用简化评定,GB/T 19624 允许在简化评定不通过时采用常规评定或在可能的情况下直接采用分析评定对含缺陷结构做出安全与否的最终评价;或当常规评定不通过时,在可能的情况下可采用分析评定方法对其进行评定,以便更科学地给出安全与否的最终结论。

6. 在疲劳评定中充分考虑科学、安全和简便

在疲劳评定中尽可能从服役容器上取样,按 GB 6398《金属材料疲劳裂纹扩展速率试验方法》的规定进行试验。根据试验数据,用最小二乘法回归计算得到参数 A 和 m,并将 A 乘以一个不小于 4.0 的系数后才能作为评定所用的 A 值。试验数据表明:对 16MnR 等材料而言,按这一规定进行参数选择,存活率在 99.99% 以上。

在疲劳裂纹最终尺寸 a_f 和 c_f 的计算中采用了按应力变化范围历程逐个循环计算法。研究表明:基于 Paris 公式及 Newman–Rujas 应力强度因子解的逐个循环计算法,不仅其理论较为严密,而且其精度比 PD6493 的多级 S–N 曲线法高。除逐个循环计算法外,还建议采取分段计算法,可以大幅度减少计算工作量,甚至可以用手工完成。对于免于疲劳评定的判断,不仅给出 $\Delta K_{\mathrm{I}} < \Delta K_{\mathrm{th}}$ 的理论判别式,而且考虑到大多数压力容器承受压力循环次数不多,只要在使用寿命期内,其疲劳扩展量小于在无损检测中可检出的最小尺寸,仍可免于疲劳评定。因此,GB/T 19624 给出了不同载荷循环的 ΔK_{a}、ΔK_{c} 值和对应的容许预期循环次数。如果实际循环次数小于相应各 ΔK 所对应的容许循环次数,则缺陷可免于疲劳评定。这一规定不仅科学合理,而且简化了判别免于疲劳评定时的计算。

4.5.2 GB/T 19624 标准的主要创新点

1. 采用了"八五"重点科技攻关首创的压力容器凹坑缺陷塑性极限载荷分析法对凹坑缺陷进行安全评定

凹坑是压力容器常见缺陷之一。凹坑可能由腐蚀或机械损伤产生,也可能由于打磨表面裂纹或近表面的其他缺陷而形成。凹坑比裂纹安全得多,如果能提供可靠的凹坑缺陷的安全评定方法,不仅可使相当部分的凹坑免于焊补,并可避免焊补导致新裂纹产生的危险,有重大的现实意义。压力容器凹坑的塑性破坏可能是整体塑性垮塌,也可能是凹坑底部局部塑性破坏。通过对大量带各类凹坑缺陷的平板、球壳、筒壳的弹塑性分析、极限载荷分析、安定性载荷计算及一些试验验证,发现凹坑对容器塑性极限承载能力的削弱与凹坑无因次深度及凹坑无因次长度之积密切相关,并由此确定了无量纲参数 G_0。研究表明:在 $G_0 < 0.2$ 时,凹坑造成的承载能力的削弱不到 6%。因此,规定当 $G_0 < 0.1$ 时,可以免于进行评定。

GB/T 19624 提出的凹坑缺陷评定方法,理论严谨、概念清晰、方法简单,并已在工程应用中处理了相当多的案例,是国内首创的一种方法,可以"解放"相当大部分凹坑缺陷。在无面型缺陷同时存在时,这一工程方法是足够保守和相当安全的。

2. 采用了"八五"重点科技攻关中处理二次应力的工程方法等最新成果

焊接压力容器不可避免地存在焊接残余应力及热应力等二次应力。二次应力是自平衡应力,又具有自限性,在外力作用下可能局部塑性松弛或再分布,对断裂的影响有时很大,有时很小。存在二次应力时,J 积分不再守恒,分析技术难度较大。采用通用失效评定曲线及 Ainsworth 提出的 ρ 因子来处理二次应力的方法,代表了国际上最先进的水平。但是,R6 的编者在背景材料中亦不得不承认这个方法用于小裂纹位于高值残余拉伸应力区是不安全的,用于其他情况又过分保守,从而引起不少争议和新建议。"八五"攻关中建立了有二次应力存在时守恒的修正 J 积分及其计算程序,揭示了新 R6 的 ρ 因子存在问题的症结,是在推导过程中所采用的假设是错误的,从而导出了一套比新 R6 法更先进的 ρ 因子。理论和试验都证明这套 ρ 因子比新 R6 的 ρ 因子更符合客观实际,具有国际先进水平。GB/T 19624 采用了"八五"攻关的这一最新成果用于平面缺陷的常规评定。此外,在有二次应力存在下的严格弹塑性断裂力学理论分析计算证明:CVDA 中处理二次应力的系数不是常数,且变化很大。从既要保持原有评定方法,又要保证安全的角度出发,GB/T 19624 对 CVDA 中二次应力系数的取值规定作了局部调整。

3. 采用了国内首创的裂纹间弹塑性干涉效应分析法

在工程实际中,缺陷往往不是孤立存在的。目前,世界各国的标准和规程都规定:相邻缺陷的存在导致应力强度因子增加率达到一定程度时,必须将此两条裂纹作为已贯穿的一个大裂纹处理。"八五"攻关研究发现:裂纹间的弹塑性干涉效应 $G = \sqrt{J_{\mathrm{双}}/J_{\mathrm{单}}}$ 比线

弹性干涉效应 $K_{I双}/K_{I单}$ 大得多,并与材料的本构关系和载荷水平有关。例如两相邻等长裂纹间距超过裂纹长度时,按其他标准和规程的规定,不考虑二者间的相互影响。但计算表明:对 A533B 材料来说,在 $L_r > 1$ 时,G 可达到 1.4;对于 16MnR,当 $L_r = 1$ 时,G 可达 2.1。显然,在这种情况下忽视缺陷间的相互影响会带来危险的后果。"八五"科技攻关研究表明:只要在单裂纹的应力强度因子上乘以相邻缺陷的弹塑性干涉效应 G,即可利用通用失效评定曲线完成考虑裂纹间弹塑性干涉效应的断裂评定。GB/T 19624 根据不同应力应变关系材料的计算结果给出了 G 值的估算公式,并以表格的形式给出了其数值解,使用方便,尚属国际首创。

4. 压力管道周向面型缺陷安全评定采用了"九五"重点科技攻关创新性研究成果——U 因子工程评定方法

在管道面型缺陷安全评定方面,采用了国家"九五"科技攻关专题(96 – 918 – 02 – 03)提出的,可用于任意应力应变关系材料、任意材料断裂韧度、能自由选择安全系数的简化因子工程评定方法——以启裂为断裂判据,同时可以完成含周向面型缺陷压力管道启裂和塑性失效安全评定的 U 因子工程评定方法。该方法评定过程极为简便,只需查表进行简单的算术运算就可以完成拉、弯、扭、内压联合载荷作用下的周向面型缺陷安全评定。国际上至今还没有适应面如此广、评定过程如此简便、且评定精度很高的工程评定方法。

5. 压力管道体型缺陷安全评定采用了"九五"重点科技攻关研究成果——含局部减薄缺陷压力管道塑性极限载荷工程评定方法

与含凹坑压力容器安全评定相比,含局部减薄压力管道安全评定更为复杂。首先,压力管道除承受内压外,还同时承受拉、弯等组合载荷;其次,安全评定所需要的管系内力和管道应力一般只能通过数值计算分析的方法求得,这对一般评定人员而言具有很大的难度。为此,GB/T 19624 采用了国家"九五"科技攻关专题(96 – 918 – 02 – 03)提出的以塑性极限载荷理论和含局部减薄压力管道塑性极限载荷拟合计算公式为基础的工程评定方法,并采用了无须进行复杂的管系内力和管道应力计算、应用极为简便的免于评定条件。因此,GB/T 19624 提出的局部减薄缺陷安全评定方法理论严谨、方法简单,是国内首创的一种管道缺陷安全评定方法。将此方法偏保守地应用于含其他体型缺陷管道,可以进行含气孔、夹渣和失效模式为塑性失稳的未焊透等缺陷的压力管道的安全评定。

综上所述,GB/T 19624 标准是通过"八五"国家重点科技攻关研究,吸收了"九五"国家重点科技攻关的部分成果,经过 12 年的研究、撰写、修改和不断完善后完成的。它是国内科技工作者潜心研究的结果,是一部拥有自主知识产权的先进的大型国家标准。它的颁布和实施,不仅为国内压力容器与管道的安全评定提供了可共同遵循的、权威的科学方法,也必将进一步推动国内在用含缺陷压力容器与管道安全评定工作的开展,更好地保障此类设备的安全,并将进一步促进国内压力容器与管道整体安全评价和风险评估科学技术和方法的研究、发展和提高。但也应该指出,该标准的主体是在 1995 年前的"八五"攻关中完成的,距今已十多年了。近十多年来,国内外在结构完整性评定技术方面,无论是深度还是广度,都有了很多新的发展,该标准仍需进一步的完善和提高。

4.6　在用含缺陷压力容器的疲劳安全评价技术基础

在用含缺陷压力容器的疲劳安全评价,通常也用断裂力学疲劳评定法,而通用的断裂力学疲劳评价是以双对数坐标曲线 $\lg(da/dN) - \lg(\Delta K)$(图4-14)为依据作出的。

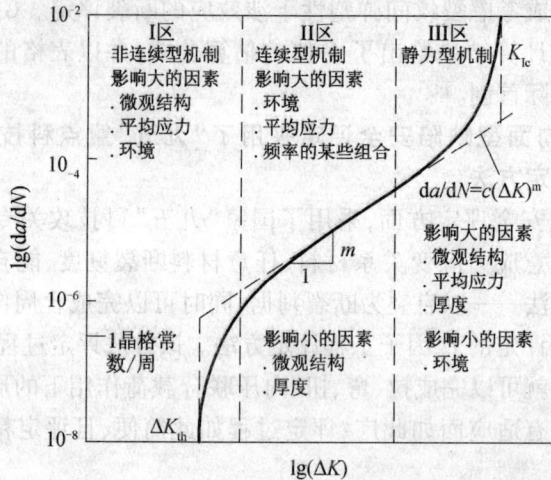

图4-14　$\lg(da/dN) - \lg(\Delta K)$ 的关系

图中,$\lg(da/dN) - \lg(\Delta K)$ 的关系曲线可以分为三个区域:在Ⅰ区,将 ΔK_{th} 称为疲劳裂纹扩展的门槛值,这是因为当 ΔK 小于临界值 ΔK_{th} 时,疲劳裂纹不扩展;当 $\Delta K > \Delta K_{th}$ 时,裂纹扩展很快进入第Ⅱ区,裂纹扩展速率急剧增长;在第Ⅲ区,裂纹扩展速率再次加快,当 K_{max} 大致达到 K_{Ic} 时,试样断裂,所以,第Ⅲ区与材料的断裂韧度有关。

由于 ΔK_{th} 值对材料组织、环境及应力比都很敏感。因此,对低碳钢和锰钢,其疲劳裂纹扩展的门槛值(阈值)可由材料经焊后消除应力处理的式(4-25)、式(4-26)进行估算:

$$\Delta K_{th} = 190 - 144R \tag{4-25}$$

$$\Delta K_{th} = \frac{46}{1 - (144/\sigma_s \sqrt{\pi a})} \tag{4-26}$$

式中　R——疲劳应力比,$R = \sigma_{min}/\sigma_{max}$;

　　　σ_s——钢材屈服点(N/mm^2);

　　　a——裂纹长度(mm);

　　　ΔK_{th}——疲劳裂纹扩展的临界值(N/mm$^{1.5}$)。

在Ⅱ区,da/dN 与 ΔK 的关系满足最早由 Paris 提出的经验方程,即

$$\frac{da}{dN} = C(\Delta K)^m \tag{4-27}$$

式中　da/dN——裂纹扩展速度;

　　　ΔK——表征交变应力变化的应力强度因子的变化幅值(N/mm$^{1.5}$ 或 MPa/m$^{0.5}$),

　　　　　$\Delta K = K_{max} - K_{min}$;

C、m——与材料及环境有关的常数,一般由试验得出,没有试验数据时,可采用表 4-16 中的数据。

表 4-16 某些金属材料的 C、m 值

材料	消除应力处理	抗拉强度 σ_b/MPa	应力比 $R = \dfrac{\sigma_{max}}{\sigma_{min}}$	m	C
软钢	在 650℃下 1h	430	-1、0.13、0.35 0.49、0.64	3.3	2.72×10^{-14}
低合金钢	在 570℃下 1h 在 680℃下 1h	835 680	-1、0、0.33、0.50 0.64、0.75	3.3 3.3	2.72×10^{-14} 5.19×10^{-14}
马氏体 时效钢	在 800℃下 1h 并在 480℃下 3h 空冷	2101	0.67	3	7.38×10^{-14}
18-8 奥氏体 不锈钢	在 600℃下 1h 在 600℃下 4h	685 665	-1、0、0.33、 0.62、0.74	3.1	7.45×10^{-14}
铝	在 320℃下 1h	77	-1、0、0.33、0.53	2.9	5.98×10^{-12}
铜	在 600℃下 1h 在 700℃下 1h	225 215	-1、0、0.33、 0.56、0.69、0.80	3.9	4.78×10^{-15}
钛	在 700℃下 1h	540	0.60	4.4	8.96×10^{-16}

根据所作试验的大量数据和上述 Paris 方程,可以计算锅炉和压力容器结构的实际疲劳寿命和基于安全的循环次数。

因为

$$\frac{\mathrm{d}a}{\mathrm{d}N} = C(\Delta K)^m$$

而

$$\Delta K = \Delta\sigma \sqrt{\pi a}$$

所以

$$\frac{\mathrm{d}a}{\mathrm{d}N} = C(\Delta\sigma \sqrt{\pi a})^m = C\Delta\sigma^m \pi^{m/2} a^{m/2}$$

$$\mathrm{d}N = \frac{1}{C\pi^{m/2}\Delta\sigma^m} \frac{\mathrm{d}a}{a^{m/2}}$$

对交变载荷,若 C、$\Delta\sigma$ 等均为常数,则当裂纹从原始长度 a_0 扩展到 a_c 时,容器可以安全运行的循环次数 N_f 可以通过下式求得:

$$\int_0^{N_f} \mathrm{d}N = \frac{1}{C\pi^{m/2}(\Delta\sigma)^m} \int_{a_0}^{a_c} \frac{\mathrm{d}a}{a^{m/2}} \qquad (4-28)$$

所以

$$N_f = \frac{2}{m-2} \frac{1}{C\pi^{m/2}(\Delta\sigma)^m} (a_0^{1-m/2} - a_c^{1-m/2}) \qquad (4-29)$$

当 $m = 4.0$ 时,有

$$N_f = \frac{1}{C\pi^2(\Delta\sigma)} \left(\frac{1}{a_0} - \frac{1}{a_c}\right) \qquad (4-30)$$

95

当 $m = 2.0$ 时, 有

$$N_f = \frac{1}{C\pi(\Delta\sigma)^2}\ln\frac{a_c}{a_0} \tag{4-31}$$

当裂纹经历几个不同的阶段扩展时, 将根据各阶段的裂纹长度作为积分的上、下限, 来计算各个阶段的扩展过程。

若通过计算所得到的疲劳寿命 N_f 大于等于锅炉和压力容器的要求寿命, 那么该缺陷的疲劳寿命处于安全的范畴, 否则就是不安全的。

例 4 - 1 某薄壁容器, 直径 $D = 800\text{mm}$, 壁厚 $B = 8\text{mm}$, 受交变内压 $p = 2 \sim 14\text{MPa}$ 作用。容器材料的 $K_c = 1660\text{N/mm}^{1.5}$, 疲劳裂纹扩展速率 $da/dN = 6.86 \times 10^{-11}(\Delta K)^{2.5}\text{mm/}$ 次。现发现容器的膜应力区有一条长度 $2a_0 = 2\text{mm}$ 的轴向穿透裂纹, 问该容器的剩余疲劳寿命为多少?

解: 在交变内压作用下容器中的最大环向应力为

$$\sigma_{\max} = \frac{p_{\max}D}{2B} = \frac{14 \times 800}{2 \times 8} = 700\text{MPa}$$

交变应力变化范围为

$$\Delta\sigma = \frac{\Delta pD}{2B} = \frac{(14-2) \times 800}{2 \times 8} = 600\text{MPa}$$

轴向裂纹的鼓胀效应系数为

$$M_g = \left(1 + 1.61\frac{a_0^2}{RB}\right)^{1/2} = \left(1 + 1.61\frac{1^2}{400 \times 8}\right)^{1/2} = 1.00025$$

强度因子变化范围为

$$\Delta K_{a0} = M_g\Delta\sigma\sqrt{\pi a_0} = 1.00025 \times 600\sqrt{\pi \times 1} = 1063.7\text{N/mm}^{1.5}$$

设当 $K_{\max} = K_c$ 时, 容器即告破坏, 则疲劳裂纹扩展的最终尺寸为

$$a_c = \frac{1}{\pi}\left(\frac{K_c}{M\sigma_{\max}}\right)^2 = \frac{1}{\pi}\left(\frac{1660}{1.00025 \times 700}\right)^2 = 1.79\text{mm}$$

故裂纹尺寸从 $a_0 = 1\text{mm}$ 扩展到 $a_c = 1.79\text{mm}$ 所需的次数 N_f, 由式 (4-29) 可得

$$N_f = \frac{2}{m-2}\frac{1}{C\pi^{m/2}(\Delta\sigma)^m}(a_0^{1-m/2} - a_c^{1-m/2}) =$$

$$\frac{2}{m-2}\frac{a_0}{C(\Delta K_{a0})^m}\left(1 - \frac{a_0^{m/2-1}}{a_c^{m/2-1}}\right) =$$

$$\frac{2}{2.5-2}\frac{1}{6.86 \times 10^{-11}(1063.7)^{2.5}}\left(1 - \frac{1^{2.5/2-1}}{1.79^{2.5/2-1}}\right) = 214 \text{ 次}$$

即该容器的剩余疲劳寿命为 214 次。

4.7 世界各国缺陷评定规范的最新进展

近年来, 国际上按"合于使用"原则建立的结构完整性技术及其相应的工程安全评定标准 (或方法) 越来越走向成熟, 已形成了一个分支学科, 无论在广度还是在深度方面均

取得了重大发展。在广度方面新增了高温评定、各种腐蚀评定、塑性评定、材料退化评定、概率评定和风险评估等内容;在深度方面,弹塑性断裂、疲劳、冲击动载和止裂评定、极限载荷分析、微观断裂分析、无损检测技术等均取得很大的进展。

值得指出的是近年来欧美安全评定规范的发展有两件标志性的大事。

第一件大事是 1996 年欧洲委员会为了建立一个统一的欧洲实施合于使用评定标准,发动组织了一个研究计划,有 9 个国家的 17 个组织参加,于 1999 年完成了"欧洲工业结构完整性评定方法",简称 SINTAP,已于 2000 年发表并形成了未来欧洲统一标准的草稿。由于英国 R6、PD6493、德国的 CKSS 及瑞典技术中心都是 SINTAP 研究的核心成员,SIN-TAP 也是他们共同参与研究后形成的共识,鉴于 SINTAP 不久即将成为欧洲的统一标准,R6 及 PD6493 在即将颁布其新版前夕,对各自的修改稿又作了一次紧急修改。R6 于 2001 年颁布了全新版(第 4 版);PD6493 于 2000 年颁布了修订版,但代号已改为 BS7910—1999,取消了 PD 代号而正式列入正规的英国标准。

第二件大事是美国石油学会于 2000 年颁布了针对在用石油化工设备的合于使用评定标准 API 579,在内容上具有鲜明特色,反映了结构完整性评定技术研究范围有了很大的拓宽。鉴于世界各国缺陷评定规范的迅速发展,International Journal of Pressure Vessel and Piping 期刊于 2000 年发表了题为"缺陷评定方法"专刊,介绍了国际上 10 个缺陷评定规范的进展,其中也包括了我国"八五"攻关编制的 SAPV - 95。以下将简要介绍欧洲工业结构完整性评定方法 SINTAP、英国含缺陷结构完整性评定标准 R6;英国标准 BS7910 金属结构中缺陷验收评定方法导则和美国石油学会标准 API579 推荐用于合于使用的实施办法的概貌和最新进展。

4.7.1 欧洲工业结构完整性评定方法 SINTAP

SINTAP 采用了失效评定图(FAD)和裂纹推动力(CDF)的两类分析方法。FAD 的关键是失效评定曲线 $f(L_r)$,只要评定点(L_r, K_r)落在 FAD 图的安全区内,则缺陷就是安全的。CDF 是直接按 $J < J_{Ic}$ 的判据来进行评定的,但裂纹推动力 J 的计算规定应按失效评定曲线 $f(L_r)$ 求得,因此尽管 CDF 法和 FAD 法在形式上有所不同,但实质是一样的。所以这里只介绍 SINTAP 的 7 个级别及其失效评定曲线。

1. 第 0 级(Default Level)

在仅可得到材料的屈服应力 σ_s 和冲击性能 AKV 时使用。

(1)无屈服平台的连续屈服材料的失效评定曲线为

$$f(L_r) = (1 + 0.5L_r^2)^{-1/2}[0.3 + 0.7\exp(-0.6L_r^6)] \tag{4-32}$$

且取 $L_r^{\max} = (1 + 150/\sigma_s)^{2.5}$。

(2)有屈服平台材料时或者不能排除材料不具有屈服平台时的失效评定曲线为

$$f(L_r) = (1 + 0.5L_r^2)^{-1/2} \tag{4-33}$$

且取 $L_r^{\max} = 1$。

2. 第 1 级(Basic Level)

用于可获得材料的 σ_s、σ_b 及断裂韧度值 K_c 的情况。如有焊缝存在,其强度不匹配程度应小于 10%。

（1）有屈服平台材料的失效评定曲线，分为三段表述：

① 当 $L_r < 1$ 时，采用式（4-33）。

② 在 $L_r = 1$ 处，有一陡降直线段。从式（4-33）在 $L_r = 1$ 时的值直线下降至

$$f(1) = [\lambda + 1/(2\lambda)] \tag{4-34}$$

式中，$\lambda = 1 + E\Delta\varepsilon/\sigma_s$；$\Delta\varepsilon$ 为屈服平台长度，$\Delta\varepsilon = 0.0375(1 - \sigma_s/1000)$。

③ 当 $L_r > 1$ 时，取德国 ETM 的成果：

$$f(L_r) = f(1)L_r^{(n-1)/(2n)} \tag{4-35}$$

式中：n 为材料应力—塑性应变关系用幂函数拟合表示时的指数，$n = 0.3(1 - \sigma_s/\sigma_b)$。这是根据 19 种材料数据整理得到的下边界值，实际的 n 值可能为式（4-35）计算值的 1~5 倍，所以 $L_r > 1$ 处的 $f(L_r)$ 是非常保守的。

规定取 $L_r^{max} = (\sigma_s + \sigma_b)/(2\sigma_s)$。

（2）无屈服平台材料的失效评定曲线，分两段表述：

① 当 $L_r \leqslant 1$ 时，有

$$f(L_r) = (1 + 0.5L_r^2)^{-1/2}[0.3 + 0.7\exp(-\mu L_r^6)] \tag{4-36}$$

式中，系数 $\mu = \min[0.001(E/\sigma_s)$ 时 $0.6]$。

② 当 $L_r > 1$ 时，仍采用式（4-35）。

3. 第 2 级（Mismatch Level）

和第 1 级相似，但适用于焊缝强度不匹配程度超过 10% 的场合，这时需要知道母材和焊缝的拉伸性能和断裂韧度。因而分三种情况，分述如下：

1）母材及焊缝两种材料均无屈服平台时（第一种情况）

采用第 1 级中的无屈服平台时的失效评定曲线两段表达式，但式（4-36）及式（4-35）中的 μ 值和 n 值应改用不匹配焊接接头的 μ_M 值和 n_M 值，即

$$\mu_M = \min\left[\frac{M-1}{(P_{sM}/P_{sB} - 1)/\mu_W + (M - P_{sM}/P_{sB})}, 0.6\right] \tag{4-37}$$

$$n_M = \frac{M-1}{(P_{sM}/P_{sB} - 1)/n_W + (M - P_{sM}/P_{sB})/n_B} \tag{4-38}$$

式中　M——强度不匹配因子，定义为焊缝与母材的屈服应力之比，$M = \sigma_{sW}/\sigma_{sB}$；

　　　P_{sM}——焊接接头的塑性屈服载荷；

　　　P_{sB}——母材的塑性屈服载荷；

　　　μ_B、μ_W——母材和焊缝的 μ 值，$\mu_B = \min[0.001(E_B/\sigma_{sB}), 0.6]$，$\mu_W = \min[0.001(E_W/\sigma_{sW}), 0.6]$；

　　　n_B、n_W——母材和焊缝的 n 值，$n_B = 0.3(1 - \sigma_{sB}/\sigma_{bB})$，$n_W = 0.3(1 - \sigma_{sW}/\sigma_{bW})$。

规定取

$$L_r^{max} = \frac{1}{2}\left(1 + \frac{0.3}{0.3 - n_M}\right) \tag{4-39}$$

2）焊缝及母材均具有屈服平台时（第二种情况）

采用第 1 级中有屈服平台时的失效评定曲线，也分三段，即式（4-33）、式（4-34）、式（4-35），但式（4-34）中的 λ 应用 λ_M 代替，式（4-35）中的 n 用 n_M 代替。

$$\lambda_M = \frac{(P_{sM}/P_{sB} - 1)\lambda_W + (M - P_{sM}/P_{sB})\lambda_B}{M - 1} \tag{4-40}$$

式中，$\lambda_W = 1 + 0.0375 \dfrac{E_W}{\sigma_{sW}}\left(1 - \dfrac{\sigma_{sW}}{1000}\right)$，$\lambda_B = 1 + 0.0375 \dfrac{E_B}{\sigma_{sB}}\left(1 - \dfrac{\sigma_{sB}}{1000}\right)$。

L_r^{max} 仍按式（4-39）计算。

3）焊缝或母材之一具有屈服平台时（第三种情况）

（1）当 $L_r < 1$ 时，采用第一种情况时的失效评定曲线，但在 μ_M 的计算中具有长屈服平台材料的 μ 值可以不计。

（2）在 $L_r = 1$ 处，按第二种情况具有屈服平台材料时的方法保守地取较低的 $f(1)$ 值，将无屈服平台材料的 λ 取为 0。

（3）当 $L_r > 1$ 时，与第二种情况完全相同。

4. 第 3 级（Stress – Strain Level）

这一方法要求可获得材料的 $\sigma - \varepsilon$ 关系曲线以求得 $f(L_r)$，当然也需要知道材料的断裂韧度值才能进行评定。第 3 级不仅适于焊接接头基本匹配的情况，也适用于不匹配的情况。

在不涉及焊缝或焊接接头基本匹配时采用 R6 第 3 版的选择 2 曲线，即

$$f(L_r) = \left(\frac{E\varepsilon_{ref}}{\sigma_{ref}} + \frac{L_r^2}{2(E\varepsilon_{ref}/\sigma_{ref})}\right) \tag{4-41}$$

式中 σ_{ref}——参考应力，$\sigma_{ref} = L_r\sigma_s$；

ε_{ref}——材料单向拉伸 $\sigma - \varepsilon$ 关系曲线上与 σ_{ref} 相应的应变值。

在焊接接头不匹配时也采用式（4-41），但 σ_{ref}、ε_{ref} 和 L_r 值的计算应采用母材与焊缝组成的含缺陷元件的当量 $\sigma_{eq} - \varepsilon_{eq}$ 关系曲线。$\sigma_{eq} - \varepsilon_{eq}$ 关系曲线可按塑性极限载荷相等的原则求得，与焊缝的 $\sigma_W - \varepsilon_W$ 关系、母材的 $\sigma_B - \varepsilon_B$ 关系、不匹配因子 M 及 P_{sM} 及 P_{sB} 有关。σ_{eq} 与 ε_{eq} 的塑性部分 ε^P 的关系为

$$\sigma_{eq} = \frac{(P_{sM}/P_{sB} - 1)\sigma_W + (M - P_{sM}/P_{sB})\sigma_B}{M - 1} \tag{4-42}$$

式中 σ_W、σ_B——在任一塑性应变量 ε^P 时，焊缝 $\sigma_W - \varepsilon^P$ 关系曲线上及母材 $\sigma_B - \varepsilon^P$ 关系曲线上的应力值。所以式（4-42）就是当量的 $\sigma_{eq} - \varepsilon^P$ 关系。由于 $\varepsilon_{eq} = \sigma_{eq}/E + \varepsilon^P$，从而可得到当量材料的 $\sigma_{eq} - \varepsilon_{eq}$ 关系。M 为在不同塑性应变量 ε^P 时的不匹配因子，$M = \sigma_W/\sigma_B$，与 ε^P 有关，并非材料常数，并且 P_{sM}/P_{sB} 值也应是在这些 M 下的值。

5. 第 4 级（Constraint Level）

该级别的评定要求根据裂尖拘束度的具体情况来估算材料实际断裂韧度。按断裂韧度标准测试方法，被测试件必需要有足够尺寸以保证获得最低的平面应变断裂韧度值，而实际工程元件中的缺陷往往是很浅的，只有较低的拘束度，显然如能按实际拘束度的断裂韧度来进行评定可以降低评定的过保守度，但要求有附加的测试数据。

评定时，FAD 及 K_r 的计算均要作相应的修正，由于篇幅所限，这里不再进一步介绍。

6. 第 5 级（J – Integral Analysis）

该级别的评定要求已知材料应力应变关系曲线以计算 J 积分，可以是没有焊缝的结构，也可以是不匹配的焊接接头（这时要求焊缝及母材的应力应变关系均已知），实际上就是严格的有限元计算解。因此该级别只被用来作为验证各低级方法的工具，并非适用

于工程评定的方法。由于有限元计算 J 积分已广为熟知,故 SINTAP 未作详细介绍。

7. 第 6 级(LBB)

有时部分深表面裂纹可能继续扩展通过剩余韧带变成穿透裂纹,引起泄漏,但仍然可能处于稳定状态,这就是 LBB 状态。SINTAP 提供了一个新的估算裂纹扩展过程中缺陷形状变化的方法。由于穿透前或穿透后裂纹会不会撕裂失稳的评定过程与 R6 第 3 版相同,只是根据具体情况选用前面几级中的某一失效评定曲线进行评定,因此这里也不再作详细介绍。

4.7.2 英国含缺陷结构完整性评定标准(R6)

R6 第 4 版(2001)是在英国 British Energy(英国核电公司)、BNFL(英国核燃料公司)及 AEA(英国原子能管理局)组成的结构完整性评定规程联合体下的 R6 研究组编制的。R6 第 3 版后已陆续地增补了 10 个新附录,由于近年来断裂力学评定技术的发展,特别是 SINTAP、BS7910 和美国 API 579 的出现,故为吸收世界各国研究进展和 R6 自身发展计划,决定对 R6 作全面修改,于 2001 年颁布了第 4 次修订版。现将主要变化介绍如下:

1. 失效评定曲线三种选择的变化

(1) R6 选择 1 的原失效评定曲线被 SINTAP 的第 0 级的曲线取代,即由:

$$f(L_r) = (1 - 0.14L_r^2)[0.3 + 0.7\exp(-0.65L_r^6)] \qquad (4-43)$$

改为

$$f(L_r) = (1 + 0.5L_r^2)^{-1/2}[0.3 + 0.7\exp(-0.65L_r^6)] \qquad (4-44)$$

以保证在低处与 R6 选择 2 曲线一致。对有屈服平台的材料,取 $L_r^{max} = 1$。

(2) R6 选择 2 改有三种曲线。

原 R6 选择 2 曲线仍保留,被称为材料特征的选择 2 曲线(式(4-41)),用于已知材料应力应变关系数据时建立选择 2 曲线。

在不知道材料应力应变关系数据时,采用 SINTAP 第 1 级(基本级)失效评定曲线的研究成果,给出的两种可供选择的近似曲线,分别用于无屈服平台的材料和有屈服平台的材料,只要求知道材料的屈服强度、抗拉强度和弹性模量。

无屈服平台材料用近似选择 2 曲线:

① 在 $L_r < 1$ 时的范围内

$$f(L_r) = (1 + 0.5L_r^2)^{-1/2}[0.3 + 0.7\exp(-\mu L_r^6)] \qquad (4-45)$$

② 在 $1 < L_r < L_r^{max}$ 的范围内

$$f(L_r) = f(1)L_r^{(n-1)/(2n)} \qquad (4-46)$$

这里,$f(1)$ 为按式(4-33)在 $L_r = 1$ 时的 $f(L_r)$ 值。

有屈服平台材料的近似选择 2 曲线与 SINTAP 第 1 级有屈服平台材料的失效评定曲线完全相同。

在利用上述新失效评定曲线时必然会发现一个问题,如果既无应力—应变关系数据,又不知道其是否是有屈服平台材料,该如何办呢? 规范给出了根据材料屈服强度、材料化学组成及热处理方式判断是否为有屈服平台材料的导则。

（3）R6 选择 3 曲线没有更改。

2. 分析类别的变化

取消了原 R6 的允许有限量撕裂的第 2 类分析。第 1 类分析和第 3 类分析已改名,直截了当地称为基于起裂的分析和基于延性撕裂的分析。

3. 结果意义评价方法的变化

增补了在有多个一次载荷作用时"评定结果意义"的评价方法,但取消了原来一次加二次联合载荷时确定塑性极限载荷的图解法。

4. R6 附录的发展与变化

1986 年 R6 第 3 版有 8 个附录,它们是:断裂韧性值的确定;塑性屈服载荷分析;应力强度因子的确定;K_{rs} 的计算;计算机辅助的计算;疲劳和环境导致裂纹扩展的计算;I 型、II 型和 III 型载荷下的计算;由 C－Mn（低碳）钢制作结构完整性评定。此后,又陆续增补了 10 个新附录,反映了安全评定技术的范围日益扩大,它们是:LBB 分析;概率断裂力学;位移控制载荷分析;焊接残余应力的确定;载荷历史的影响（包括水压试验、温预应力,载荷次序及持续载荷的影响）;考虑拘束度的修正;裂纹止裂;强度不匹配;局部法;有限元法。到 2000 年第 4 版正式出版前,又将这些内容全部进行了补充修订,考虑到新版不再设置附录,而将这些附录的内容分散到文本中,分别以节的名义出现。

R6 第 4 版整个文本分为 5 章:第 1 章基本规程（主要涉及安全评定的一些基本方法）;第 2 章基本规程的输入;第 3 章其他评定方法;第 4 章一览表（包括极限载荷解,强度不匹配的极限载荷解,应力强度因子解及残余应力分布）;第 5 章验证及应用案例。

大部分新附录均列入第 3 章,这些新方法又分为三类:第 1 类是用于特定评定目的的方法,包括 LBB 评定、裂纹止裂评定、概率断裂评定和位移控制载荷时的评定。第 2 类是使第 1 章基本方法不必要的保守程度降低从而更精确的一些评定方法,可以计算出更明确的安全裕度。包括拘束度影响的修正、强度不匹配影响的修正、局部法导则及加载历史的影响。第 3 类为进一步支持第 1 章基本方法的一些方法,包括有限元导则、J 积分估算法、持续载荷评定、I 型 II 型加 III 型载荷下的评定及 C－Mn（低碳）钢结构的评定。

5. 裂纹止裂评定

这是 1999 年新增的评定方法,在 R6 第 4 版中被列为第 3 章第 12 节。

有时会遇到即使发生脆性裂纹起裂,但有可能自动止裂而不发生撕裂失稳失效。例如热冲击时孔边裂纹开裂后的扩展,一方面,裂纹扩展是向温度较高区域扩展,材料断裂韧度越来越大,另一方面,由于裂尖离孔边越远,应力强度因子越低,断裂推动力不断下降,因而当断裂推动力低于裂尖温度下的断裂韧度时就有可能止裂。裂纹止裂取决于裂纹体的几何尺寸、承受载荷、温度和材料,止裂应该考虑动态效应,并且动态断裂韧度是温度的函数。该评定方法就是要给出这种裂纹能否止裂的评定。R6 提供了两种方法:一种是基于材料静态性能 K_{Ia} 的静态分析法;另一种是基于材料动态性能 K_{Id}、K_{Ia} 的动态分析法。

6. 局部法

为 R6 第 4 版第 3 章第 9 节的方法,在第 5 章给出了一个验证案例。

局部法是基于裂纹尖端或尖缺口处的应力应变、局部损伤与其断裂临界状态有关的事实,是材料失效微观力学模型在工程上的应用。这种方法是通过材料特征量来标定的,这些参量是综合参考试验数据、定量金相和有限元分析而推导出来的。一旦求得该材料的参量,由于认为它们和试件几何尺寸无关,与载荷无关,从而可用于评定该材料制的任何结构。R6 给出了以下四个局部法模型 Beremin 解理断裂模型、Beremin 延性断裂模型、Rousselier 损伤力学模型和 Gurson 损伤力学模型。

第 1 个模型为解理断裂模型,其他 3 个都是延性损伤模型。Beremin 的两个模型用于预期裂纹起裂,Rousselier 和 Gurson 模型既可用于预期起裂,又可用于预期撕裂行为。

7. 焊缝不匹配的影响

R6 的基本方法用于焊缝裂纹评定时,采用裂尖区材料的断裂韧度,拉伸性能采用缺陷所在部位最弱区的材料拉伸性能,这样做是十分保守的。而 R6 第 4 版第 3 章第 8 节给出的焊缝不匹配影响的评定方法更为精确,从而可以减小用第 1 章的方法进行评定时的过保守性。

这一方法采用了 SINTAP 第 2 级(不匹配级)的方法。不同的是 R6 在不匹配评定时的失效评定曲线仍然采用三种选择,如前所述。所以不匹配时失效评定曲线的内容就是分别给出不同失效评定曲线在焊缝材料不匹配时的表达式,n、μ 和 λ 都应是不匹配焊件裂纹体的值,n_μ、μ_M 和 λ_M。但其计算办法仍取自 SINTAP 的成果。

截止线为:

$$L_r^{max} = \begin{cases} 0.5[1 + 0.3/(0.3 - n_M)] & (选择 1 曲线) \\ \overline{\sigma}_{eq}/\sigma_{se} & (选择 2 及选择 3 曲线) \end{cases} \tag{4-47}$$

这里,$\overline{\sigma}_{eq}$ 为 $\sigma_{eq} - \varepsilon^P$ 曲线的屈服强度 σ_{se} 和抗拉强度 σ_{be} 的平均值。

评定时 L_r 的计算:

$$L_r = P/P_{sM} \tag{4-48}$$

式中 P——引起一次应力的载荷;

P_{sM}——两种材料组合元件按 σ_{sB} 及 σ_{sW} 为屈服应力的刚—塑性材料假设计算的结构塑性屈服载荷。

P_{sM} 的解是通过有限元分析获得的。R6 第 4 版第 4 章第 2 节专门给出了强度不匹配时的极限载荷解,包括缺陷位于焊缝不同位置的平板及圆筒的极限载荷解。

从已获得的解可看出,不论是过匹配($M > 1$)还是欠匹配($M < 1$),P_{sM}/P_{sB} 值(即不匹配焊接接头的塑性极限载荷与纯母材的塑性极限载荷之比)总是介于 1 至 M 之间。因而,当 $M < 1$ 欠匹配时,可取($P_{sB}M$)下限值为 P_{sM};当 $M > 1$ 过匹配时,可取 P_{sB} 为 P_{sM}。这样总是保守的。在过匹配时,(焊缝厚/剩余韧带)越大,或者(a/w)越小,焊缝不匹配对极限载荷比(P_{sM}/P_{sB})的影响越低。如果裂纹靠近熔合线,P_{sM} 值非常接近 P_{sB} 值。在欠匹配时,(a/w)值不影响 P_{sM},尤其在(焊缝厚/剩余韧带)值较大的时候。

8. 持续载荷

对延性材料,即使温度低于蠕变范围也可能发生与时间有关的塑性变形,因而受持续载荷作用的结构,可能在应力水平低于其在单调加载和位移加载时的塑性失效载荷下发生断裂。然而通常仅发现在持续载荷接近单调加载的塑性极限载荷时才发生失效。但在较低载荷下可能发生有限裂纹扩展. 导致结构承载能力降低。

在室温和 70℃ 下的试验表明,铁素体钢在持续载荷达到或超过全面屈服(即 $L_r = 1$)

时才可能发生与时间有关的断裂。因而在评定时,当 $L_r < 0.9$ 时可不必考虑持续载荷。316 钢在室温下试验表明,当 $L_r < 0.65$ 持续时间小于 100h 时,持续载荷效应可忽略不计,在继续持续 1h 以后相对因子 0.65 的值才很慢地减小。

本规程给出了考虑持续载荷效应的评定方法,其原理是考虑持续时间内塑性应变累积对 L_r 和 K_r 的影响,即对评定点位置的影响,仍然用失效评定图进行断裂评定和塑性失效评定。一般采用选择 1 曲线,也可采用其他高级的失效评定曲线。根据试验,认为持续载荷对 L_r^{max} 值没有影响。

评定的过程是先选择持续时间 t_h 内允许的裂纹扩展量 Δa_0,当然 Δa_0 应小于断裂失效的裂纹扩展量 $\Delta a_f = a_f - a_0$ (a_f 为断裂临界尺寸),并有足够的安全系数。定义 $a_1 = a_0 + \Delta a_0$,材料的断裂韧度也应为相应于 Δa_0 的断裂韧度 $K_{mat}(\Delta a_0)$。按 a_1 及 σ_s 计算 L_r。由 L_r 得到 σ_{ref} 值,再确定参考应变 $\varepsilon_{ref}(\sigma_{ref}, t_h)$,它是参考应力 σ_{ref} 和持续时间 t_h 的函数,可由评定温度下的恒应力蠕变曲线或等时单向应力应变数据获得。然后计算 $K_r = K_1(a)/K_{mat}(\Delta a_0)$ 和评定点的纵坐标 $K_r^t = [\varepsilon_{ref}(\sigma_{ref}, t_h)/\varepsilon_{ref}]^{1/2} K_r$。将 ($L_r$ 时 K_r^t) 点在失效评定图中完成评定工作。

4.7.3 BS 7910:1999(PD6493 的修订版)

PD 6493:1991 已与 PD 6539:1994(高温评定方法)合并,根据他们近十年来的研究成果,包括 SINTAP 的欧洲统一安全评定方法的研究成果,于 2000 年发表了修正版,称为 BS7910:1999,规范名称改为"金属结构中缺陷验收评定方法导则"。

1. 断裂评定方法的变化

BS 7910 的断裂评定仍然是三级评定。原初级评定内容基本不变,但改称简化评定方法,采用失效评定图法。而原 PD 6493 中的 COD 设计曲线法被列入 BS 7910 的附录 N,COD 设计曲线的地位进一步下降。

第 2 级正常评定法经历了一个曲折的修改过程。原 PD 6493:1991 版的第 2 级正常评定法为老 R6(第 2 版)的 D−M 模型失效评定曲线。1995 年及 1997 年的修改草稿中改为三种选择:①1991 版的 D−M 模型失效评定曲线,用于 $\sigma_f \leqslant 1.2\sigma_s$ 的低硬化材料;②R6 第 3 版的选择 1 曲线,用于 $\sigma_f > 1.2\sigma_s$ 的高硬化材料;③R6 第 3 版的选择 2 曲线,反映出 PD 6493 全盘 R6 化的过程。由于近年 SINTAP 的成功实现了欧洲安全评定方法的统一化,在 2000 年 BS 7910:1999 颁布时,和 R6 第 4 版一样均采用了 SINTAP 的统一成果,取消了 D−M 模型的失效评定曲线。BS 7910 的第 2 级正常评定的失效评定曲线改为两种,即 2A 级和 2B 级。

2A 级曲线采用 SINTAP 的第 1 级(Basic Level)评定曲线。

2B 级曲线与原 PD 6493:1991 版的第 3 级评定曲线相同,即 R6 第 3 版的选择 2 曲线,亦即 SINTAP 的第 3 级(Stress−Strain Level)评定曲线(式(4−34))。

如果应力应变关系曲线已知,可用 2B 级曲线,否则用 2A 级曲线。对有屈服平台的材料或者不能证实没有屈服平台,在使用 2A 级失效评定图时应取 $L_r^{max} = 1.0$,否则应采用 2B 级曲线。

BS 7910 第 3 级撕裂失稳评定仍保留 PD 6493:1991 中的 3A 级和 3B 级不变。在已知材料应力应变关系时用 3A 级曲线,否则用 3B 级曲线。BS 7910 还增加了一个 3C 级曲线,其实就是采用了 R6 第 3 版选择 3 失效评定曲线。

2. 疲劳评定的变化

BS 7910 的疲劳评定方法基本上与原 PD 6493:1991 的相同,仅作了少量修改。疲劳评定是 PD 6493 的特色,尤其是质量等级评定法。修订后的主要变化是推荐了新的疲劳裂纹扩展律。采用了基于近年来大量钢材在空气及海水中疲劳裂纹扩展试验数据取得的更为精确的两段 Paris 关系式和应力比 R_σ 的修正法等。特别是考虑环境的影响,例如给出了在海水环境中有阴极保护和无阴极保护时的新推荐方法,在较高温度下的疲劳裂纹扩展等。为了方便,同时也给出了新的、简化的单段 Paris 关系,实验应力比为 $R_\sigma \geqslant 0.5$,以给出保守的焊接接头裂纹疲劳扩展分析结果。新的铁素体钢在空气中的疲劳裂纹扩展律与 PD 6493 时的相比,扩展速率要略高一些。

3. BS 7910 的附录

BS 7910 包含了 21 个附录,很多来自 R6 和 SINTAP,因而这里不作进一步的介绍。

4.7.4　美国石油学会 API 579:2000 合于使用推荐实施规程简介

近年来,美国结构完整性评定技术也有很大发展,在规范中最引人注目的就是已出版的 API 579(合于使用推荐实施规程)和 API 580(基于风险检验的推荐规程)。前面介绍的 SINTAP、R6、BS790 的发展主要反映了缺陷的断裂评定技术(包括塑性失效评定)和疲劳评定技术的发展。API 579 的特点是更多地反映了石油化工在用承压设备安全评估的需要。

美国初期的承压设备标准主要是关于新设备的设计、制造、检验的规则,并未涉及在用设备的退化和使用中发现的新生缺陷和原始制造缺陷的处理问题。后来制定了一些在用设备检验规范,如 API 510(压力容器检验规范),API 570(压力管道检验规范)和 API 653(储罐检验规范),这些规范给出了有关在用设备检验、维修、更换,重新确定额定工作能力或改造规划,但实践中仍发现存在不少不能解决的问题。为此制定了 API 579,以提供良好的合于使用评定方法和可靠的寿命预测,保障老设备继续安全工作;以帮助在用设备的优化维修及操作,保证老设备的有效利用,提高经济服务的期限。这一规程和 API 580 的结合将能提供风险评估、确定检验的优先次序和维修计划。

API 579 与其他标准不同之处是不仅包括在用设备缺陷安全评估,还在很广范围内给出了在用设备及其材料劣化损伤的安全评估方法。前者的技术与 BS7910 和 R6 都相差不大,所以这里不再赘述,但后者有很多内容是其他标准未涉及到的,况且这些内容对石油化工承压设备的工作者来说十分重要和有益,故下面将主要介绍其中的主要部分。

1. 局部金属损失评定(API 579 第 5 章)

本评定方法可用于评价因腐蚀、冲蚀、机械损伤或因缓慢磨蚀等原因引起局部金属损失的构件。包括评定技术及可接受性准则和剩余寿命评估的两类技术。

评定技术及可接受性准则又分为三级。1 级评定是仅考虑内压载荷的设备局部减薄的评定,只要求凹坑表面长、宽、深来表征缺陷尺寸。2 级评定用于凹坑在壁厚方向的尺寸(即深度)变化很大时的评定,缺陷用深度变化形状来表征,可以考虑更一般的载荷,例如筒壳上净截面弯矩,还可以用于接管区凹陷的评估。3 级用于更复杂区域的凹坑评定,一般都要求作详细的有限元分析。

剩余寿命评估方法分壁厚法和 MAWP（最大允许工作压力）法两种。壁厚法是基于未来服役条件、实际壁厚、通过检查得到的金属损失区尺寸测量值、预计的腐蚀或冲蚀速度以及对裂纹尺寸的变化速度的估计，来计算需要的最小壁厚。MAWP 法用于确定用壁厚断面图表示其局部金属损失特点的承压构件的剩余寿命。

2. 点蚀评定（API 579 第 6 章）

本评定方法可以评价四种不同的点蚀类型：发生在构件重要范围上的广布点蚀、位于广布点蚀区域内的 LTA（局部减薄区）；点蚀的局部区域以及被限制在 LTA 中的点蚀。

API 579 提供了三级评定方法。1 级评定只能用于按规范或标准设计和制造的构件，只考虑内压载荷及用于描述点蚀特征的三个参数的平均值。2 级评定提供了一个对构件结构完整性评价的较好准则，可用于评价那些不满足 1 级评定准则的构件。3 级评定主要用于评价那些点蚀区域、载荷条件更加复杂的构件。一般来说，在 3 级评定中要使用更加详细的应力分析方法。

3. 鼓泡及分层评定（API 579 第 7 章）

本方法适用于氢致鼓泡承压元件的评定。湿 H_2S 及 HF 在低温下由于原子氢侵入钢内，在夹杂物处又结合成分子氢，因不可能渗出而造成局部高压引起材料鼓泡分层。有时候鼓泡的周边裂纹会向壁厚方向扩展，特别是当鼓泡处于接近焊缝处，因而这是石油化工设备经常会遇到的问题。由超声波测得板中的分层，除非证明是氢积累造成的，否则不应视为鼓泡。如果分层不平行于钢板表面应按面型缺陷进行断裂评定；如果分层平行于钢板表面可采用本方法进行评定。API 579 鼓泡评定方法也分为 3 级，各自的适用范围基本上与点蚀评定相似。

4. 火灾损伤评定（API 579 第 11 章）

暴露在火灾高热度下的压力容器、管道和储罐可能会发生看得见的结构损伤，此时虽然力学性能变化不很明显，但少许变化（如屈服强度和断裂韧度的降低）可能会使得这些设备不能继续服役。因此，对暴露在火灾情况下的这些设备应进行合于使用评价，以确定它们是否可以继续服役。

火灾损伤评定用于评价受火灾损伤的构件。这种潜在的损伤包括：力学性能的劣化（如碳钢的球化、晶粒的生长和韧性的降低）、耐蚀性能的降低（如奥氏体不锈钢的敏化）和承压构件的变形和破裂。

为便于判断承压构件在火灾发生期间可能遭受的最高暴露温度，API 579 将火灾发生期间暴露在特定温度下的热暴露区域划分为六个，分别为 I 区（室温区）、II 区（66℃ 以下烟及消防水染区）、III 区（66 ~ 204℃ 的低热暴露区）、IV 区（204 ~ 427℃ 的中热暴露区）、V 区（427 ~ 732℃ 的高热暴露区）、VI 区（> 732℃ 的极热区、火源区）。热暴露区域的划分有利于判定灾区哪些设备不需要评定，哪些设备要进行评定和如何进行评定。

钢材表面在火灾中不同温度下有不同颜色，不同燃料在空气中燃烧时有不同颜色的烟雾，目击者的记录和现场摄像是很重要的原始资料。各种化学品、燃料和很多材料都有其不同的燃点和熔点。在不同的温度下，各种金属材料的力学性能（硬度和强度）有不同的变化规律，且氧化皮的形貌也与温度有关。因此，根据火灾摄像和灾后现场勘察，按API 579 给出的方法和提供的大量有关上述信息与温度的关系（图及表），即可确定出各设备所处的热暴露区域。

API 579 提供了三级评定方法。

1 级评定实际上是免于评定的准则。API 579 列出了在 1 级评定下可接受构件材料的热暴露区等级。如果属于 1 级就可以免于评定。一般碳钢、低合金钢或奥氏体不锈钢设备处于Ⅰ、Ⅱ、Ⅲ、Ⅳ区时都可免于评定,但热处理的调质钢只有在Ⅰ、Ⅱ、Ⅲ区时才可免于评定。例如某炼油厂的常压塔,火灾后其外保温护层镀锌铁皮表面镀锌层完好,由于锌的熔点是 420℃,在温度超过 420℃时锌必然会流下来或者被气化,既然镀锌层完好,所以该设备不可能处于Ⅴ区,因而可免于评定。

2 级评定准则通过估算遭受火灾损伤构件的材料强度,对其结构的完整性做出较好的评价,适用于 1 级评定不通过,即不能免于评定的构件。评价方法包括对火灾诱发损伤和缺陷(如局部减薄区、裂纹状缺陷和壳体变形)的重新定级,需要进行材料表面硬度、现场金相表面覆膜、磁粉或渗透探伤及外形尺寸变形检测。API 579 给出了碳钢材料在不同火灾温度下暴露后晶粒尺寸变化规律、奥氏体不锈钢的敏感性资料。一般评定过程是:根据现场实测硬度估算材料强度后按 API 579 规定的公式确定实际材料许用应力,然后用常规的强度设计公式进行强度校核。如果发现有局部减薄和裂纹状等缺陷,还应按不同的缺陷评定方法进行评定。有时还需要考虑材料的蠕变损伤,但只要高温时间不长可以不予考虑。

如果 2 级评定中因构件的简化应力分析和估计的材料强度而导致不可接受时,可采用 3 级评定,以消除评价中的一些保守性。3 级评定要求进行详细的应力分析,如结构已严重变形或者在结构不连续部位壳体畸变,常规设计强度计算公式已不适用,应采用有限元计算和应力分类的分析设计方法进行强度校核。3 级评定所用材料强度要求由现场金相或直接取样进行力学性能实测得到,而 2 级评定时材料的强度是根据硬度间接换算得到的,所以其许用应力是很保守的。因此 2 级评定不可接受的构件,3 级评定未必也不可接受。

习　题

4-1　将下列三种缺陷进行规则化处理。

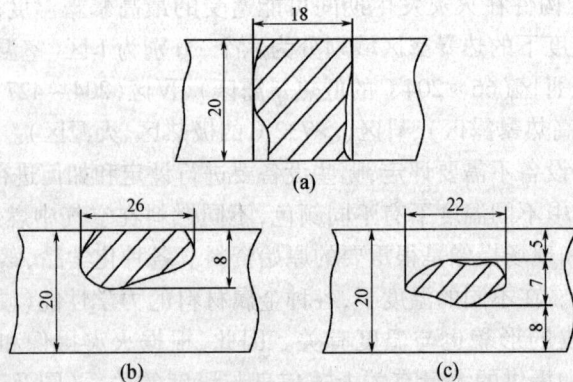

习题 4-1 附图

4 -2 依据 GB/T 19624 标准,对在用含平面缺陷的压力容器进行安全评定时,常用哪两种评定方法。两种评定方法分别以什么做为理论基础,且优先使用哪种方法?

4 -3 某薄壁容器,壁厚 $B=8mm$,直径 $D=560mm$,承受最大内压 $p_{max}=20MPa$,最小内压 $p_{min}=3MPa$ 的交变载荷作用。容器材料的断裂韧性 $K_{Ic}=1585N/mm^{1.5}$,疲劳裂纹扩展速率 $da/dN=6.86\times10^{-11}(\Delta K)^2 mm/$次。现发现容器的膜应力区有一条长度 $2a_0=2mm$ 的轴向穿透裂纹。(1)试估算该容器的剩余疲劳寿命。(2)经 4000 次循环后的裂纹尺寸有多大?

4 -4 一水洗塔内径 $D_i=2200mm$,壁厚 $t=44mm$,操作压力为 $2.85MPa$,塔体材料的 $\sigma_s=240MPa$,$E=2\times10^5MPa$,$\delta_c=0.036$。塔体母材卷板时产生一纵向裂纹,经补焊后发现仍有一条长 $100mm$,深 $19mm$ 的纵向未焊透裂纹。试用常规评定方法对该塔进行安全评定。

第5章 压力管道的安全评价

压力管道的安全评价与压力容器相似,但由于压力管道的工作环境不同,其尺寸、形状、材料、连接关系与压力容器存在差异,因而对其进行安全评价具有一定的特殊性。

目前,压力管道在石油、化工、冶金、电力等行业以及城市燃气和供热系统中的应用越来越广泛,作为一种特殊的承压设备,确保压力管道的安全使用,对于保障人民生命和国家财产的安全具有重要的意义。

压力管道根据其使用的场合不同,可分为化工、石化工业用的压力管道和长输管道两大类,因而其安全评价也就具有不同的侧重点,存在一定的差异,本章将根据其特点予以分析。

5.1 压力管道安全分析的基本方法

管道(又称配管)是用来输送流体物质的一种设备,它广泛用于国民生产的各行各业中。其中压力管道在化工、石化工业中犹如人体的血管,遍布于生产单位的各个角落。它是联系化工机器、仪表装置等工艺系统必不可少的设备,发挥着输送、分离、混合、排放、计量、控制或制止流体流动的重要功能,是保证过程工业生产过程的连续性必不可少的设备之一。据资料统计,用于化工、石化企业管道建设的投资约占企业全部投资的30%以上。

在过程工业的连续性生产中,其生产过程除常温常压之外,在高温高压、低温负压条件下进行的生产也日趋增加,加上工作介质多具有易燃、易爆、腐蚀和有毒的特点,这些因素都将影响或威胁到管道的安全运行,加上企业生产系统所用的管道类型复杂多样,这就进一步加剧了事故发生的可能性和危险性。例如,1989年美国路易斯安那州巴吞鲁日的炼油厂发生因低温导致的管道破裂,泄漏的丙烷和乙烷混合物形成蒸气云爆炸,爆炸损坏了方圆10km以内的窗户,17条管线遭到破坏,烧毁了两个20000m³的大型柴油储罐,12个润滑油储罐和两套分离装置,并由此破坏了部分蒸汽管线和消防水管,并引起供电中断,造成的直接经济损失约为8293万美元。1994年7月24日,英国彭布洛克的炼油厂因雷击引起瞬间停电,导致多套生产装置失常,管道因流体冲击作用发生破裂,造成烃类液体和气体泄漏,与空气混合形成爆炸性混合物后,最终爆炸,使催化裂化装置、芳烃装置、烷基化装置等都发生了火灾,燃烧了3天3夜,导致英国当年的炼油能力下降了10%,造成的直接经济损失达1.5亿美元以上。

此外,长输油气管道输送的主要是具有易燃、易爆的石油和天然气等具有高危险的介质,一旦输送过程中发生泄漏或火灾、爆炸事故,不仅会造成巨大的经济损失,而且将可能严重影响到人民的生活,破坏周边的环境,进一步可能影响到社会的安定。据欧美等工业发达国家的不完全统计,油气输送管道事故发生的主要原因包括外力损伤、腐蚀、材料因素和施工缺陷等。例如,1994年3月24日在美国新泽西州的一条直径为914mm的天然气管道因机械损伤引发管道破裂,泄漏的天然气发生燃烧,形成152m高的火球,毁坏了

128 套房屋,造成 50 多人不同程度的受伤。在国内,1971 年 5 月 22 日深夜,四川某输气管道爆管,高速气流冲断输电线引起大火,导致距离 50m 外的两幢宿舍楼着火,使处于睡梦中的人员受伤 26 人,死亡 4 人;在 2003 年 12 月 19 日,某成品油输送管道因不法分子打孔盗油,导致管道停输 14h,直接损失 90 号汽油 440 m^3,宝成铁路停运 7 个多小时,流淌的汽油污染了附近的清水河,不但给国家造成了巨大的经济损失,而且严重破坏了人民的正常生活秩序,污染了环境。此外,1999 年哥伦比亚至墨西哥的输油管道因人为破坏起火爆炸,毁灭了附近的村庄,造成 400 多人死亡,70 多人受伤。而 2000 年 7 月尼日利亚一条成品油管道因盗油引起火灾,当场烧死了 280 多人。这一类的惨痛事例不胜枚举。

据不完全统计,国内油气长输管道发生事故的概率大概是国外经济发达国家的 5 ~ 10 倍。随着国民经济的高速发展,如何保证已建油气长输管道和新建管道的安全运行,减少或消除安全事故发生的隐患,实现管道运行的本质安全化就成了保证压力管道安全运行的当务之急。为此,有必要进行有关压力管道的安全分析与评价的基本方法研究。

影响压力管道安全的因素涉及的范围较广,分析与评价的方法也较多,本书仅针对常用压力管道的强度、振动和腐蚀等主要因素进行分析,并据此提出与此相关的压力管道安装、存在缺陷的安全评价和长输管道安全评价的基本方法。

5.1.1 压力管道强度分析

有关强度分析涉及到对管道上承受的应力和载荷的分析、强度分析、不同结构或位置的壁厚计算与修正,涉及如何考虑不同焊接结构对管道强度的影响和热应力的影响等因素,下面将分别针对这些问题逐一进行分析与讨论。

5.1.1.1 载荷和应力分类

1. 载荷的分类

作用于管道上的载荷包括:管内输送介质产生的压力载荷;管子自身质量(包括管内介质、保温材料等)产生的均布载荷;由于阀门、三通、法兰等有限部位的管件质量发生变化而产生的集中载荷;管道支吊架产生的反力;由于风力和地震产生的载荷;还有因管内外温度变化引起的热胀冷缩受约束而产生的热载荷;在管道安装施工时各部分尺寸误差产生的安装残余应力;因与管道连接处的设备变位或其他原因引起的管端位置移动,导致管系变形而产生的载荷等。这些载荷都将导致管道产生内力和变形。此外,由于过程生产中管内介质压力脉动引起的管道振动以及液击产生的冲击波等也是管系设计中必须加以考虑的载荷,如图 5 - 1 所示。

由于不同特征的载荷产生的应力形态及其对破坏的影响不同,需要对压力管道的载荷进行分类。根据载荷作用时间的长短,可以分为恒载荷和动载荷。恒载荷是指持续作用于管道的载荷,如介质压力、管道自重、支吊架约束力、因热胀受约束产生的热载荷、由材料和管道适应应变过程的自均衡作用产生的自拉力和残余拉应力等。动载荷是指临时作用于管道的载荷,是指随时间迅速变化的载荷,这种载荷将使管道产生显著的运动,而且分析时必须考虑惯性力的影响,例如因管道振动、阀门突然关闭时产生的压力冲击、地震等。与作用时间无关的是静载荷。静载荷是指缓慢、毫无振动地加到管道上的载荷,它的大小和位置与作用的时间无关,或者仅是产生极为缓慢的变化,因此在进行分析时可以载荷分类树状图：

载荷
├─ 恒载荷
│ ├─ 压力载荷——管内输送介质
│ ├─ 均布载荷——管道自重
│ ├─ 集中载荷——阀门、三通等有限部位质量变化
│ ├─ 支吊架约束力
│ ├─ 热载荷——热胀冷缩约束
│ └─ 拉力
│   ├─ 自拉力
│   └─ 残余拉力
├─ 动载荷
│ ├─ 振动载荷——管道振动
│ ├─ 冲击载荷——阀门关闭
│ ├─ 地震载荷——地震
│ └─ 风载荷——风
└─ 静载荷
   ├─ 自限性载荷
   │ ├─ 管道结构变形
   │ └─ 管道温度变化
   └─ 非自限性载荷
      ├─ 介质内压
      └─ 管道自重

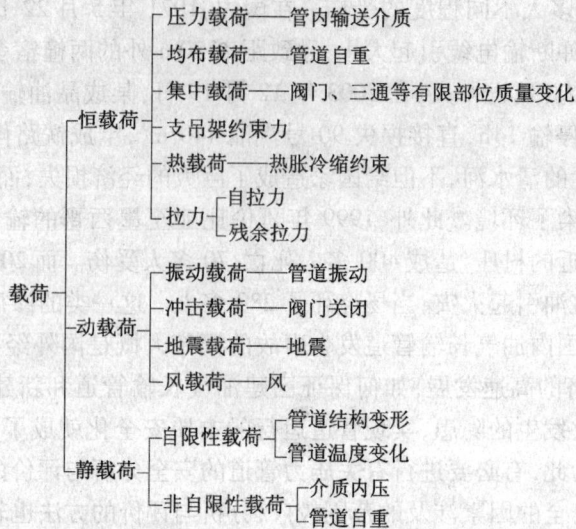

图 5-1　作用于管道上的载荷分类

略去惯性力的影响，这种载荷不会使管道产生显著运动。下面首先分析压力管道长期承受的静载荷。

根据静载荷的不同特性，又可将其分为自限性载荷和非自限性载荷。自限性载荷是指管道结构变形后所产生的载荷。例如，由管道温度变化而产生的热载荷就属于自限性载荷。只要管材塑性良好，初次施加的自限性载荷不会导致管道的直接破坏。非自限性载荷则是指外加载荷，例如介质内压、管道自重产生的载荷等，非自限性载荷与管道的变形约束无关，超过一定的限度，就会直接导致管道的破坏。

在进行管道的静力分析计算中，通常考虑的载荷主要有介质内压、管道自重、支吊架约束力、热胀冷缩和管道端点产生的附加位移等。通常将介质内压称为压力载荷，管道自重、支吊架约束力和其他外载称为机械载荷或持续外载，因热胀冷缩和管道端点的附加位移等产生的载荷称为位移载荷或热载荷。

2. 应力分类

管道在各种载荷的作用下，包括压力载荷、机械载荷及热载荷等，在整个管路或某些局部区域可能产生不同性质的应力。根据不同性质的应力对管道破坏所起的作用，给予不同的限定。通常将压力管道的应力分为一次应力、二次应力和峰值应力。

（1）一次应力（p）。压力管道中的一次应力定义有别于压力容器设计中的一次应力，在压力管道中，p 是因外载荷作用而在管道内部产生的正应力或切应力，它必须满足力与力矩的平衡法则。一次应力的基本特征是随所加载荷的增加而增加，属于非自限性的载荷范畴，一旦超过材料的屈服点或持久强度极限，管道就可能因产生了过度的变形而遭到破坏。一次应力又可进一步细分为：一次总体薄膜应力（P_m）、一次弯曲应力（P_b）和一次局部薄膜应力（P_l）。

（2）二次应力（Q）。在压力容器设计中，定义二次应力为由相邻部件的约束或结构的自身约束所引起的正应力或切应力，其基本特征是具有自限性。在压力管道中，Q 则主要考虑的是由于热胀冷缩以及其他位移受约束而产生的应力，通常称为热胀二次应力，该

应力的引入主要是用于验算管道因位移受约束所产生应力的影响程度。

（3）峰值应力（F）。F 是因局部结构不连续和局部热应力的影响而叠加到一次应力和二次应力之上的应力增量，例如，是由载荷和（或）结构形状产生的局部突变而引起的局部应力集中的应力叠加增量。峰值应力对管道的整体结构影响轻微，不会导致管道产生显著的变形，它可能是引起管道发生疲劳破坏和脆性断裂的根源。例如，在管道曲率半径发生变化的部位，在阀门、三通、法兰等的联结部位和焊缝的咬边处等的局部应力均属于峰值应力的范畴。

5.1.1.2 强度计算

有关强度计算涉及对管道的强度分析、不同结构或位置的壁厚计算与修正，以及焊接对计算的影响等，下面对可能产生这些影响的情况分别进行分析与讨论。

1. 承受内压管道的强度分析

按照上述的应力分类，管道承受压力载荷产生的应力，属于一次薄膜应力。该应力超过某一限度，将导致管道发生整体变形直至产生破坏。

对承受内压的管道，管壁上任意一点的应力状态可以用 3 个互相垂直的主应力来表示：沿管壁圆周切线方向的周向应力 σ_B，平行于管道轴线方向的轴向应力 σ_z，沿管壁直径方向的径向应力 σ_r，如图 5-2 所示。必须注意的是，对于薄壁管道，一般不考虑径向应力的影响，仅在受力分析中可以考虑该应力分量的影响。

据此可以得到管壁的如下 3 个主应力的平均应力表达式：

$$\begin{cases} \sigma_B = \dfrac{pD_n}{2S} \\[2mm] \sigma_z = \dfrac{pD_n^2}{4S(D_n + S)} \\[2mm] \sigma_r = \dfrac{p}{2} \end{cases} \quad (5-1)$$

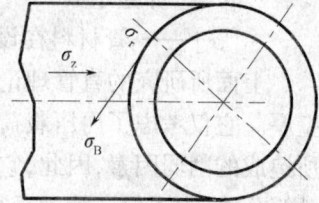

图 5-2 承受内压
管壁的应力状态

式中　p——管内介质压力（MPa）；

　　　D_n——管内径（mm）；

　　　S——管壁厚（mm）。

则管壁上的 3 个主应力服从如下关系式，即

$$\sigma_B > \sigma_z > \sigma_r$$

根据最大切应力强度理论，材料的破坏将由最大切应力引起，而当量应力 σ_e 则为最大主应力与最小主应力之差，故应该满足的强度条件为

$$\sigma_e = \sigma_B - \sigma_r \leqslant [\sigma] \quad (5-2)$$

2. 直管壁厚计算

直管壁厚的计算与压力容器的壁厚计算相似。在此，将式（5-1）代入式（5-2），可得直管理论壁厚的计算公式：

$$S \geqslant \dfrac{pD_n}{2[\sigma] - p} \quad (5-3)$$

在工程设计中,通常用 D_w 表示管的外径,因此又可得到另一个工程上用来计算直管理论壁厚的公式:

$$S \geq \frac{pD_w}{2[\sigma] + p} \qquad (5-4)$$

由此可以根据不同的要求来确定承受内压的直管理论壁厚的计算公式。

(1) 当按直管的外径进行计算时,根据承受内压的直管理论壁厚计算公式,考虑到管道的连接方式通常是焊接,则根据式(5-4)可得

$$S_1 = \frac{pD_w}{2[\sigma]'\phi + p} \qquad (5-5)$$

(2) 当按直管的内径进行计算时,考虑焊接的影响,则根据式(5-3)可得

$$S_1 = \frac{pD_n}{2[\sigma]'\phi - p} \qquad (5-6)$$

式中　S_1——直管理论壁厚(mm);

　　　p——管的设计压力(MPa);

　　　D_w——管外径(mm);

　　　D_n——管内径(mm);

　　　ϕ——焊缝系数;

　　　$[\sigma]'$——管材料在设计温度下的许用应力(MPa)。

上面所研究的直管理论壁厚,仅是根据强度条件所确定的承受内压所需的最小直管壁厚。它仅考虑了内压载荷的影响,而没有考虑由于制造工艺等因素的影响对管道强度所造成的削弱因素,因此,它只反映了管道正常部位的强度。作为工程上使用的管道壁厚计算公式,为了保证管道运行中的安全,还必须考虑各种强度削弱因素。因此,工程上采用的直管壁厚计算公式为

$$S_j = S_1 + C \qquad (5-7)$$

式中　S_j——直管的计算壁厚(mm);

　　　C——直管壁厚的附加值(mm)。

5.1.1.3　焊缝系数(ϕ)和壁厚附加值(C)

ϕ 和 C 也与压力容器的计算相似,在此专门加以分析的目的在于为进一步的安全评价打下基础。

1. 焊缝系数(ϕ)

确定材料在许用应力 $[\sigma]'$ 下的安全系数时,并没有考虑焊接中焊缝对管道材料强度的削弱,因此在分析计算中引入了 ϕ,以解决焊缝对管道强度的影响,见式(5-5)和式(5-6)。焊缝系数的选取与管子的结构、焊接工艺和焊缝的检验方法等有关。

根据我国管道加工制造的现实情况,焊缝系数一般按下列规定选取:对无缝钢管,$\phi=1.0$;对单面焊接的螺旋钢管,$\phi=0.6$;对于纵缝焊接的钢管,参照 JB 4708—2000《钢制压力容器焊接工艺评定》的有关规定。

（1）对双面焊的全焊透对接焊缝:100%无损检测,$\phi=1.0$;局部无损检测,$\phi=0.85$。

（2）对单面焊的对接焊缝,当沿焊缝根部全长具有垫板时:100%无损检测,$\phi=0.9$;局部无损检测,$\phi=0.8$。

2. 壁厚附加值(C)

C是用来补偿钢管制造过程中允许的壁厚负偏差、因安装需要对直管进行弯曲处理时在局部造成的减薄,以及在生产运行中可能因管内介质和环境因素的影响而导致的管道腐蚀、磨损等的减薄量,从而保证管道具有足够的强度。它可按如下公式计算:

$$C = C_1 + C_2 \tag{5-8}$$

式中　C_1——管道壁厚负偏差、弯管减薄量的附加值(mm);

　　　C_2——管道因腐蚀和磨损导致的减薄量的附加值(mm)。

在管道制造标准中,允许有一定的壁厚负偏差,因此,为了保证管道在因制造产生的壁厚负偏差时的最小壁厚不低于理论计算壁厚,管道计算壁厚中必须计入壁厚负偏差的附加值(C_1)。

在管道标准中,壁厚允许负偏差一般用壁厚的百分数表示。令α为管道壁厚负偏差的百分数,则得

$$C_1 = \frac{\alpha}{100-\alpha}S_1 \tag{5-9}$$

对于热轧无缝钢管壁厚的负偏差百分数α的规定值见表5-1。

表5-1　热轧无缝钢管壁厚的负偏差值

钢管种类	壁厚/mm	负偏差 α/%	
		普通	高级
碳素钢和低合金钢	≤20	15	12.5
	>20	12.5	1 0
不锈钢	≤10	15	12.5
	>10~20	20	15

如果需要同时计入弯管减薄量的补偿,则可对壁厚附加值进行数学处理。

研究表明,在对直管进行弯制时,弯管的外侧壁厚将减薄,内侧壁厚则将加厚。这种减薄与加厚的比例是与弯管时所采用的具体工艺措施有关。

弯管的工艺大致可分为热弯和冷弯两大类,而这两大类措施还可进一步细分为各种不同的弯制方法,这些不同的弯制方法所采用的工艺措施存在着影响内外壁厚减薄量的差异。以热弯为例,通常可以采用直接加热弯管,也可以采用在管内加沙后加热弯制,此外,还有其他的一些方法,因而这些不同的加工方法所产生的管道弯曲部分的壁厚减薄量存在差异。尽管这样,由于这些差异一般不会太大,加上目前所用的计算减薄量方法采用的是基于经验和理想计算值之间的一个经验公式,因此,根据统计分析,在采用一般的热弯工艺中,弯管部位的减薄量通常为8%~10%。研究表明,在内压作用下弯管部位的应力分布与直管有所不同:例如,在弯管时,当弯曲半径大于管外径的4倍时,通常壁厚减薄量保持在8%~10%的范围内,此时内压在弯曲部位产生的周向应力将比直管约大5%。

因而,为了简化计算,工程上一般对弯管与直管取相同的理论壁厚,而在壁厚附加值中再计入一定的安全裕量,作为对弯管减薄量的经验补偿。其壁厚附加值的计算式为

$$C_1 = \frac{5 + \alpha}{100 - \alpha} \qquad (5-10)$$

以上为无缝钢管壁厚附加值 C_1 的计算方法。对于采用钢板或钢带卷制的焊接钢管,其壁厚负偏差就是钢板、钢带的允许负偏差。这时的 C_1 值可按经验数据确定:壁厚为5.5mm及以下时,$C_1 = 0.5$mm;壁厚为7mm及以下时,$C_1 = 0.6$mm;壁厚为25mm及以下时,$C_1 = 0.8$mm。

此外,计算时还需考虑管道在生产过程中因腐蚀和磨损的减薄量附加值(C_2),为简化计算,工程上一般采用经验数据的选取方式:当介质对管道的腐蚀速度小于0.05mm/a时,对单面腐蚀,取 $C_2 = 1 \sim 1.5$mm;对双面腐蚀,取 $C_2 = 2 \sim 2.5$mm。

在具体确定管道是单面腐蚀还是双面腐蚀时,一般作如下规定:当管道外部涂覆防腐油漆时,可以认为是单面腐蚀;当管道没有采用防腐措施,可能导致管道的内外壁均可能产生较为严重腐蚀时,则认为是双面腐蚀。

当介质对管材的腐蚀速度大于0.05mm/a时,则应根据具体测得的腐蚀速率、使用场合、介质性质和环境因素等来决定所取 C_2 的值。

3. 焊制三通的壁厚计算

在管道安装中常用到各种尺寸的三通,如图5-3所示。由于三通处的曲率半径发生了突然变化,而且流体的方向也在此处发生剧变,这将导致主、支管接管处存在较大的应力集中,研究表明,该处的应力可高达正常部位的6~7倍。但由于这种现象只发生在接管附近较小的局部区域内,稍远离接管处应力集中现象就迅速衰减。因此,可以采用将接管处的主管或支管加厚(或同时加厚),或补强的方法,降低这一局部区域的峰值应力,来满足该部位的强度要求。此时,可将计算三通理论壁厚的公式调整为

$$S_{1z} = \frac{pD_w}{2[\sigma]^t \psi + p} \qquad (5-11)$$

式中 S_{1z}——主管理论计算壁厚(mm);

ψ——强度削弱系数,对采用单筋或蝶式局部补强措施的三通,$\psi = 0.9$。

式(5-11)仅适用于 $D_w \leqslant 660$mm、支管内径与主管内径之比 $d_n/D_n \geqslant 0.8$,以及主管外径与内径之比 $\beta = D_w/D_n$ 取值范围在 $1.05 \leqslant \beta \leqslant 1.5$ 的无缝钢管焊制三通,否则应考虑焊缝系数对管道强度削弱的影响。

三通支管理论壁厚的计算公式为

$$S_{1d} = S_{1z} \frac{d_w}{D_w} \qquad (5-12)$$

式中 S_{1d}——支管理论壁厚(mm);

d_w——支管外径(mm)。

焊制三通的长度一般取为 $3.5D_w$,高度一般取为 $1.7D_w$。

4. 弯管壁厚计算

通常等壁厚的弯管在承受内压时,假设无加工过程中产生的椭圆效应,则弯管内侧应

力最大,外侧最小,弯管破坏应发生在内侧。但对用直管弯制成的弯管,其壁厚将不可避免地发生不均匀的变化,如图5-4所示。此时管的外侧壁厚S_o将减薄,内侧壁厚S_i则增厚;同时,横截面上发生的椭圆变形致使应力的分布也产生相应变化,其中外侧由于壁厚减薄而使应变增加,内侧则由壁厚增加而导致应变减少。因此,弯管外壁侧的实际周向应力比直管大,内壁侧的周向应力则比直管小,且应力值的变化大小与弯管的弯曲半径尺寸有直接相关。另外,弯管的径向应力则与直管相同,没有发生变化。据此可以确定弯制弯管的理论壁厚计算公式为

$$S_{1w} = S_1\left(1 + \frac{D_w}{4R}\right) \tag{5-13}$$

式中　S_{1w}——弯管壁厚的理论计算值(mm);
　　　R——弯管弯曲半径(mm)。

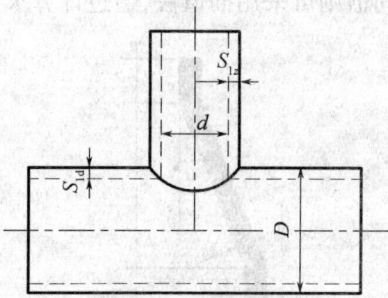

图5-3　三通

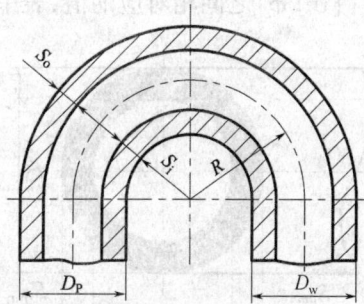

图5-4　弯管

D_p—平均直径;S_o—外侧壁厚;

S_i—内侧壁厚;R—弯曲半径。

将计算直管理论壁厚S_1的表达式(5-5)代入式(5-13),可得

$$S_{1w} = \frac{pD_w}{2[\sigma]_1 + p}\left(1 + \frac{D_w}{4R}\right) \tag{5-14}$$

目前,工程上一般都采用式(5-13)来进行弯制弯管的理论壁厚计算。

弯制弯管时,因为弯管处横截面所产生的失圆将对管子的应力分布产生影响,此时可考虑用最大外径与最小外径之差的公式来加以修正,即

$$T_u = \frac{D_{max} - D_{min}}{D_w} \times 100\% \tag{5-15}$$

式中　T_u——弯管最大外径与最小外径之差与弯管外径的比值(%);
　　　D_{max}——弯管横截面最大外径(mm);
　　　D_{min}——弯管横截面最小外径(mm)。

在内压的持续作用下,弯管处失圆的横截面将趋于恢复,短轴伸长,长轴缩短,在这一变化过程中,将引起特定点处产生较大的拉应力,易导致该点处纵向裂纹的产生(图5-5)。T_u越大,可能产生的局部应力也越大。达到一定值后,将降低弯管承载能力,直致发生破坏。因此,在各国的技术规范中,都规定了比值T_u的范围。我国 GB 50235—1997《工业金属管道工程施工及验收规范》对弯制弯管规定为:对输送剧毒流体

的钢管或设计压力 $p \geqslant 10\text{MPa}$ 的钢管，$T_u \leqslant 5\%$，输送除剧毒流体外的钢管或设计压力 $p < 10\text{MPa}$ 的钢管，$T_u \leqslant 8\%$。

5. 异径管壁厚计算

异径管壁厚的计算具有特殊性。对图 5－6 所示的大小头，可采用下式计算理论壁厚，即

$$S_{1t} = \frac{pD_n}{2\cos\theta([\sigma]'\phi - 0.006p)} \qquad (5-16)$$

式中　S_{1t}——异径管理论最小壁厚（mm）；

　　　D_n——最小壁厚处内径（mm）；

　　　θ——圆锥顶角的 1/2。

在采用图 5－6 所示结构进行异径管壁厚计算时，表 5－2 表示的是在 $\theta < 30°$ 范围内，θ 与 $p/([\sigma]'\phi)$ 之间相对应的值，表中未列出的中间值则可采用插值法，通过计算求得。

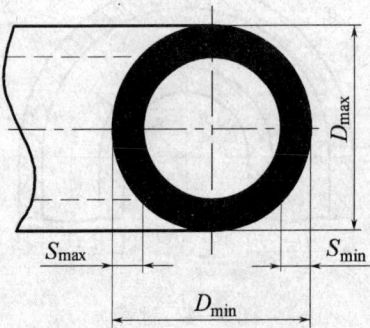

图 5－5　弯管处失圆情况

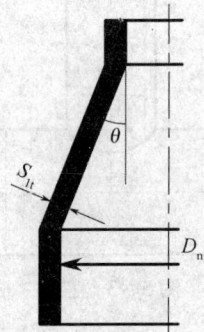

图 5－6　异径管

表 5－2　θ 与 $p/([\sigma]'\phi)$ 的对应关系值

$p/([\sigma]'\phi)$	0.2	0.5	1	2	4	8	10	12.5
$\theta/(°)$	4	6	9	12.5	17.5	24	27	30

6. 焊接弯头的强度计算

本文仅介绍我国化工行业标准和美国压力管道规范 ANSIB31.3——美国国家标准所规定的计算方法。文中所说的焊接弯头工程上通常称为斜接弯头。

（1）多节斜接弯头。对图 5－7 所示的多节斜接弯头，当 $\theta \leqslant 22.5°$ 时，可用如下两公式计算其最大容许内压，计算结果选取两公式计算中的较小者作为最大容许内压。

$$p = \frac{[\sigma]'S_1}{r_p}\left(\frac{S_1}{S_1 + 0.643\sqrt{r_pS_1}\tan\theta}\right) \qquad (5-17)$$

$$p = \frac{[\sigma]'S_1}{r_p}\left(\frac{R_1 - r_p}{R_1 - 0.5r_p}\right) \qquad (5-18)$$

式中　R_1——弯曲半径（mm）；

　　　r_p——管子平均半径（mm）；

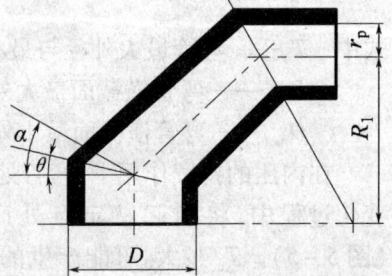

图 5－7　多节斜接弯头

θ——弯头切割角度(°)。

在用式(5 – 18)计算时,弯曲半径 R_1 必须满足的条件(日本宇部公司所采用的计算方法)为

$$R_1 \geq \frac{A}{\tan\theta} + \frac{D_w}{2} \qquad (5 – 19)$$

式中 A 值则由直管的计算壁厚 S_1 确定,其取值范围遵循表5 – 3 的关系。

表5 – 3 A 值与管壁厚的关系

S_1/mm	A/mm
≤12.7	25.4
12.7 ~ 22.5	$2S_1$
≥22.5	$\frac{2S_1}{3} + 29.7$

(2) 单节斜接弯头。当 $\theta \leq 22.5°$ 时,单节斜接弯头的计算式与多节斜接弯头的计算式相同。但当 $\theta > 22.5°$ 时,单节斜接弯头的最大容许压力则应按下式计算,即

$$p = \frac{[\sigma]^t S_1}{r_p} + \frac{S_1}{S_1 + 1.25\sqrt{r_p S_1}\tan\theta} \qquad (5 – 20)$$

式(5 – 20)考虑了角度变化到某一极限范围后对单节斜接弯头最大容许压力的影响。

5.1.1.4 压力管道的热应力分析

在压力管道的强度分析中,因温度变化产生的管道热应力是其中一个相当重要的影响因素,因此,除了需要考虑内压所引起的总体薄膜应力和所有非自限性载荷与自限性载荷所引起的一次应力和二次应力,以便根据对各种应力的限制条件进行管系的应力验算外,在管系的应力验算中还必须考虑温度变化引起的管道热应力,否则,就可能因热应力的影响而导致管道的破裂。

1. 热应力概念

热胀冷缩是材料的基本性质,管道工作中也不可避免地受到这一特性的影响。假如管道在温度变化过程中能够产生自由伸缩,这时在管道上将不会产生热应力。但是,如果管道在温度变化时因受约束而不能自由变形,管道上就将产生热应力(也称温度应力),此时热应力的影响是不可忽略的。

分析表明,当管道的工作温度大于安装温度时,管道上所产生的应力应为压应力,反之则为拉应力。

例如,设某常减压装置减压塔减二线的管尺寸为 $\phi200\text{mm} \times 6\text{mm}$,管材为 Q235A 钢,工作温度为250℃,安装时的温度为20℃,如图5 – 7 所示。求管中的热应力和对减压塔所产生的推力的大小。

查出 Q235A 钢的 α(钢材受热的线膨胀系数)和 E(钢的弹性模量)值为

$$\alpha = 12.55 \times 10^{-6}℃^{-1}, \quad E = 2.0 \times 10^5 \text{MPa}$$

管子截面积 $A = 3.14 \times 10^{-2} \mathrm{m}^2$

温度变化 $\Delta T = (250 - 20)\,°C = 230°C$

则管中热应力为 $\sigma = \alpha E \Delta T = 577.3\mathrm{MPa}$

管子对减压塔的推力为 $P = \sigma A = 1.8127 \times 10^7 \mathrm{N}$

可见,此时管中热应力很大,该热应力将对减压塔产生较大的推力,可能造成减压塔减二线部位塔壁的局部变形或发生破裂。因此,在设计中应该尽量避免如图5-8所示的管线安装方式。

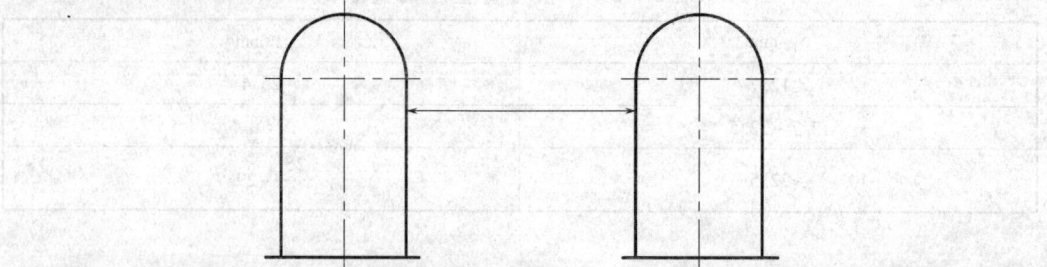

图5-8　与设备相连的直管

由上述计算过程还可以看出,管道产生的热应力大小与其长度和截面积没有直接的联系,仅与材料的线膨胀系数和温度的变化有关。

2. 管道热应力影响因素分析

如前所述,管道的热应力是因管道热膨胀受到约束而产生的。在直线管系中产生的热应力是轴向拉应力或压应力,平面管系因热膨胀在管路中主要产生轴向弯曲应力,而空间管系则在热膨胀过程中主要产生扭应力和弯曲应力。管道受热膨胀时所产生的应力将作用于支座而导致支座约束力的变化,因此,只要求出作用于管系上的支座约束力,就可以求得管系任意截面上的热应力。由此可见,计算管道上的热应力影响,首先需要计算当时管道上支座约束力的变化。

研究表明,在相同温差条件下,为了降低管道上的热应力影响,可以将直线管道改为平面角形管道布置,此外,采用渐变形的异形管,也可以降低其上所产生的推力。由此可见,在设计时充分考虑正确布置管系,将可以较大幅度地减轻热应力的影响。

此外,由于一般管道的跨距较大,因而在计算中,还需考虑管道的柔性和应力加强的影响,从而引入柔性系数和应力加强系数来对计算加以修正。

3. 柔性系数和应力加强系数

在实际的管系中,管道的转角处一般都采用弯管或焊接弯头(斜接弯头),而不是直角弯头。这是因为管系采用弯管(或焊接弯头)所产生的弯矩作用可以降低管道的刚度(与直管比较),增大其柔性,从而减少了管道热应力的影响。同时,在弯矩的作用下,弯管(包括焊接弯头)的应力则较直管有所增加。因此,在进行管系的应力计算时,既应该考虑弯管的柔性系数,也需要充分认识计算应力加强系数的重要性。在验算管路中的三通等管件的应力时,由于其刚度与直管有所差别,还需要考虑局部应力集中对该处管道的影响,上述应力的变化,都可以通过采用应力加强系数来简化对问题的分析。

118

1) 柔性系数(K)

(1) 光滑弯管的柔性系数。研究表明,在受到弯矩作用时,光滑弯管的截面上将产生椭圆效应,引起其外侧拉伸,内侧压缩,结果弯管的柔性将增加,如图5-9所示。

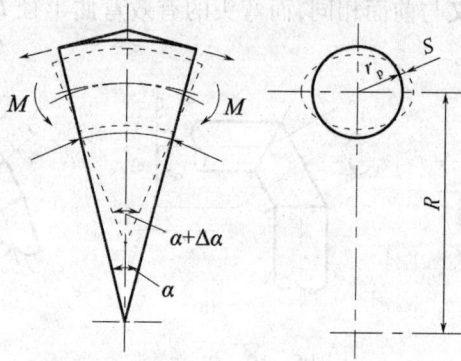

图5-9 承受弯矩的弯管截面变形

柔性系数表示弯管相对于直管在承受弯矩时柔性增大的程度。计算弯管柔性系数的表达式通常用克拉克(Clark)和雷斯聂尔(Reissner)提出的公式。

$$K = \frac{1.65}{\lambda} \qquad (5-21)$$

式中　K——弯管柔性系数;

　　　λ——弯管尺寸系数。

$$\lambda = \frac{RS}{r_p^2} \qquad (5-22)$$

式中　R——管子弯曲半径;

　　　S——管子壁厚;

　　　r_p——管子平均半径。

式(5-21)在工程中主要用于计算光滑弯管(包括弯制弯管和热压弯管)的柔性系数,且适用于承受平面弯矩和非平面弯矩的弯管,式(5-21)的有效使用范围为 $0.02 \leqslant \lambda \leqslant 1.65$,当 $\lambda > 1.65$ 时,可取 $K=1$。

(2) 焊接弯头的柔性系数。由数个扇形节所组成的焊接弯头(图5-10)在相同载荷条件下与光滑弯管的整体性能是相似的,但因为管段的斜接面为不连续的连接,因而介质流经该处时将产生较大的局部阻力,造成局部应力集中。随着扇形节数量的增加,其对流经该处介质的局部阻力作用将逐渐趋近于光滑弯管,反之则应力集中影响愈大。

现行规范中采用的有关系数计算公式,是建立在马克(Mark)经验公式上的。该公式认为,在平面弯矩的作用下,除了其结构的不连续性影响外,焊接弯头与光滑弯管的性能是相似的。因此可以得到焊接弯头的柔性系数为

$$K = \frac{1.52}{\lambda^{5/6}} \qquad (5-23)$$

同时,焊接弯头的尺寸系数为

$$\lambda = \frac{R_y S}{r_p^2} \qquad (5-24)$$

式中对 r_p 和 S 的定义与前面相同,而弯头的有效弯曲半径 R_y,则根据弯管的结构形式确定,如图 5-10 所示。

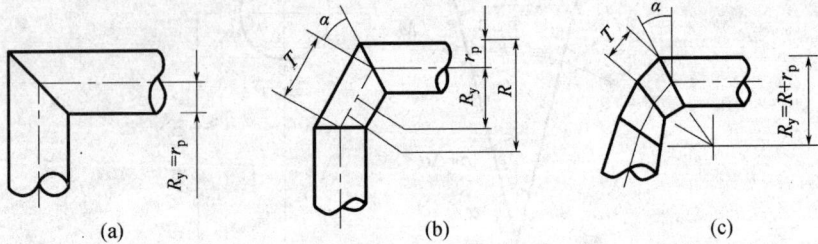

图 5-10　焊接弯头
(a) 单斜斜接;(b) 稀缝斜接;(c) 密缝焊接。

对于单缝斜接弯头,$R_y = r_p$。

对于稀缝斜接弯头,即 $T \geq r_p(1 + \tan\alpha)$,有

$$R_y = r_p \frac{1 + \cot\alpha}{2}$$

对于密缝焊接弯头,即 $T < r_p(1 + \tan\alpha)$,有

$$R_y = r_p \frac{T\cot\alpha}{2}$$

式中　T——焊接弯头扇形节中心线长度;

　　　α——焊接弯头扇形节夹角之半。

图 5-10(a)所示单缝斜接焊接弯头一般不宜在压力管道中使用,其原因在于这种弯头结构变形过大而存在较大的局部应力,且其柔性也欠佳。

区别焊接弯头是属于稀缝还是密缝,主要是根据扇形节中心线长度 T 和有效弯曲半径 R_y 来确定。密缝焊接的 90°弯头一般由两个及两个以上扇形节组成。通常密缝焊接弯头的有效弯曲半径 R_y 与光滑弯管的 R 相同(图 5-10(c))。

(3) 三通的柔性系数。在管道计算中通常将铸钢三通作为刚性元件,不计算其柔性和变形处的应力。

作为薄壁管件考虑的焊制三通和热压三通,既具有一定的柔性,又因结构的不连续性而存在局部的应力集中。通常将这类三通按与其连接的管子柔性相同来处理。即其柔性系数 $K = 1$,计算长度按与其相连的相同直径、壁厚直管段长度来考虑。

2) 应力加强系数(m)

在持续位移载荷(如外载、热胀冷缩等)的作用下,弯管、三通等薄壁管件上将产生局部应力集中,因此,在进行应力计算时必须考虑应力加强系数,以便分析局部应力集中的影响。由于这些管件上的应力状态与其柔性变形量紧密相关,因此,应力分布较复杂,难以用理论公式来准确计算与描述应力加强的影响程度,工程上通常采用通过试验研究得出的经验公式来简化计算内容。

120

（1）弯管的应力加强系数。

在弯矩作用下弯管上的最大弯曲应力和同样弯矩下直管的最大弯曲应力的比值称为弯管的应力加强系数。

与柔性系数相同,弯管的应力加强系数随其尺寸系数 λ 而变,即与 R/r_p 与 S/r_p 有关。通过大量的试验,可以得到各种管件的应力加强系数。

研究表明,在光滑弯管上所产生的平面弯曲应力大于非平面弯曲应力,因而其应力加强系数也较大;与光滑弯管相反,焊接弯头和热压三通上的非平面弯曲应力则大于平面弯曲应力;而经强化处理的焊制三通上的平面弯曲应力则与非平面弯曲应力大致相同,即应力加强系数大致相同。因此,通过大量疲劳试验研究结果的分析,基于偏于保守的估计,为了简化工程计算与分析,国外认为对平面弯曲还是非平面弯曲的应力加强系数均可取为

$$m = \frac{0.9}{\lambda^{2/3}} \qquad\qquad (5-25)$$

且 $m \geqslant 1$。

当尺寸系数 $\lambda > 0.854$ 时,计算出的 $m < 1$,此时仍取 $m = 1$。

式(5-25)适用于承受平面弯曲和非平面弯曲的各种光滑弯管、焊接弯头、焊制三通和热压三通等管件应力加强系数的计算。

尽管式(5-25)适用于各种管件的情况,但对平面弯曲、非平面弯曲的弯管,由于它们的尺寸系数计算公式有所不同,因此同样规格(壁厚、直径、弯曲半径相同)的这两类弯管所得到的应力加强系数并不相同。理论和试验都证明,焊接弯管的局部应力总是高于同规格的光滑弯管(包括弯制弯管和热压弯管),因此一般具有较大的应力加强系数,见表5-4。

表5-4　焊接弯管与热压弯管应力加强系数的比较

弯管形式	斜角缝 $n=1$	$n=2$	$n=3$	$n=6$	热压弯管
弯管计算的应力加强系数	3.9	2.73	2.20	1.95	1.95
相对寿命（以热压弯管为100%）	3%	19%	55%	100%	100%

注:表中所列各数据为一组相同规格,且管子弯曲半径与管径的比值均为1.5的焊接弯管与热压弯管应力加强系数的比较。

由表5-4可知,随着焊接弯管的扇形节增多,应力集中系数将显著降低。当用到5个扇形节时,90°弯管的应力加强系数与同弯曲半径的热压弯管相同,此时,必须注意焊接热对材料性能的影响。在工程中,对于90°焊制弯头通常采用两个或两个以上的扇形节。

（2）三通的应力加强系数。

三通的应力加强系数计算公式与弯管相同。

$$m = \frac{0.9}{\lambda^{2/3}}$$

但是，三通的尺寸系数 λ 则取决于其结构形式和加强元件的尺寸。经过补强的三通应力加强系数较小。试验研究表明，弯管和三通的结构形状相似，因而应力状态和破坏都具有相似的特征。以弯管尺寸系数计算公式为基础，可以得出各类三通的尺寸系数计算公式，见表5-5。

表5-5　三通尺寸系数计算公式汇总表

三通形式	简图	尺寸系数
未加强焊制三通		$\lambda = \dfrac{S}{r_p}$
厚壁管加强焊制三通		$\lambda = \left(\dfrac{S_1}{S}\right)^{2.5}\dfrac{S}{r_p}$
披肩加强焊制三通		$\lambda = \left(\dfrac{S + \frac{1}{2}S_2}{S}\right)^{2.5}\dfrac{S}{r_p}$
单筋或蝶式加强焊制三通 普通三通：(1) 单筋，$d \geq 1.5S$ 　　　　　(2) 蝶式，$b \geq S$ 　　　　　$h \geq 2.5S$ 厚壁三通：(1) 单筋，$d \geq 1.5S$ 　　　　　(2) 蝶式，$b \geq S_1$ 　　　　　$h \geq 2.5S_1$		普通三通 $\lambda = 3.25\dfrac{S}{r_p}$ 厚壁三通 $\lambda = \left(\dfrac{S_1 + 0.6S_2}{S}\right)^{2.5}\dfrac{S}{r_p}$
热压三通 $S_1 = \dfrac{S_0}{2} = \dfrac{S_0'}{2}$ $r = R + S_0$		$\lambda = \left(\dfrac{S_1}{S}\right)^{2.5}\dfrac{S}{r_p}\left(1 + \dfrac{r_1}{r_p}\right)$
注：表中 h 为焊接处的加强筋厚度。		

122

对于异径(支管与主管直径比值≥0.5)的热压三通或焊制三通,因为目前还缺乏相关的试验研究数据,所以一般仍按表5-5中所列等径三通计算方法计算尺寸系数和应力加强系数。

对如图5-11所示的平面管系,若 B 端自由,当管子受热膨胀时,令 AC 管的热伸长量为 Δa,BC 管的热伸长为 Δb,且 $\Delta a = \alpha a \Delta T$,$\Delta b = \alpha b \Delta T$,则可以用 B 端的总位移量 Δu 来表示管系的总伸长,即

$$\Delta u = \sqrt{\Delta a^2 + \Delta b^2} = \alpha \Delta T \sqrt{a^2 + b^2} = \alpha \Delta T u$$

式中　u——A、B 两端点间的直线长度;

　　　a——AC 的管长;

　　　b——BC 的管长;

　　　ΔT——温差。

从图5-11(a)可见,当平面管系的一端自由时,管系总的热伸长量将等于管系两端点之间直线管长的热伸长量。当平面管系的两端固定(图5-11(b)),点 A、B 都不能移动时,随着温度的变化,整个管系将会发生变形,管系两端支座处将同时受到支座约束力和力矩的作用,但是管系中的热应力将比相似条件下直线管路中的热应力小得多,这是因为平面管系具有较大的柔性。同理,对于一个空间管系,当一端能自由伸缩时,整个管系的热伸长量等于管系两端之间直线管长的热伸长量。当温度变化时,若管系两端固定不能移动,管路中的热应力将比相似条件下的平面管系中的热应力更小,这是因为空间管系具有更大的柔性。

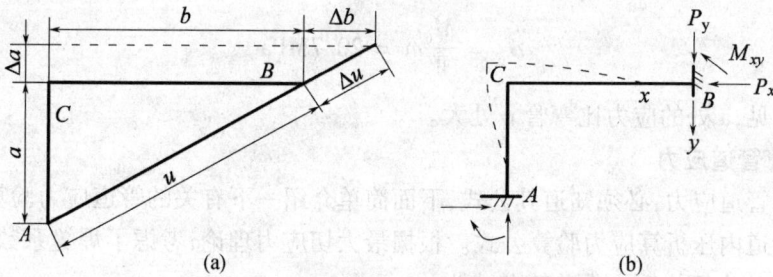

图5-11　平面管系的热伸长和热胀变形

例如,对于上述平面管系,在相同条件下,将弯曲半径 $R = 500\text{mm}$、壁厚 $S = 4.5\text{mm}$ 的弯管与相同尺寸的直角弯管相比较,设直角弯管各部分的长度分别为:$a = 10\text{m}$,$b = 5\text{m}$。这时根据弯管处变形系数计算式:

$$\delta_y = K \int \frac{M_i M_j}{EI} \mathrm{d}L$$

可见其变形将是相同尺寸直管的 K 倍。

通过计算,可以发现管系的特性将发生如下变化:

由式(5-22),弯管的尺寸系数为

$$\lambda = \frac{RS}{r_p^2} = \frac{500 \times 4.5}{77^2} = 0.38$$

由式(5-21),弯管的柔性系数为 $K = \dfrac{1.65}{\lambda} = 4.34$

弯管长度为 $L = \dfrac{\pi}{2}R = 0.785\text{m}$

此时,弯管各段的长度变为 $a = (10 - 0.5)\text{m} = 9.5\text{m}, b = (5 - 0.5)\text{m} = 4.5\text{m}$

由式(5-25),弯管处的应力加强系数为 $m = \dfrac{0.9}{\lambda^{2/3}} = 1.7$

将以上修改的数据重新代入,可以算得管系点 B 处的支座约束力,$P_x = 723\text{N}, P_y = 190\text{N}$,弯矩 $M_{xy} = 807\text{N} \cdot \text{m}$。各部分的弯矩如图 5-12 所示。

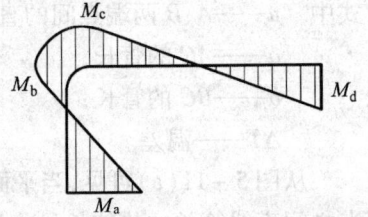

图 5-12   弯矩图

管系各点的弯矩

$$M_d = M_{xy} = 807\text{N} \cdot \text{m}$$

$$M_c = M_d - P_y b = -998\text{N} \cdot \text{m}$$

$$M_b = M_c - P_y R = -732\text{N} \cdot \text{m}$$

$$M_a = M_b + P_x a = 2522\text{N} \cdot \text{m}$$

由图 5-12 可见,最大热应力仍在下端支座 a 处。由应力计算式可得

$$\sigma_{maxa} = \frac{P_y}{A} + \frac{M_c}{W} = (0.088 \times 10^6 + 30.76 \times 10^6)\text{N/m}^2 = 30.85\text{MPa}$$

比不考虑弯管柔性变化时的 33.07MPa 降低了约 7%。

同时,计算考虑应力加强系数后弯管 c 处最大弯曲应力为

$$\sigma_c = \frac{M_c}{W}m = 20.7\text{MPa}$$

由此可见,a 处的应力比弯管 c 处大。

4. 验算管道应力

要验算管道应力,必须知道其公式,下面简单介绍一下有关的管道应力验算公式。

(1) 管道内压折算应力验算公式。根据最大切应力理论,考虑了焊缝系数 ϕ、管子壁厚附加值 C 的内压折算应力验算公式为

$$\sigma_e = \sigma_\theta - \sigma_r = \frac{p[D_w - (S - C)]}{2\phi(S - C)} \leqslant [\sigma]^t \tag{5-26}$$

将式(5-26)与式(5-5)及式(5-7)对比可以看出,管子内压折算应力公式与承受内压管子计算壁厚公式是一致的。其实质就是,只要实际采用的管子壁厚按规定不小于计算壁厚,就能满足内压折算应力的验算条件。

(2) 管道内压和持续外载合成轴向应力的验算公式。根据内压和持续外载合成的轴向应力不大于内压环向应力的要求,按最大切应力理论分析可得

$$\sigma_{zh1} - \sigma_r = (\sigma_z + \sigma_{z1} + \sigma_{z2}) - \sigma_r \leqslant [\sigma]^t$$

合并后可得

$$\sigma_{zh1} = (\sigma_z + \sigma_{z1} + \sigma_{z2}) \leqslant [\sigma]^t \tag{5-27}$$

式中 σ_z——内压轴向应力(MPa);

σ_r——内压径向应力(MPa);

σ_{z1}——持续外载产生的轴向应力(MPa);

σ_{z2}——持续外载产生的弯扭当量应力(MPa),该应力方向基本上是沿轴向的。

式(5-27)中的 σ_{z1} 和 σ_{z2} 可按下列公式计算,即

$$\sigma_{z1} = \frac{P}{A} \times 10^{-6} \tag{5-28}$$

$$\sigma_{z2} = \frac{mM}{W\eta} \times 10^{-6} \tag{5-29}$$

式中 P——持续外载轴向力(N);

M——持续外载合成力矩(N·m);

A——管子截面积(m^2);

W——管子抗弯截面系数(m^3);

m——应力加强系数;

η——环向焊缝系数。对于碳素钢和低合金钢,$\eta = 0.9$,对于高铬钢,$\eta = 0.7$。

有关内压轴向应力 σ_z 和内压径向应力 σ_r 的计算公式为

$$\sigma_z = \frac{PD_n^2}{4S(D_n + S)} \text{ 和 } \sigma_r = -\frac{P}{2}$$

这样,就可以根据管系柔性分析结果按式(5-27)验算管系上各点的一次应力。

因为内压轴向应力 σ_z 是内压环向应力 σ_θ 的 1/2,因此,在管系设计中应注意控制一定的支吊架间距,使持续外载产生的轴向应力 $\sigma_{z1} + \sigma_{z2}$ 可不大于 σ_θ 或 $[\sigma]'$ 的 1/2。

(3) 二次应力验算公式。

① 管道在承受一次应力加二次应力的合成当量应力时,根据最大切应力理论计算,取下列两公式计算结果中的较大值。

$$\sigma = 0.5\left[\sigma_{zh2} + \sigma_\theta + \sqrt{(\sigma_{zh2} - \sigma_\theta)^2 + 4\tau^2}\right] \tag{5-30}$$

$$\sigma = \sqrt{(\sigma_{zh2} - \sigma_\theta)^2 + 4\tau^2} \tag{5-31}$$

式中 σ_{zh2}——合成轴向应力(MPa);

τ——持续外载和热胀的切应力。

验算强度条件为

$$\sigma \leqslant 1.25f([\sigma] + [\sigma]_t) \tag{5-32}$$

$$\sigma_{zh2} = \sigma_z + \sigma_{z1} + \sigma_{z2} + \sigma_{z3}$$

式中 σ_{z2}——持续外载产生的弯扭当量应力;

σ_{z3}——热胀产生的弯曲应力。

② 若仅验算热胀弯曲应力和切应力,则合成当量应力为

$$\sigma_f = \sqrt{\sigma_{z3}^2 + 4\tau^2}$$

如果计入应力加强系数和环向焊缝系数,即得实际应用的热胀当量应力计算式为

$$\sigma_f = \frac{m\sqrt{\sigma_{z3}^2 + 4\tau^2}}{\eta} \tag{5-33}$$

通常,式(5-33)也可以写成用力矩表示的形式,即

$$\begin{cases} \sigma_f = \dfrac{m\sqrt{M_x^2 + M_y^2 + M_z^2}}{W\eta} \times 10^{-6} \\ \sigma_f = \dfrac{mM}{W\eta} \times 10^{-6} \end{cases} \quad (5-34)$$

式中 M_x、M_y、M_z——计算点在 x、y、z 坐标方向的热胀作用力矩(N·m);

M——热胀当量力矩(N·m)。

强度条件为

$$\sigma_f \leqslant f(1.25[\sigma] + 0.25[\sigma]^t) \quad (5-35a)$$

$$\sigma_f \leqslant f(1.25[\sigma] + 0.25[\sigma]^t) - \sigma_{zh1} \quad (5-35b)$$

5. 验算示例

例5-1 如图5-13所示管系,已知交变次数 $N < 2500$ 次,管材为316L(美国钢材牌号)无缝钢管,工作温度为185℃,工作压力为14MPa,管子尺寸为 $\phi273\text{mm} \times 20\text{mm}$,弯曲半径为0.5m。试对该管系进行柔性计算和应力验算。

解 从材料手册查得316L钢的线膨胀系数 $\alpha = 17.2 \times 10^{-6}℃^{-1}$,冷态弹性模量 $E_t = 1.98 \times 10^5\text{MPa}$,热态弹性模量 $E_t = 1.85 \times 10^5\text{MPa}$,冷态许用应力 $[\sigma]^t = 117.05\text{MPa}$,热态许用应力 $[\sigma]^t = 113.01\text{MPa}$,管子单位长度重量(含管内介质及管外保温重量)为1640N/m。

(1) 验算内压折算应力。由已知条件,管系为无缝钢管组成,查得焊缝系数 $\phi = 1$;管子壁厚附加量 $C = C_1 + C_2 = 4\text{mm}$,代入式(5-26),得

图5-13 例5-1图

$$\sigma_e = \frac{14 \times [273 - (20 - 4)]}{2 \times 1 \times (20 - 4)}\text{MPa} = 112.44\text{MPa} < [\sigma]^t = 113.01\text{MPa}$$

可见,该管子满足内压折算应力的强度要求。若已知管子壁厚不小于由式(5-5)及式(5-7)算出的计算壁厚,则不需进行内压折算应力的验算。

(2) 验算内压和持续外载合成轴向应力以及二次应力。管子柔性计算和应力计算采用等值刚度法进行计算。图5-13所示的管系共有4个支点:点0和3分别为管系始端和末端,为固定端点;点1处为导向支架,点2处为弹簧吊架。据此可以将该管系划分成为3个分支:0-1分支,1-2分支,2-3分支。管系中共有11个元件,包括7个直管元件和4个弯管元件。

算得的主要结果如下(过程从略):

弯管应力加强系数 $m = 1.23$,管子总重量:35431N。

① 管系在工作状态下,内压轴向应力和持续外载应力合成的一次当量应力最大值69.1MPa,小于工作温度下材料的基本许用应力 $[\sigma]^t = 113.1\text{MPa}$,最大一次应力位置在管端(点3)处与弹簧吊架(点2)间的弯头处。

② 管系二次热胀当量应力最大值为78.3MPa,小于规定的应力许用值:

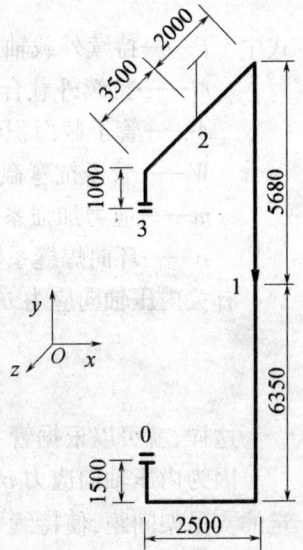

126

$$f(1.25[\sigma] + 0.25[\sigma]') = 1.0(1.25 \times 117.05 + 0.25 \times 113.1)\text{MPa} = 174.6\text{MPa}$$

最大二次应力位置在导向支架(点1)处。

③ 管系在一次应力和二次应力联合作用下的当量应力最大值为130.9MPa,小于规定的应力许用值:

$$1.25 \times f([\sigma] + [\sigma]') = 1.25 \times 1.0 \times (117.05 + 113.1)\text{MPa} = 287.7\text{MPa}$$

最大当量应力的位置在导向支架(点1)处。

④ 校核固定管端设备。固定管端所受的力和力矩分别为

0点:热态,$F_x = -9361\text{N}, F_y = -26302\text{N}, F_z = 0$

$$M_x = 0, M_y = 0, M_z = -36391\text{N} \cdot \text{m}$$

冷态,$F_x = -848\text{N}, F_y = -7692\text{N}, F_z = 0$

$$M_x = 0, M_y = 0, M_z = -6175\text{N} \cdot \text{m}$$

3点:热态,$F_x = 0, F_y = 19234\text{N}, F_z = 16984\text{N}$

$$M_x = 56359\text{N} \cdot \text{m}, M_y = 0, M_z = 0$$

冷态,$F_x = 0, F_y = 4862\text{N}, F_z = -3667\text{N}$

$$M_x = 3116\text{N} \cdot \text{m}, M_y = 0, M_z = 0$$

该管系也可以用有限元法上机进行柔性计算和应力计算,这时,管系应划分为11个单元,12个节点,即每个元件为一个单元。12个节点中包含管系两个端点(固定端)和10个单元间连接节点。

5.1.2 压力管道的振动分析简介

压力管道的振源存在多样性,大致可以分为来自系统内和系统外的两大类。一般管道中最常见的振源是来自机器内的振动和管内流体的不稳定流动所引起的振动,若是活塞式压缩机,则它的往复运动将产生周期性变化的惯性力而产生明显的振动,此外,设计的不合理性也可能引起管内流体参数产生较大的压力波动,从而导致管道振动。

图5-14所示的压缩机组合中,由于在设计时没有对管系中可能存在的气流脉动和压力不均匀度做定量分析,安装试车时发现管系发生剧烈的振动。经计算分析,发现该管系处的压力不均匀度远远超过了一般允许的范围,表现出较大压力波动的气流流经弯管、异径管、三通、阀门等管件时,进一步加剧了管道的振动。活塞式压缩机管道中气流压力不均匀度过大和共振是往复式压缩机管道激烈振动的主要原因。

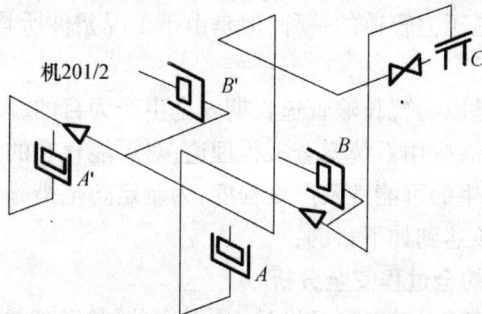

图5-14 两台并联烃压缩机管道

当管道中阀门突然关闭或打开时，流体流动速度将发生突然改变，对管系产生很大的冲击力，即所谓液击，这是流体管系中一个重要的振动源。管道内流动的介质性质不同对管道的作用力也不同，同时，在流体流动方向发生改变的地方也会产生冲击而引起振动。

离心式机械在排量小于设计排量时，将造成流体量变化，也可能会使管道产生振动。离心式压缩机的低流量引起的喘振、离心泵气蚀余量不足所产生的气蚀是使离心式机械振动的重要因素。此外，还是其他的振动源，如地震、风载变化和其他干扰力都可能产生随机的激振源，导致管道的振动。

压力管道的振动分析包括往复式机械的进出口管道的振动、复杂管路气柱固有频率计算、气流脉动影响、振动测量及减振等内容，这些问题的深入研究，可参考有关书籍。

5.1.3 压力管道的腐蚀与防护

压力管道的腐蚀是由于受内部输送物料和外部环境介质的化学或电化学作用（也包括机械等因素的共同作用）而发生破坏的。

压力管道在使用过程中可能产生腐蚀、疲劳、蠕变、低温脆断、材质劣化等破坏形式，其中腐蚀破坏最具有普遍性。特别是化学与石化工业，因其介质的腐蚀性强，并常常伴有高温、高压、磨损等，最易发生管道破坏事故。

压力管道除输送水、蒸汽、空气和惰性气体外，大多数输送的是化工原料及燃料，一旦因腐蚀破坏造成物料泄漏，将因污染环境而引起公害，并往往伴有火灾、中毒、爆炸等事故，给人民生命财产带来重大损失。

压力管道的腐蚀破坏形式，除全面腐蚀外，还有局部腐蚀、应力腐蚀破裂、腐蚀疲劳和氢损伤等，其中危害最大的是应力腐蚀破裂，这种腐蚀破坏往往在没有任何先兆的情况下突然发生，造成预测不到的破坏。

防止压力管道腐蚀的方法是正确选材、设计，以及选择良好的防护涂料。特别情况下选用耐腐蚀的非金属材料，埋地管线同时采用阴极保护等措施。

5.2 长输管道的安全评价方法简介

5.2.1 进行长输管道安全评价的目的

长输管道实际上也是压力管道的一种，但是由于工况条件所具有的特殊性，因而需要进行专门的分析。

长输管道安全评价是以实现长输管道长期安全生产为目的，以最低事故率、最少损失和最优化投资效益为目标，应用系统安全工程理论，对可能存在的危险有害因素进行分析和辨识，据此判断事故发生的可能性及严重程度，为制定防范措施和进行科学管理等提供依据。通过安全评价应该达到如下目的：

1. 实现寿命周期内的全过程安全分析

在长输管道的设计寿命周期（包括设计、施工安装、检验检测、运行、修理、改造直至报废）内，通过安全评价分析确定管道全过程可能存在的危害因素，据此论证与完善将要采取的安全技术措施。

在方案论证阶段进行评价,可以提前预测系统危险并从源头上消除危险。

施工工艺设计阶段评价,可以及时发现并减少工艺设计与施工中的缺陷和不足。

针对运行某个特定阶段评价,则可以分析系统运行中潜在的危险,及时提出整改措施以避免危险的发生。

2. 进行安全方案优化,为决策提供依据

通过对危险的源头分析,对所提出的安全方案进行优化,从本质上确保系统的安全,有利于系统最佳安全方案的决策。

3. 为实现长输管道的完整性评价提供依据

根据对管道及设备的在线监测与检测,评价监(检)测结果;根据试验结果所显示出的故障类型及严重程度,分析评价管道的完整性。此外,还应根据存在的问题和缺陷的性质,评价缺陷管道能否适应生产要求,是否能够继续使用和如何使用,并据此确定下一次的安全评价周期。

4. 为制定与修正安全管理措施提供依据

通过对管道、设施或系统在生产过程中的安全性是否符合国家的相关法规、标准、规范进行评价,实现安全管理与技术的标准化、规范化和科学化。

5. 促进实现安全生产

通过安全评价与科学分析,针对性地提出消除危险的最佳技术方案,争取从本质上保证即使发生不当操作或设备故障时,也不会导致系统事故的发生,实现全过程的安全生产。

5.2.2 长输管道的安全评价

1. 与安全性评价有关的法律、法规、标准和规范简介

安全评价是一项政策性很强的工作,必须依据现行的法律、法规、技术标准、规范、工程项目的相关技术资料进行。

1)法律和法规

我国涉及安全的相关法律法规主要有:《中华人民共和国劳动法》、《中华人民共和国安全生产法》、《中华人民共和国消防法》、《中华人民共和国职业病防治法》等;法规有《石油天然气管道保护条例》、《特种设备安全监察条例》、《石油天然气管道安全监督与管理暂行规定》;此外,还有由各部门制定的规章制度要求,如:国家安全生产监督管理局颁布的《安全评价通则》、《安全预评价导则》和《安全验收评价导则》等,以及《蒸汽锅炉安全技术监查规程》、《压力容器安全技术检查规程》;国家标准《钢制压力容器》、《管壳式换热器》、《钢制球形储罐》、《球形储罐施工及验收规范》和行业标准《压力容器无损检测》等。这些法规、标准是安全评价必须依据的基本文件。

2)标准与规范

安全标准可分为两大类:安全技术标准和规范、管理规程。各种安全技术标准和安全规范都来源于生产实践的经验总结,根据生产技术的发展和社会对安全要求的提高不断进行修正、补充与完善,以保证其先进性和适用性。认真贯彻执行安全标准和规范,是安全生产和产品质量的根本保证。我国有关输油气管道的标准、规范和规程等种类较多,按标准的级别大致可分为：国家标准、行业标准、企业标准。如 GB 50253—2003《输油管道工程设计规范》、GB 50251—2003《输气管道工程设计规范》和 GB 50183—2004《石油天然气工程设计防火规范》等国家标准；《输油(气)埋地钢质管道抗震设计规范》、《钢质管道及储罐腐蚀控制工程设计规范》、《输油管道添加剂技术评价及输送工艺规范》和《钢质管道防腐层大修管理规定》等石油天然气工业行业标准。此外，按标准的法律效力可分为强制性标准和推荐性标准，其中强制性标准或推荐性标准中的强制性条文，在应用这些标准时是必须遵守的内容。

2. 长输管道的分类分级

按照《压力管道安全管理与监察规定》中对长输管道的分类分级方法，长输管道被列为 GA 类，分成 GA1、GA2 两级。

1) GA1 级

符合下列条件之一的长输管道属于 GA1 级：

(1) 输送有毒、可燃、易爆气体介质，设计压力 $p > 1.6\text{MPa}$ 的管道。

(2) 输送有毒、可燃、易爆气体介质，直接输送距离(指产地、储存库、用户间)大于或等于 200km，且管道公称直径 $D_N \geqslant 300\text{mm}$ 的管道。

(3) 输送浆体介质，输送距离大于或等于 50km，且管道公称直径 $D_N \geqslant 500\text{mm}$ 的管道。

2) GA2 级

符合下列条件之一的长输管道属于 GA2 级：

(1) 输送有毒、可燃、易爆气体介质，设计压力 $p \leqslant 1.6\text{MPa}$ 的管道。

(2) GA1 级(2)范围以外的管道。

(3) GA1 级(3)范围以外的管道。

3) 长输管道的安全评价内容

安全评价的基本内容是危险性识别、危险度评价和控制风险发生的措施三项主要内容。其中危险性识别是风险评价的基础，通过对危险危害因素的辨识，定性或定量评估系统存在的风险程度，进一步与风险判断指标比较来衡量系统的风险大小，及其风险水平目前是否能够接受，进而提出应采取的措施。其基本内容如图 5-15 所示。

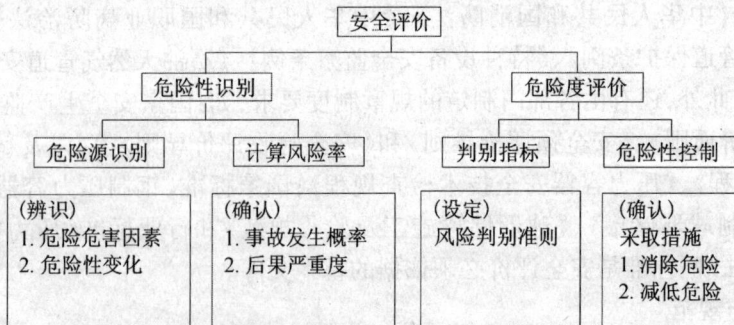

图 5-15 长输管道安全评价的基本内容

对工程项目的危险因素识别要根据所评价系统的特点，按危害因素的不同分类逐项分析、识别。

130

风险判别指标则是用来衡量系统的风险大小及危害程度是否可以接受的尺度,是风险评价中非常重要的参数。可接受的风险指标要根据所具有技术经济水平、对事故概率及后果的统计分析等综合分析后得到,不是固定不变的,将随着安全水平的提高和社会的进步而改变。目前,国内应用的一些国外开发的安全评价方法及软件,多是在所在国的标准、事故统计分析及相应的技术经济条件确定的,不一定适合我国国情,应用时需进行适当修改,以符合我国的实际需要。

3. 安全评价涉及的具体内容简介

(1) 介质泄漏危害程度评价。主要内容为:介质泄漏原因评价、介质泄漏扩散危害程度评价、介质泄漏水面扩展危害程度评价。

(2) 火灾、爆炸危险程度评价。主要内容为:火灾、爆炸原因评价,池火灾危险程度评价,喷射火灾危险程度评价,爆炸危险程度评价等。

(3) 管道风险程度评价。

(4) 安全管理评价。

(5) 事故应急救援预案评价。

(6) 工程建设项目符合性评价。主要内容为:基本安全条件评价、安全距离符合性评价、工艺设备安全性能评价、电气系统安全性能评价、防雷防静电系统评价、特种设备安全性能评价、管道保护系统评价和安全卫生措施评价等。

(7) 作业条件危险性评价

(8) 职业卫生危害程度评价。主要内容为:有毒物质危害程度评价、噪声危害程度评价、高温危害程度评价和其他危险有害因素评价等。

5.2.3 长输管道安全评价工作程序

根据国家安全生产监督管理局 2003 年 3 月 31 日颁布的《安全评价通则》,长输管道的安全评价程序包括四大部分、六个阶段,下面分别加以介绍。

1. 安全预评价程序

国家安全生产监督管理局于 2003 年 5 月 21 日颁布的《安全预评价导则》,对劳动安全预评价工作程序作了明确的规定。安全预评价程序主要包括三个阶段:准备阶段、实施评价阶段、编制安全预评报告书。

1) 准备阶段

安全预评价准备阶段的主要工作包括:收集资料;进行初步危险因素辨识;确定评价内容;选择评价方法、划分评价单元,为实施安全预评价打下基础。具体实施过程中应完成如下工作:

(1) 准备工作。了解项目概况、环境因素影响及有关安全资料,完成可行性研究报告,以及掌握安全系统设计资料和相关机构、人员的配置情况等。

(2) 辨识危险有害因素。识别与分析危险有害因素过程中,尽可能地了解生产工艺和介质的特点,发现与识别潜在危险。

(3) 划分评价单元。根据需要,将项目划分为评价子单元,便于开展评价工作。

(4) 选择预评价方法。必须根据实际情况有针对性地选择定量或定性方法进行评价,在评价过程中必须注意建立合理的数学模型才能保证评价结果的可靠性。

2）实施评价阶段

对工程项目现场踏勘、调研、收集同类工程事故资料与数据,对工程的工艺过程、自然灾害、社会危险等因素进行深入分析,用所选定的安全评价方法对对象进行定性或定量评价,对自控系统的安全可靠性进行分析,根据评价结果提出补充的安全对策措施。

3）编制安全预评价报告书

编写安全预评价报告书时应汇总各种安全分析结果,得出安全评价结论。将编制的安全预评价报告书提交有关部门评审。在报告书中,要求做到内容充分、条理清晰、结论正确。

综上所述,安全预评价是根据项目建设前期应用安全评价的原理和方法对系统的危险性、危害性进行预测性安全评价。实际上就是评价采取预防对策措施后的系统是否满足国家规定的安全要求,确定应如何设计、管理才能保证长输管道项目达到安全指标要求。

此外,通过预评价还可以了解哪些事故可以通过管理措施来预防;了解在发生误操作或设备故障时,可能出现严重事故和危害的部位,及其可采取的相应补救或应对措施。

根据预评价就可以预先提出管道运行后的安全管理目标和任务,同时也为安全监查部门的监察和管理提供科学依据。

例如,近年来建成的西气东输干线和陕京二线大型油气管道输送工程,都是按照国家安全生产监督管理局的要求进行了安全预评价的。这些安全评价的工作程序都是依照国际惯例进行的,有的是与国外合作进行的。

西气东输工程西起新疆轮南,东至上海白鹤末站,全长 4000km,管径 1016mm,设计输气量 $120 \times 10^8 m^3/a$,输送压力 10.0MPa。途经 9 省市区,其中江苏省内由于管道沿线人口稠密、经济发达,因此专门聘请了英国 Advantic 公司进行了安全预评价。风险评估结论表明,若管道施工、运行能够严格按照规范进行,则管线事故的主要原因在于第三方施工造成的机械损伤。若管道破裂引起火灾,在沿线人口密集区可能造成 800 多人的伤亡并使建筑物严重损坏。这样根据英国长输管道标准 IGE/TD/1 中的风险判据,其风险程度是在可接受的范围内。报告还提出了防范第三方施工过程中的损伤及减低风险的措施,并进行了有关措施的成本效益计算分析。

2. 安全验收评价工作程序

工程项目的安全验收评价是在管道项目施工过程中,以及竣工与试生产运行后,工程项目验收之前进行的。按照国家安全生产监督管理局颁布的《安全验收评价导则》,安全验收评价程序如下:

(1)准备阶段。明确评价对象和范围,现场调查,收集资料。

(2)编制安全验收评价计划报告。依据有关法律、法规、技术标准,确定验收评价重点,确定验收评价方法,测算验收评价进度。

(3)现场检查。重点检查与落实安全对策措施和项目"三同时"的情况,对发现的隐患或存在的问题,及时提出改进措施及建议。

(4)编制验收评价报告。参照相关法律、法规、技术标准,编制安全验收评价报告,由专家提出评审意见,作进一步修改和完善。

(5)安全验收评价评审报告。通过这一阶段上述各项的评价,可以保证工程项目安全验收评价评审报告的可靠性,并可作为建设单位向政府安全生产监督管理机构申请在建项目安全验收审批的依据。

此外,通过对项目的实施过程、运行状态及管理状况进行定性或定量的安全评价,可以判断出系统与设计任务书要求的指标所存在的差距,以及配套设施的安全有效性,从而得出是否满足安全生产要求的评价结果。

例如,兰成渝成品油管道工程西起甘肃兰州,东至重庆,全长 1250km,管径 508mm、457mm、324mm,设计输量为 $5.0 \times 10^6 t/a$,设计压力为 10MPa,沿线分输站 10 个,途经三省 40 多个市、县。管道穿越秦岭大巴山地区,地质条件极为恶劣、复杂。2002 年 6 月试运营投产 1 年多后,在工程验收前,根据《安全验收评价导则》进行了安全验收评价。评价结论为该管道系统整体运行状况和安全管理是符合国家安全要求的,并指出了存在的问题和改善安全的建议,为该工程的安全验收做好了技术准备。

3. 安全现状评价程序

安全现状评价也称安全状况评价,是针对长输管道的生产经营活动过程中的安全现状进行评价,通过评价确认在用装置、设备或设施的安全状态,发现隐患及程度,分析发生事故的概率,据此提出合理可行的安全对策措施及建议。在进行安全现状评价时,要注重对实际现场的考察,评价时需要对火灾、爆炸、毒性等进行事故模拟,其中定量评价是一个重要的内容之一。

由于我国在这方面的基础研究欠深入,因此目前这部分工作还处于起步和探索阶段。

4. 安全专项评价程序

安全专项评价是在安全现状评价的基础上,针对长输管道某一特定的生产工艺、装置、某一场(站)或(和)某一特定过程中可能存在的危害因素,采用专业技术手段进行的一种专项安全评价,其评价报告一般作为安全现状综合评价的附件或补充文件。例如,对管线腐蚀现状、管线剩余寿命、设备运行可靠性、管线外力破坏情况等的安全评价。安全专项评价程序如图 5 - 16 所示。

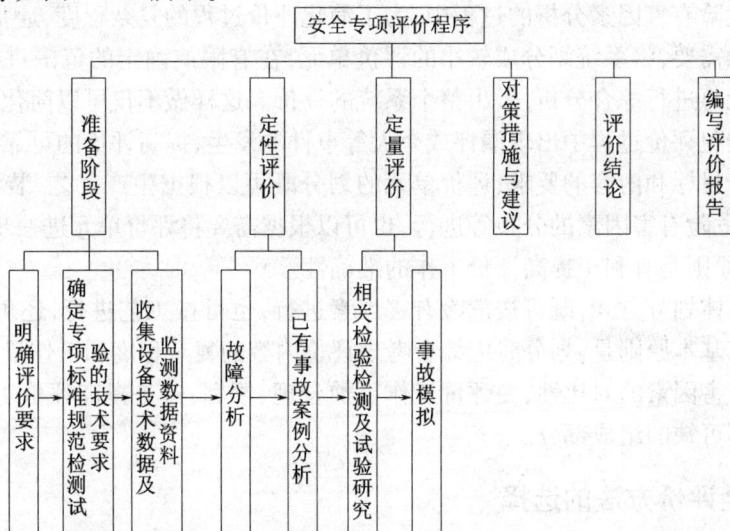

图 5 - 16　安全专项评价程序框图

专项评价中所采用的专业技术手段,必须由有资质的评价单位与业主单位共同协商并完成所需的任务。

例如,1998年新建石油管理局准备将1981年投产的一条克拉玛依至乌鲁木齐的原油输送管道(克乌复线长为294km,管径为529mm)改为输送天然气。需要对能否用这条已运行了17年的输油管道输气进行决策,通过用漏磁检测法对管道内进行内检测并进行了剩余强度评价,结论是经过局部修复后管道剩余强度满足最大输气压力为3.0MPa的要求。目前,该管道已安全输气多年,由于没有新建输气管道,仅花了4000万元进行管道的改造与修复,节约了近90%的新建项目投资。这是一个专项评价成功应用的事例。

5.2.4　长输管道安全评价范围的确定

进行长输管道安全评价时,首先要确定评价范围,确定评价范围时必须注意要具有科学性、针对性和明确性。评价的内容主要涉及工程项目的安全可靠性和卫生问题。

长输管道的评价范围应根据所评价对象的具体情况进行具体分析。例如,天然气输送管道的工艺过程是将开采出的天然气进行井口脱水、除沙,再通过油气田的集输管道输送至集输处理矿(场),如脱硫厂作进一步的脱硫等处理,再输送至储配站或城市门站,这些工艺过程都可能存在许多危险有害因素。

由此可见,安全评价范围一般应涵盖整个过程,但是,对于首站之前及末站以后的油气开采、油气集输管道、炼油厂等可不包括在安全评价范围内。由于管线是输送油气介质的载体,沿途危害因素较多,因此评价时需要加以重点分析。此外,对于整个工艺过程中的重点部分,如油、气管道的处理过程,输气(油)场站、储存库等,也应是评价分析的重点。

除此之外,安全评价范围的确定还必须与实际工况相结合,通过甲乙方协商,并征询专家意见,这样确定的安全评价范围才能够符合要求。

5.2.5　长输管道安全评价单元的划分

在进行危险有害因素分析的过程中,为了简化评价过程的复杂程度,通常应根据评价目标和方法的需要,将系统划分成较小的评价单元,在有限或确定的范围进行评价,最后对各评价单元再进行综合分析,做出整个系统的评价。这样做不仅可以简化评价工作,而且可以尽量避免评价过程中出现漏评或夸大等事件的发生,提高评价的可靠性。

按照评价目标和内容的要求,评价单元的划分既可以根据生产工艺、装置、布局和物料特点,以及危险有害因素的分布等进行,也可以根据需要将评价单元进一步细分来进行评价,其基本原则是有利于提高评价工作的准确性。

单元的具体划分方式,既可按危险有害因素进行,也可按工艺进行,还可按地理分布划分。总之其基本原则是,划分时应综合考虑评价内容的复杂程度和工作量,尽可能突出各单元危险有害因素的对比性,使评价工作更加合理、便利,这是提高评价工作可靠性的一个重要或不可缺的组成部分。

5.2.6　安全评价方法的选择

现有的评价方法很多,要从工程项目的实际和评价内容出发,选择合适的方法进行安全评价。

长输管道工程常用的安全评价方法有:作业条件危险性评价法(格雷厄姆—金尼法)、预先危险性分析(PHA)法、故障树分析(FTA)法、危险和可操作性研究(HAZOP)、肯特(W. Kent. Muhlbauer)管道风险评价法、安全检查表法和道化学公司火灾、爆炸危险指数评价法等。

5.3 压力管道的安装及安全评价

5.3.1 管道安装的特点与方法

1. 材料核对

管材和附件到达施工现场后,首先应与设计标准核对,检查制造厂家的制造许可证、合格证、材料质量保证书和化学元素分析等资料,然后进行材料的外观检查,并核对有关物理指标,如圆度、外径、壁厚等,必要时进行化学元素分析抽查。只有在确定核实无误后,才能正式启用。施工单位一旦发现存在设计问题,应及时与设计单位联系,加以解决。

2. 管道的连接

管道的通常连接方式有螺纹联接、法兰联接、焊接、承插式联接、粘接等多种方法。选择何种连接方式,应根据管材和使用条件的差异确定。

1)螺纹联接

管道连接中使用的螺纹,分英制螺纹和米制螺纹两种。其中,英制螺纹又分为圆柱管螺纹和圆锥管螺纹。

圆锥管螺纹的有关数据见表5−6。在基本平面 A 段能用手旋入;B 段必须使用工具才能旋入,密封牢固;C 段不能旋入管件。

表5−6 圆锥管螺纹的有关数据

螺纹规格/英寸	每英寸牙数 n	螺距 t/mm	螺纹长度/mm	
			有效长度:$A+B$	管端至基面长度 A
3/8	19	1.337	12	6
1/2	14	1.814	15	7.5
3/4			17	9.5
1			19	11
11/4	11	2.309	22	13
11/2			23	14
2			26	16

由于螺纹标准规格尺寸的限制,无缝钢管的外径一般偏小,难以进行螺纹加工,所以无缝钢管通常不能采用螺纹联接。当安装中需要与具有螺纹联接的阀门及配件进行联接时,应根据工作压力的高低,对该管段的无缝钢管使用不同的联接方式:若工作压力较低,可以将局部焊接的钢管一端加工成螺纹进行联接;若管道的工作压力大于1.0MPa 或温度较高,则应使用与管材相同的圆钢,在车床上加工成一端带螺纹,一端与无缝钢管内、外径相同的短管供安装使用,而不可随意用焊接钢管代替,以免产生爆裂。

在圆锥管螺纹联接中,除了需要用管钳旋紧达到密封外,螺纹上还须涂(缠)上密封填料,通过两者的共同作用,才能确保密封。

当介质温度较高时,螺纹的密封填料一般用黑铅油(石墨粉加精油拌成),并在密封面上缠石棉线;对输氧管道,应使用蒸馏水调拌的一氧化铅作填料;对输氨管道,则应使用甘油调拌的一氧化铅作填料;对煤气和石油液化管道则用聚四氟乙烯带作密封填料。

在米制螺纹或是圆柱管螺纹的联接中,是依靠螺纹间的预紧力压缩螺纹端面与配合面间的垫片,使其变形填满接触面的空隙来实现密封,因而在安装过程中,这种螺纹上不允许缠绕任何填料。

2）法兰联接

法兰联接是依靠螺栓和螺母紧固力,压紧垫片填满两接合面的间隙来实现的。垫片的材料不同,大小不同,所需的紧固力也不同。两法兰的平行度越好,联接螺栓的压紧力越均匀,密封性能也越好。同时,法兰的密封面不能太宽,否则难以达到密封要求。根据管道的工作压力、操作温度和介质性质,法兰有不同的类型。

法兰安装应注意如下事项:

（1）在与设备接管或管道附件连接时,必须注意选用的标准或等级的同一性问题,施工单位需要注意预先核对。

（2）要注意防止因焊接钢管与无缝钢管的外径不同而导致加工好的法兰不能插入进行焊接的问题,从而避免二次加工情况的发生。

（3）法兰联接的管道需要改变管径时,有时可以采用异径法兰。如果管道输送的介质是稠黏的物质,由于异径法兰增大了流体阻力,可能导致管道的阻塞,因此,必须事先征得设计部门的认可才可使用。

3）焊接

管道安装通常以焊接为主,有关焊接的内容可参考有关专业书籍。

5.3.2　压力管道焊接工艺评价

1. 基本要求

凡施焊单位首次采用的钢种、焊接材料和工艺方法,必须进行焊接工艺评价。用以评价施焊单位是否有能力加工出符合产品技术条件所要求的焊接接头,并验证施焊单位制定的焊接工艺指导书是否合适。

焊接工艺评价应以可靠的钢材焊接性能试验为依据,试验应在工程焊接之前完成。工艺评价的焊接试件应由施焊单位的熟练焊工按照焊接工艺指导书的要求进行焊接。

焊接工艺评价所用的管材、焊材、接头形式等应与工程实际相类同,所用设备、仪表应处于正常工作状态。完成的焊接工艺试件,应经外观检查、无损检测、力学性能、金相等项检验,并将实际施焊参数记录和各项检验资料进行整理,并填写焊接工艺评价报告,由施焊单位技术负责人批准后实施。

2. 焊接工艺评价程序及归档资料

施焊单位根据施工需要,提出"焊接工艺评价任务书",并根据任务书的要求编制"焊接工艺评价指导书",按指导书的规定确定焊接参数和有关要求,焊接工艺评价试件,并作好焊接原始记录,按有关标准进行外观检查,合格后按规定标准进行无损检测。检测合格后,按加工图要求加工规定数量的试样,进行各项理化试验,对评价合格的试样按规定进行登记,试样防锈陈列。对各项报告进行综合评定并填写"焊接工艺评价报告"。

归档的"焊接工艺评价报告"应包括下列内容:

(1)焊接工艺评价任务书。

(2)焊接工艺评价指导书。

(3)施焊记录。

(4)焊接工艺评价内容。

(5)附件:必须提交管材、焊材质保书或复验报告,外观检查记录,无损检测报告,物理性能试验(包括拉伸、弯曲、冲击韧性、金相等)报告,热处理报告等。

当评价不合格时,应分析原因,并修正不合格参数,重新拟定工艺后,再进行评价,直到合格为止。最后完成的焊接工艺评价报告,经施焊单位技术总负责人审批后,编制"焊接工艺卡",指导焊接工作,用于生产。

压力管道的焊接工艺评价可参照 JB/T 4708—2000《钢制压力容器焊接工艺评定》、《蒸汽锅炉安全技术监察规程》及 GB 50236—2011《现场设备、工业管道焊接工程施工及验收规范》等要求进行。

5.3.3 压力管道的焊接缺陷及防止措施

常见的焊接缺陷有咬边、凹陷、焊瘤、气孔、夹渣、裂纹、未焊透、未熔合等。通常按缺陷在焊缝中的位置不同,分为外部缺陷和内部缺陷两大类。

外部缺陷有表面裂纹、表面气孔、咬边、凹陷、满溢、焊瘤、弧坑等,这些缺陷主要与焊接工艺和操作技术水平有关。还有些是外观形状和尺寸不合要求的外部缺陷,如错边、角变形和余高过高等。

内部缺陷常见的有各种裂纹、未熔合、未焊透、气孔、夹渣和夹钨等。

压力管道的焊接缺陷是发生泄漏、爆管等事故的主要原因之一,为了防止这类事故的发生,确保压力管道生产过程中的安全可靠性,需要了解焊接过程中可能存在的缺陷及其相应的防止措施。

1. 焊接缺陷的种类、产生原因及预防措施

1)裂纹

裂纹按其产生部位不同可分为纵向裂纹、横向裂纹、根部裂纹、弧坑裂纹、熔合区裂纹和热影响区裂纹等,按其产生的温度和时间不同又可分为热裂纹(包括结晶裂纹和热影响区液化裂纹等)、冷裂纹(包括氢致裂纹和层状撕裂等)以及再热裂纹。

(1)热裂纹。在焊接过程中,焊缝和热影响区金属冷却到固相线附近的高温区产生的焊接裂纹,叫做焊接热裂纹。焊接热裂纹是焊接生产中比较常见的一种焊接缺陷,金属在产生焊接热裂纹的高温下,晶界强度低于晶粒强度,因而热裂纹具有沿晶开裂的特征。热裂纹可分为结晶裂纹、高温液化裂纹等,其中结晶裂纹是最常见一种热裂纹。

结晶裂纹又叫凝固裂纹,主要产生于焊缝凝固过程中。当冷却到固相温度附近时,由于凝固金属的收缩,残余液体金属不足而不能及时填充,在应力作用下发生沿晶开裂。

防止措施:

① 限制易偏析元素和有害杂质的含量,减少钢材或焊材中硫、磷等元素的含量及降

低含碳量。

②调整焊接参数,调节焊缝金属化学成分,改善焊缝组织,细化焊缝晶粒,控制低熔点共晶的有害影响。

③增大焊条和焊剂的碱度,以降低焊缝中杂质的含量,改善偏析程度。

④制定合理的焊接工艺,适当提高焊缝成形系数,采用多层多道焊法,避免中心线偏析,防止中心线裂纹。

⑤采取各种降低焊接应力的工艺措施。

⑥采用尽量小的焊接热输入,防止液化裂纹产生。

(2)冷裂纹。冷裂纹是焊接接头冷却到较低温度下(对钢而言,大体在 $100 \sim -1008\,^{\circ}\!C$ 之间)时产生的裂纹,统称为冷裂纹。

冷裂纹可以在焊接后立即出现,也可以延至几小时、几周、几天甚至更长时间以后发生,又称为延迟裂纹或氢致裂纹。冷裂纹一般在焊接低合金高强度钢、中碳钢、合金钢等易淬火钢时容易发生,主要由于氢的作用而引起,而较少发生在低碳钢、奥氏体不锈钢焊接时。

形成冷裂纹的基本条件是焊接接头形成淬硬组织、扩散氢的存在和浓集、存在较大的焊接拉伸应力。

防止措施:

①严格控制氢的来源,选用碱性低氢焊条和碱性焊剂,减少焊缝中氢的扩散含量。

②焊条和焊剂严格按规定烘干,随用随取。

③选择合理的焊接规范和热输入,如焊前预热,控制层间温度、缓冷等。

④焊后及时进行消氢处理和热处理,使氢气充分逸出焊接接头并改善其韧性。

⑤焊前严格检查钢材质量,减少夹杂物存在,防止层状撕裂。

⑥采用降低焊接应力的各种工艺措施等。

(3)应力裂纹的消除。焊后焊件在一定温度范围内再次加热时,由于高温及残余应力的共同作用而产生的晶间裂纹,称为应力裂纹,又叫再热裂纹。

为了防止残余应力造成结构的低应力脆性破坏,一些重要结构(如厚壁压力容器)焊后要求进行消除应力处理。

防止措施:

①选用对消除应力裂纹敏感性低的母材。

②选用低强度高塑性的焊接材料。

③控制结构刚性与焊接残余应力。

④工艺措施,包括:预热、焊后及时进行后热、控制热输入等。

2)未焊透

焊缝金属与母材之间,未被电弧(或火焰)熔化而留下的空隙称为未焊透。

防止措施:控制接头坡口尺寸,管道单面焊双面成形的接头,其装配间隙应等于焊条直径,并有合适的钝边,管子对口应严格控制错边量,壁厚不同的管子应按要求进行加工成缓坡形。

3)边缘及层间未熔合

焊缝金属与母材之间、焊缝金属之间彼此没有完全熔合在一起的现象称为未熔合。

防止措施:焊条和焊炬的角度要合适,运条要适当,要注意观察坡口两侧的熔化情况;选用较大的焊接电流和火焰能率;适当控制焊速,并及时调整焊条角度,防止焊条偏心或偏弧,使电弧处于正确方向;仔细清理坡口和焊缝上的脏物。

4)夹渣

夹杂在焊缝中的非金属夹杂物称为夹渣。

防止措施:适当调整焊接电流,让熔渣充分浮出;采用良好工艺性能的焊条;仔细清理母材上的脏物或前一层(道)上的熔渣;焊接过程中始终要保持熔渣和液态金属良好分离;气焊时应选用合适的焊嘴和火焰能率,并采用中性焰,焊接时仔细操作,将熔渣拨出熔池。

5)气孔

气孔是由于焊接熔池在高温时吸收了过多的气体,而冷却时气体来不及逸出而残留在焊缝金属内而形成的。

形成气孔的气体来自于大气,溶解于母材、焊丝和焊条钢芯中的气体,焊条药皮或焊剂熔化时产生的气体,焊丝和母材上的油、锈等脏物在受热后分解产生的气体以及各种冶金反应所产生的气体。熔焊中,氢、一氧化碳是产生气孔的主要气体。

防止措施:不使用有缺陷的焊条;各种焊条、焊剂都应按规定要求进行烘干;焊接坡口两侧应按要求清理干净;要选用合适的焊接电流、电弧电压和焊接速度;碱性焊条施焊时应短弧操作,焊条在施焊中发现偏心应及时转动和调整倾斜角度;氩弧焊时,要严格按规定标准选择氩气纯度;气焊时,应选用中性焰并熟练操作。

6)咬边

焊缝边缘母材上被电弧烧熔的凹槽称为咬边。咬边是由于焊接参数选择不正确或操作工艺不正确,沿着焊趾的母材部位产生的凹陷或沟槽。

防止措施:焊条电弧焊时应选择合适的电流、电弧长度和焊条操作角度;自动焊时焊接速度要适当;气焊时火焰能率要适当,焊嘴与焊丝摆动要适宜。

7)内凹(背面凹陷)

根部焊缝低于母材表面的现象称为内凹。

防止措施:应选择合理的焊接坡口;焊接电流适中,严格控制好熔池的形状和大小,操作时要注意两侧稳弧。

8)焊瘤

焊瘤是在焊接过程中,熔化金属流淌到焊缝以外未熔化的母材上所形成的金属堆积。

防止措施:立焊、仰焊时应严格控制熔池温度,尽量采用短弧焊;焊条摆动中间宜快,两侧稍慢些;坡口间的组装间隙不宜过大,焊接电流选择要适当;当熔池温度过高过大时应灭弧,待熔池温度稍下降后再引弧焊接。

9)弧坑

弧坑是电弧焊时,由于断弧或收弧不当,在焊道末端形成的低洼部分。

防止措施:焊条电弧焊收弧时焊条需在熔池处作短时间停留或作几次点焊,使足够的填充金属填满熔池;薄壁管焊接时要正确选择焊接电流;自动焊时要先停止送丝后切断电源。

10）电弧擦伤

电弧擦伤是由于偶然不慎,使焊条或焊钳与焊件接触,或地线与焊线接触不良,瞬时引起的电弧在焊件表面产生的留痕。

电弧擦伤的危险极大。其原因在于电弧擦伤处快速冷却,硬度很高,有脆化作用。在易淬火钢和低温钢中,可能成为发生脆性破坏的裂纹源点;不锈钢电弧擦伤会降低其耐腐蚀性能。所以,在施焊过程中,不得在坡口以外的地方引弧,管件与地线接触一定要良好,发现电弧擦伤,必须打磨,并视深度予以补焊。

11）焊缝尺寸不符合要求

它包括焊缝成形粗劣、焊缝高低不平、余高超过标准。

防止措施:坡口角度要合适,装配间隙要均匀;选择正确的焊接规范;焊条电弧焊时焊工要熟练掌握运条,控制焊接速度,才能获得均匀美观的外观成形。

2. 焊接缺陷的返修

焊接缺陷存在于焊缝,容易产生应力集中,从而缩短使用寿命,造成脆性断裂。因此,对超过标准的缺陷,必须进行返修。

压力容器及管道在制造过程中,对检验出来的超标焊接缺陷,除较小的表面缺陷可以进行打磨消除外,其余均应进行返修补焊。GB 150.4—2011《压力容器 第4部分:制造、检验和验收》中规定,同一部位的返修补焊次数不得超过两次;对经两次返修仍不合格的焊缝,如需再次进行返修,需经制造单位技术总负责人批准。然而一些主要工业发达国家对焊缝的返修次数并无明文规定,实际上他们是通过严格的质量管理进行控制,超过两次返修的现象极少。

研究表明,多次返修时,焊缝及热影响区的晶粒度和常温强度、塑性、韧性均无明显变化,可以不予考虑,但其低温韧性却随返修次数的增加有较明显下降,与此同时接头的脆性转变温度也有所上升。因此,对于低温下或在寒冷地区使用的压力容器和管道,对其焊缝返修应慎重。

对于管道的焊缝缺陷,通常采用打磨和碳弧气刨清除,然后进行手工补焊。

5.3.4 压力管道的事故报告与事故处理

国家质量监督检验检疫总局颁发的《锅炉压力容器压力管道特种设备事故处理规定》中,对锅炉压力容器压力管道设备发生事故的报告、调查、处理和结案做出了明确规定。

压力管道和锅炉压力容器一样,按其损坏及损失的程度,可分为三类:爆炸事故、严重事故和一般损坏事故。凡爆炸事故造成死亡超过10人或受伤(包括急性中毒)超过50人的,由国家质量技术监督部门组织调查并负责结案工作;爆炸事故死亡10人以下或受伤(包括急性中毒)50人以下,以及有关人员伤亡的严重损坏事故,由省级质量技术监督行政部门组织调查并负责结案工作;无人员伤亡(包括急性中毒)的严重损坏事故,及有人员伤亡的一般损坏事故,由地、市级质量技术监督行政部门组织调查并负责结案工作。

压力管道发生事故后,事故发生单位应向当地质量技术监督行政部门和主管部门报告。质量技术监督行政部门应逐级向上级质量技术监督行政部门报告,直至国家质量技术监督部门。

压力管道发生爆炸或造成人员伤亡、设备损坏事故后,事故发生单位应立即将发生事故设备的类别(锅炉、压力容器、压力管道)、事故类别、发生地点、时间(月、日、时、分)、人员伤亡和事故破坏简要情况用快捷形式向当地质量技术监督行政部门报告,直至国家质量技术监督部门。事故发生单位及主管部门,应根据认定的事故报告中的处理建议对有关责任人员进行处理。

对事故发生的单位,要落实事故"三不放过"的原则(事故原因未弄清不放过、责任人未受到教育不放过、防范措施不落实不放过),追究事故责任、建立事故登记台账及完整的事故档案。

5.3.5　压力管道修理改造后的检验

按照《压力管道安全管理与监察规定》(以下简称《规定》)第十四条的规定,压力管道修理改造单位应具备一定的资质条件,对压力管道进行重大改造时,其技术和管理要求应与新建压力管道的要求一致。第十三条又规定,新建、扩建、改建的压力管道应由有资格的检验单位对其安装质量进行监督检验。也就是说,压力管道修理改造后,其检验与新建管道一样,需进行安装中的检验和投用前的检验。由于压力管道使用的范围广,压力管道的种类又多,改造修理极为普遍,完全按《规定》进行监察和检验存在一定的困难。在对压力管道施工和修理单位资格尚未开展评审前,使用单位对压力管道的修理改造有时组织自身力量进行施工,或者提供材料由专业单位施工时,为了保证施工质量,应严格遵守有关规定进行。

1. 人员资格

压力管道的设计单位应取得省级以上有关主管部门颁发的设计资格证,并报省级以上质量技术监督行政部门备案。从事压力管道焊接的焊工和无损检测的检测人员,必须持有相关质量技术监督行政部门颁发的特种作业人员资格证书。

2. 管子、管道附件、阀门检验验收

在进行管子、管道附件、阀门检验验收时,应检查制造厂的合格证书,相关项目应符合有关技术标准,缺项应补充检验。在使用前应进行外观检查,要求表面无裂纹、缩孔、夹渣、褶皱、重皮等缺陷;锈蚀或凹陷不超过壁厚负偏差;螺纹密封面良好;合金钢应有材料标记,必要时应用光谱分析和其他方法进行复查。工作环境温度低于 −298℃的碳钢或低合金钢钢管和管件应有低温冲击韧性试验结果。有耐腐蚀要求的不锈钢管,应有晶间腐蚀试验结果。高压钢管应有硬度检验,以及拉伸试验、冲击试验、压扁或冷弯试验结果报告和化学成分分析结果,还应有表面磁粉检测或渗透检测和超声波检测结果。阀门应进行强度和严密性试验,强度试验压力为公称压力的 1.3 ~ 1.5 倍,严密性试验压力为公称压力的 1.25 倍。合金钢阀门应进行材料复查,并进行解体检查。安全阀在安装前应按设计规定调试,并有持证单位签发的调试报告。

3. 焊接检验

压力管道焊后必须对焊缝进行外观检查,并将渣皮、飞溅物清理干净。焊缝表面不允许有表面裂纹、表面气孔、表面夹渣、熔合性飞溅。咬边、表面凹陷,接头坡口错位应合格。焊缝外观检验合格后,还需对全部或部分抽检,进行射线探伤检测。必要时还需进行以发现裂纹为目的的超声波检测,评定标准为 JB/T 4730—2005。焊缝经热处理后,应进行硬度检验,检验位置为焊缝、热影响区和母材。焊缝和热影响区的硬度值,碳素钢不宜超过母材的120%,合金钢不宜超过母材的125%。

4. 压力管道系统试验要求

压力管道修理改造安装完毕后,应按设计规定对压力管道系统进行强度、严密性试验。

5.4 压力管道缺陷的安全评价

5.4.1 管道缺陷安全评价的一般准则

(1)宏观检查和表面检测(磁粉探伤和渗透探伤)。被检查的管道、管件的外部,不允许存在焊缝表面的裂纹、重皮、褶皱及严重变形等,必须先进行打磨消除,当打磨深度超过管壁厚度的10%时,应另作评价后再作处理。

(2)对于在连续生产装置中因泄漏采取堵漏措施而使用的临时性管道,在停车检修时必须予以拆除,同时对发生泄漏的管道进行全面检测,并彻底修复。

(3)承受交变应力的管道及振动较严重的管道,对接焊缝的咬边及表面凹陷允许存在的限度为:深度不大于0.5mm,长度不大于焊缝全长的10%,且小于100mm。中高压管道对接焊缝的错边量应小于壁厚的20%,且不大于3mm。

(4)管道和管件测厚值减薄10%或0.5mm以上时,需经评价后决定是否可用。

(5)管道焊缝射线探伤和超声波探伤检测的裂纹不允许存在,未熔合、未焊透、条状夹渣需经评价后确定是否需消除。

(6)理化检验发现材料劣化,如化学成分改变(脱碳、增碳等)、强度降低(腐蚀等)、塑性及韧性降低(氢脆等),金相组织改变(珠光体球化或石墨化、晶间腐蚀等),应根据其劣化程度,经评价后决定其使用年限。

5.4.2 压力管道腐蚀减薄后的评价

1. 中低压管道

最大工作压力 $p < 10MPa$ 的强度核算公式为

$$\sigma = \frac{p[D - (S - C)]}{2(S - C)E_\alpha} \leqslant [\sigma] \qquad (5 - 36)$$

式中 p——最高工作压力(MPa),装有安全阀的管道,p 不得小于其开启压力;

D——管子外径(mm);

S——壁厚实测最小值(mm);

E_α——质量系数,无缝钢管为1,直缝或螺旋焊接钢管为0.6,铸造管为0.8;

C——预期使用周期的两倍腐蚀深度(mm);

σ——管材的工作应力(MPa);

$[\sigma]$——管材的许用应力(MPa),可从 GB 150—2011 查得。

2. 高压管道

最大工作压力 $p \geqslant 10MPa$ 的强度核算公式为

$$\sigma = \frac{1.3K^2 + 0.4}{K^2 - 1} p \leqslant [\sigma] \qquad (5-37)$$

其中

$$K = \frac{D}{D_i} = \frac{D}{D - 2S}$$

式中　D_i——管子内径(mm)。

当管子车有螺纹时，D 取为螺纹的内径(单位为 mm)；$[\sigma]$ 取 $\sigma_s^t/1.6$、$\sigma_b^t/3.0$ 中的较小者。

3. 遭受局部腐蚀的管道最大容许纵向腐蚀长度计算

当连成一片的腐蚀区域，其最大深度大于管子壁厚的 10%，但小于 80% 时，在管子纵轴向的延伸距离不宜超过下式计算结果：

$$L = 1.12B \sqrt{DS}$$

式中　B——由图 5-17 曲线确定，或从下式求出，B 值只限于不超过 4.0 的条件，若 d/s 在 10% 与 17.5% 之间，则 $B = 4.0$。

$$B = \sqrt{\left(\frac{d/s}{1.1d/s - 0.15}\right)^2 - 1} \qquad (5-38)$$

式中　d——实测的腐蚀区域最大深度(mm)；

　　　L——腐蚀区域的最大容许纵向长度(mm)，与图 5-18 中的 L_u 共线；

　　　D——管子的公称外径(mm)；

　　　S——管子的公称壁厚(mm)，因外部负荷的变化所要求的附加壁厚不计在内。

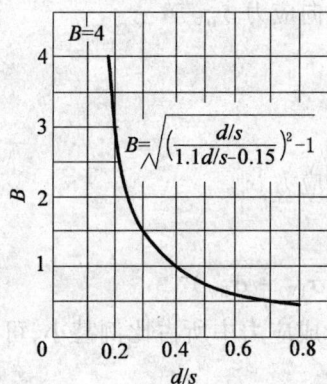

图 5-17　确定 B 值的曲线

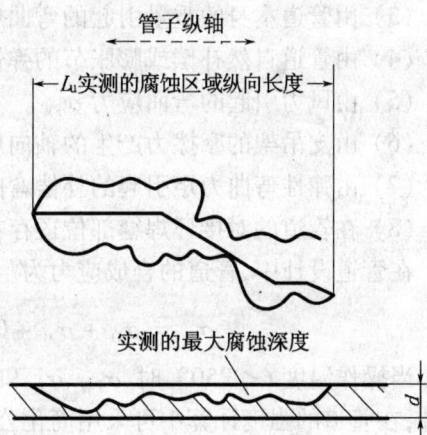

图 5-18　用于分析的腐蚀参数

　　本方法引自 ASME B 31G—1991，即《ASME 压力管道规范 B31 的补充》，它适用于评定外形平滑、低应力集中的管道本体上的局部腐蚀缺陷，不宜用于评定被腐蚀的焊缝(环向或纵向)及其热影响区、机械损害引起的缺陷(如凹陷和沟槽)，以及在管子制造过程中产生的缺陷(如裂纹、褶皱、疤痕、夹层等)。当管道承受第二有效应力(如弯曲应力)，尤其是腐蚀有较大的横向成分时，本方法不宜作为唯一准则。另外，本方法也不能预测泄漏和破裂事故。

5.4.3 中、低压管道环焊缝单面未焊透缺陷的安全评价

由于多数工业管道的管径较小，加上施工过程多为现场组焊，施工条件较差，因此其中很多管道的对接焊缝都存在着未焊透缺陷。在 GB 50236—1998 中规定了单面焊对接焊缝中的Ⅲ、Ⅳ级焊缝允许存在未焊透缺陷的深度和长度。对在用压力管道使用情况的调查结果表明，许多管道环缝的未焊透缺陷比 GB 50236—1998 的规定要严重得多，有些环缝整圈未焊透，而这些管道已使用了多年。与在用压力容器对埋藏缺陷的评定一样，对在用管道环缝中的单面未焊透缺陷的尺寸容许值采用英国 CEGBR7H/R6"有缺陷结构完整性的评定标准"进行评定。应用标准中选择 1 的评定曲线和第 1 类分析法，利用钢管材料的基本数据和管道设计许用应力的估计式，在偏保守的系数下，导出碳素钢、17Mn 和 Q390 低合金钢管中单面整圈未焊透的极限深度。

评价中，对于管道所受的应力分析应包括：

（1）管子由内压 p 产生的轴向膜薄应力 σ_z 和环向薄膜应力 σ_T

$$\sigma_z(p) = \frac{4p(D - S_e)}{S_e} \qquad (5 - 39)$$

$$\sigma_T(p) = 2\sigma_z(p) \leqslant \phi[\sigma] \qquad (5 - 40)$$

式中　S_e——有效厚度，S_e = 名义厚度 – 厚度附加量。

（2）管子对接环缝的对口错边量 b 引起的最大轴向弯曲应力 σ_b

$$\sigma_b(p) = \frac{3b\sigma_z(p)}{S} \qquad (5 - 41)$$

（3）由管道本身的重量引起的弯曲应力 σ_{ZW}。

（4）由管道自然补偿或膨胀节的弹性力引起的轴向应力 σ_D。

（5）由风力引起的弯曲应力 σ_{FW}。

（6）由支吊架的摩擦力产生的轴向应力 σ_W。

（7）由弹性弯曲力矩引起的补偿弯曲应力 σ_{bW}。

（8）在管道的对接环焊缝部位还存在着焊接残余应力 σ_r。

在管道设计中，管道的合成应力为

$$\sigma_H = \sigma_D + \sigma_M + 0.8\sqrt{\sigma_{ZW} + (\sigma_{FW} + \sigma_{bW})^2}$$

当操作温度 $t < 250℃$ 时，σ_{FW}、σ_D 和 σ_M 之和在合成应力中所占比例甚小，可以忽略不计，在管道的强度计算中可采用简化公式，即

$$\sigma_z(p) + \sigma_{ZW} + \sigma_{bW} < [\sigma] \qquad (5 - 42)$$

当管道的设计温度 $t \geqslant 250℃$ 时，$\sigma_H \leqslant r[\sigma]^{250℃}$。

R6 方法选择一个通用曲线方程：

当 $L_r < \overline{\sigma}/\sigma_Y$ 时，$K_r = (1 - 0.14L_r^2)[0.3 + 0.7\exp(-0.65L_r^6)]$。

当 $L_r \geqslant \overline{\sigma}/\sigma_Y$ 时，$K_r = 0$。

选用第 1 类分析方法，对上述钢材，在缺陷评定中其断裂韧度 K_{Ic} 的值为

$$K_{Ic} = 2500 \sim 3000 \text{N/mm}^{1.5}$$

144

从偏于安全考虑,取 $K_{Ic} = 2500\text{N/mm}^{1.5}$。

将环焊缝的内表面未焊透缺陷简化为内表面裂纹,即

$$\alpha L = \alpha\pi(D - S)$$

式中 α——表面缺陷的深度(mm);

$\quad\quad L$——缺陷的长度(mm)。

分别计算出缺陷部位的应力,包括对塑性破坏有作用的载荷引起的应力 σ_P,对塑性破坏无作用的载荷引起的应力 σ_S,计算出上述缺陷的 L_r 和 $K_r(L_r)$,进而计算出缺陷的极限尺寸。虽然所评定出的断裂韧度 K_{Ic} 等都偏于保守,计算的极限尺寸具有一定的安全度,但为了确保环缝中带有未焊透缺陷的管道能安全运行,对计算出的极限尺寸取安全系数为 2.4,得到表 5-7 中低压管道环缝未焊透深度的允许尺寸,比 GB 50236—2011 的规定值有所放宽,可供在用压力管道评定时参考。

表 5-7 中低压管道环缝未焊透深度的允许尺寸　　　　　　　　　　（mm）

钢种	操作温度 $t < 250\text{℃}$		操作温度 $t \geqslant 250\text{℃}$	
	在设计条件下	在设计条件下且 $\sigma_t(p) \leqslant 0.5\psi[\sigma]$	在设计条件下	在设计条件下且 $\sigma_H \leqslant [\sigma]^t$
10	$0.3S$ 且 $\leqslant 5$	$\leqslant 0.4S$ 且 $\leqslant 5$	$\leqslant 0.2S$ 且 $\leqslant 3$	$\leqslant 0.3S$ 且 $\leqslant 5$
20、20R	$\leqslant 0.3S$ 且 $\leqslant 3$	$\leqslant 0.4S$ 且 $\leqslant 4$	$\leqslant 0.2S$ 且 $\leqslant 0.2$	$\leqslant 0.3S$ 且 $\leqslant 4$
Q345、Q390	$\leqslant 0.3S$ 且 $\leqslant 3$	$\leqslant 0.4S$ 且 $\leqslant 3$	$\leqslant 0.15S$ 且 $\leqslant 2$	$\leqslant 0.25S$ 且 $\leqslant 2.5$

5.4.4　压力管道材料劣化的评价示例

某化肥厂高温变换炉入口管道原始设计寿命为 10^5h,已运行 129600h,试确定其能否继续使用。

1. 管道材料成分与力学性能分析

通过对高温变换炉的入口管道进行较为全面的检验和分析,并对其剩余寿命进行了估算。该管道操作压力为 2.95MPa,温度为 428℃,工艺介质组成如下表:

组分	N_2	Ar	H_2	CO	CO_2	CH_4
体积分数/%	22.46	0.27	57.26	12.29	7.42	0.30

管道规格 $\phi609.6\text{mm} \times 20\text{mm}$,材料为 ASTM A204GrB,其化学成分如下表:

组成成分	C	Si	Mn	P	S	Mo
质量分数/%	0.20~0.27	0.15~0.30	0.40~0.65	$\leqslant 0.035$	$\leqslant 0.04$	0.45~0.60

力学性能如下表:

抗拉强度 σ_b/MPa	屈服点 σ_S/MPa	断后伸长率 δ/%
490~600	280	21

2. 管道材料性能检查

管道材料性能检查的内容：

1）硬度检验

从入口管道切割下的试件加工后用 HV–10A 维氏硬度计,在 1kg 负荷下,测得管道内外壁硬度如下表:

测点编号	1	2	3	4	5	6	7	8	9	10	11	12	平均
内壁硬度/HV	72.3	92	47	83	46	46	103	106	51.3	57	57.2	57.6	69.1
外壁硬度/HV	122	110	119	108	129	119	115	122	126	111	122	123	118.8

从检验结果可见,管道内壁的硬度明显低于管道外壁。

2）冲击试验

按 GB/T 13311—1991《锅炉受压元件焊接接头机械性能试验方法》,加工 V 形缺口冲击试件,且分为两组,A 组缺口开在管道内壁,B 组开在管道外壁,在 JB30–A 型冲击试验机上试验,试验结果如下表:

缺口位置	内壁		外壁	
试件编号	A_1	A_2	B_1	B_2
冲击韧性 $a_K / J \cdot cm^2$	106.4	115.8	81.3	81.1

试验数据表明,缺口开在管道内壁时冲击韧度大于缺口开在管道外壁时的冲击韧度。从硬度测试和冲击试验均可得出,其管道内壁发生了一定程度的脱碳。

3）断口分析

对试样在冲击试验后的断口进行电镜扫描,观察纤维区的形貌,对两个断口电镜扫描的照片比较可见,缺口开在内壁的冲击断口韧窝明显多于缺口开在外壁的,这和冲击试验的结果是相符合的。

4）金相组织分析

对管道外壁和内壁分别作了金相组织分析。钢在长期高温条件下工作会发生金相组织和性能的变化,高温变换炉入口管道材料主要有脱碳、珠光体球化、石墨化的可能。

将管道内外壁金相组织照片进行比较,可以看出管道内壁的珠光体组织比管道外壁的少,也就是说管道内壁发生了脱碳,脱碳层的厚度 S_1 约为 2.7mm。从工艺气的组分来看,能使管道内壁发生脱碳的介质有二氧化碳和氢气,但工艺气的组分中,二氧化碳的分压小于一氧化碳的分压,所以不可能发生二氧化碳脱碳,据此判断只有氢气导致了管道内壁的金属脱碳。表面脱碳使钢的强度下降,塑性提高,脱碳部位的组织为铁素体。根据 1990 年修正的 Nelson 曲线看,操作温度在 428℃,管内氢气分压为 1.72MPa 时,入口管道用的材料不会出现氢蚀,且管道试样的多相组织也未发现晶界处的微裂纹。

珠光体的球化将降低材料的力学性能,缩短材料的使用寿命。在高温条件下容易出现珠光体的球化,其球化程度按金相组织特征依次列为:未球化→倾向球化→轻度球化→中度球化→完全球化→严重球化,并依次定为一至六级。入口管道的原始状态为正火态,金相组织为珠光体 + 铁素体。经对试样的金相观察,管材内壁组织特征为铁素体 + 珠光

146

体,珠光体形态尚分明,稍有分散,可定为轻度球化;管材外壁组织特征为珠光体 + 铁素体,珠光体形态明显,趋于分散,可定为倾向球化。

入口管道材料为 A204GrB 钢,据文献报道,只有在管壁温度达到480℃以上,且渗碳体三级球化后才可能发生石墨化。从金相组织可看到,该管道尚未发生石墨化。

5)强度校核

经现场测厚,管道实测最小壁厚 $S_{sh} = 21.5$mm,管道有效厚度 S_1 = 实测管壁厚度 – 管壁脱碳层厚度 = $(21.5 - 2.6)$mm = 18.8mm。

沿原管道试件内壁轴向均布的6点磨去脱碳层后测定的硬度值均高于106HV,因此在管道有效厚度上最小硬度为106HV,换算为抗拉强度 $\sigma_{b1} = 386$MPa。新管道材料的最低抗拉强度为 $\sigma_b = 490$MPa,故管道材料抗拉强度降低系数 $\eta = \sigma_{b1}/\sigma_b = 0.7877$。新管道许用应力 $[\sigma]_0^{t428℃} = 96.82$MPa,管道在操作温度下的许用应力 $[\sigma]_0^{t428℃} = \eta[\sigma]_0^{t428℃} = 76.265$。已知设计压力 $p = 3.1$MPa;温度 $t = 428℃$,管内径 $D_i = 572$mm,焊缝系数 $\phi = 1$,腐蚀裕量 $C = 3.0$mm,则实际所需壁厚:

$$\delta = \frac{pD_i}{2[\sigma]^t\phi - p} + C = 14.68\text{mm}$$

计算结果表明,管道仍然能满足设计条件下的强度要求,即 $S_i > \delta$。

6)剩余寿命估算

持久强度为主的综合分析法要求经过宏观检查,如表面缺陷、椭圆度和管壁厚度测量;金相组织检验,如珠光体球化程度、碳化物成分和管道内壁脱碳等;力学性能试验,抗拉强度 σ_b、冲击韧度 a_K 和硬度值等各项检查都满足要求,则按下式确定储备系数。

$$K_1 = \frac{\sigma_t}{\sigma_{2S}}, K_2 = \frac{\sigma_1}{\sigma_{2S}}$$

式中 σ_t——运行温度下持久强度极限(MPa);

σ_1——运行温度下蠕变极限(MPa)。

$$\sigma_{2S} = \frac{pd}{2S}$$

式中 p——设计压力(MPa);

d——管道中径(mm);

S——管道有效平均厚度(mm)。

若 $K_1 > 1.5$ 或 $K_2 > 1.0$,则可以推断管道能继续使用 10^5h。

对入口管道剩余寿命估算,设计压力 $p = 3.1$MPa,管道中径 $d = D_i + S_{sh} = 593.5$mm,有效平均厚度 $S = 18.8$mm,得 $\sigma_{2S} = 48.93$MPa。由于管道内表面已出现轻度球化,据文献记载可能导致材料高温持久强度下降10% ~ 15%。为了安全,取入口管道的有效壁厚上的持久抗拉强度为原始值的85%。在操作温度428℃时,A204GrB 材料的 10^5h 高温持久强度为95MPa,则入口管道的高温持久强度为 $\sigma_t = 0.85 \times 95$MPa = 80.75MPa,则

$$K_1 = \frac{\sigma_t}{\sigma_{2S}} = 1.65 > 1.5$$

因此,高温变换炉入口管道仍有 10^5h 的剩余寿命。但是,由于管道受到使用温度、载

荷和应力种类、介质的特性等情况的影响,使材料性能不断劣化,且该材料在低于 Nelson 曲线条件下仍有发生氢损伤的实例,故该管道的检验周期不能大于 6 年。

5.4.5 ASME XI IWB‐3650 压力管道缺陷评定规范介绍

压力管道不可避免地存在着原始的或使用中产生的缺陷,由于生产上、经济上的原因,不可能对含有超标缺陷的管道全部进行修复和更换。由于管道支撑及受载复杂,内压往往不是影响压力管道的主要载荷,弯曲应力、热膨胀应力则是表征其承受载荷的特征,且多集中在焊缝,往往还涉及动载荷,因而管道的缺陷评定与压力容器的缺陷评定有很大不同。美国机械工程师协会 ASME XI IWB‐3650 及附录 H《铁素体钢管道缺陷评定规程及验收准则》(1989 年颁布)和 IWB‐3640 及附录 C《奥氏体钢管道缺陷评定规程及验收准则》(1986 年颁布)是在经过大量理论分析、数值计算和试验研究后,把结果加以整理简化编制出来的,它以使用极为方便的表格和简单算式的形式表示,使得具有较少断裂力学知识的工程技术人员也可以依照规范中的步骤去评定管道的失效情况。

ASME XI IWB‐3650 是一个技术先进的压力管道缺陷评定规范。该规范不仅可对脆性断裂失效、塑性破坏(失稳)失效进行评定,还能进行弹塑性断裂评定。给出的弹塑性断裂评定不是简单的启裂评定,而是包括了启裂后韧性撕裂材料抗力增强直到韧性撕裂失稳极限载荷分析,因而是一种技术上先进的断裂力学分析方法。这是一个使用极为简单的评定方法。首先,根据管径及缺陷几何尺寸、材料性能、外载大小计算参量 S_C 值,判别出潜在失效的模式,然后根据不同的失效模式查用相应的表格和算式。

当 $S_C < 0.2$ 时,可以判断为塑性破坏失效模式,一般小口径管道,特别是奥氏体不锈钢管道失效都处于这种失效模式控制之内。这时只要通过塑性力学给出的简单计算公式就可计算含缺陷管道的极限载荷或允许缺陷深度。也可以按规范提供的表格,按薄膜应力和弯曲应力水平、材料设计许用应力及缺陷长度就可查得允许缺陷深度。若 $S_C = 0.2 \sim 1.8$,则可以判断为韧性撕裂失效模式,较大口径的铁素体钢管大多属于这种失效模式。这时必须涉及非常复杂的韧性撕裂弹塑性断裂问题分析,但该规范规定先按 $S_C < 0.2$ 时那样求得塑性破坏极限载荷,再除以规范给出的 Z 值,就可得到韧性撕裂极限载荷了。规范给出的 Z 值是编制者通过大量断裂力学分析并考虑适当安全系数后,给出的塑性破坏极限载荷与韧性撕裂极限载荷的比值,并以管径、壁厚和材料强度为函数的关系式表示。如 $S_C > 1.8$ 则属于脆性断裂控制,要求采用线弹性断裂力学的方法,即以应力强度因子为判据。

1. 潜在失效模式判别的方法和理论基础

失效模式判别的筛选准则可用图 5‐19 表示。在失效评定图(FAD,图 5‐20)中 K'_r、S'_r 分别为纵坐标和横坐标,$K'_r = K_I / \sqrt{E'J_{IC}}$,$S'_r = P/PL$,$K_I$ 为应力强度因子,J_{IC} 为管道材料的断裂韧度,P 为外加载荷或应力,PL 为参考塑性极限载荷或应力,由屈服极限 σ_y 确定,因而 S_C 的值即代表了通过坐标原点的直线斜率,$S_C = 0.2$ 和 $S_C = 1.8$ 的两条线已示于图中。从失效评定曲线的特征可见,上部平坦段代表了脆断控制失效,筛选准则中 $K'_r / S'_r > 1.8$ 的管道对应此种潜在的失效模式,采用线弹性断裂力学(LEFM)的方法进行缺陷评价;曲线中具有向下变化趋势的中段代表了韧性撕裂的弹塑性断裂控制失效,筛选准则中 $0.2 \leqslant K'_r / S'_r \leqslant 1.8$ 的管道对应此种潜在的失效模式,故采用弹塑性断裂力学

（EPFM）的方法进行缺陷评价；垂直线代表了塑性极限载荷控制的失效，筛选准则中 $K'_r/S'_r < 0.2$ 的管道对应此种潜在的失效模式，故采用极限载荷的方法进行缺陷评价。

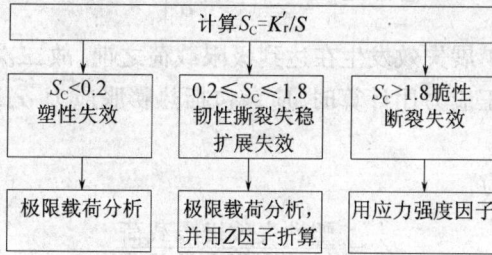

图 5-19　碳钢管失效模式判别的筛选准则

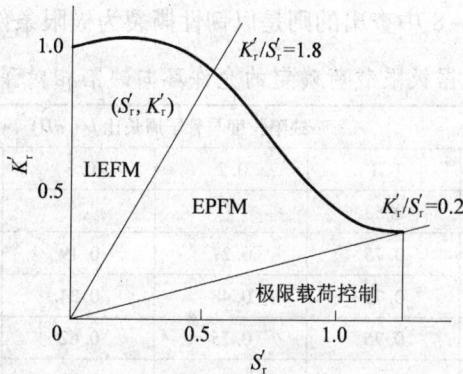

图 5-20　失效评定图

当已知管道材料或焊缝的 J_{Ic} 值时，可以通过直接代入进行计算得到所需要的 K'_r 值，进而确定 S_C 的值。考虑到有些 J_{Ic} 值难以测定或某些使用这种规范者不会测定 J_{Ic} 值，也就是不能获得 J_{Ic} 值，ASME 规范推荐了一保守值，如对碳钢材料评定环向缺陷时可取 $\sigma_y = 27.1K_{si}$（186.9MPa）；$J_{Ic} = 600\,lb/in$（0.105MN/m）。

2. 塑性破坏极限载荷分析

ASME XI IWB-3650 以表格的形式给出了管道按塑性失效的极限载荷下的允许缺陷深度 α/S 值，表 5-12 给出了这些表格中的一个典型实例，查表时只需知道缺陷相对长度和外加载荷引起的应力与设计许用应力和 $[\sigma]$ 的比值（应力比）。表 5-12 中：

（1）已包含有 2.77 的安全系数。

（2）应力比 $= (\sigma_m + \sigma_b)/[\sigma]$，$\sigma_m$ 和 σ_b 分别为薄膜应力和弯曲应力（由于是以塑性失效为依据的，故认为达到破坏时二次应力已释放，故评定时只考虑一次应力）。

（3）弹塑性撕裂失稳扩展失效时应力比用另外公式计算。

（4）轴向缺陷评定时，应力比 $= (pD/2S)/[\sigma]$。

3. 韧性撕裂失稳扩展的折算因子 Z

韧性撕裂失稳扩展失效的弹塑性断裂力学是相当复杂的，ASME 管道缺陷评定规范将弹性断裂分析的结果工程实用化，借用根据极限载荷确定的塑性失效时允许缺陷尺寸表（表 5-12），直接查出韧性撕裂失稳扩展失效的允许缺陷尺寸。在查表时，应将失效评定图中的纵坐标的应力比乘以应力修正因子 Z，例如在评价环向缺陷时，有

149

$$应力比 = Z \frac{\sigma_m + \sigma_b + \dfrac{\sigma_e}{2.77}}{[\sigma]}$$

由于韧性撕裂失稳扩展失效发生在达到极限载荷之前,故二次应力在达到失效破坏时,并不释放,因而在修正应力比计算时,应该包括热膨胀应力 σ_e,但其安全系数应该取为1。

Z 因子的物理意义为

$$Z = \frac{塑性失效极限载荷}{韧性撕裂失效载荷}$$

故必有 $Z \geqslant 1.0$,即 $1/Z$ 表示韧性撕裂降低了管道的承载能力的下降程度,因而以 Z 因子计算的应力比在表5-8中查出的则是以韧性撕裂为极限条件的容许缺陷尺寸。

表5-8 根据极限载荷确定的允许环向缺陷相对深度 a/S 值

应力比	缺陷长度与管子周长比 $l/(\pi D)$					
	0.05	0.1	0.2	0.3	0.4	$\geqslant 0.5$
$\geqslant 1.2$	0.21	0.53				
1.1	0.75	0.75	0.27	0.19	0.16	0.13
1.0	0.75	0.75	0.48	0.34	0.28	0.23
0.8	0.75	0.75	0.75	0.62	0.50	0.39
0.6	0.75	0.75	0.75	0.75	0.70	0.53
0.4	0.75	0.75	0.75	0.75	0.75	0.66
$\leqslant 0.2$	0.75	0.75	0.75	0.75	0.75	0.75

规范在确定 Z 因子时,先用弹塑性断裂力学方法由管道的 J_R 阻力曲线,分析计算了不同材料、不同管径和壁厚、不同缺陷尺寸的管道韧性撕裂失稳失效载荷,同时也计算了相应的塑性失效极限载荷,两者相除即得到众多的 Z 因子值。因当时表面裂纹管道积分计算公式尚未出现,故其推导和实际验证均采用穿透裂纹管。对这些 Z 因子的计算结果进行整理和简化后,规范中给出了两种非常简单的 Z 因子算式。一般是以材料断裂韧度、拉伸强度指标、管径(R)及壁厚(S)的函数表示,如当 $J_{Ic} \geqslant 10501bf/in(0.184MN/m)$ 时,

$$Z = 1.958 \frac{\sigma_f}{[\sigma]\sigma_y^{0.46}}[1 + 0.0152(D-4)A]$$

其中

$$A = \begin{cases} \left[0.125\dfrac{R}{S} - 0.25\right]^{0.25} & \left(5 \leqslant \dfrac{R}{S} \leqslant 10\right) \\[2mm] \left[0.4\dfrac{R}{S} - 3.0\right]^{0.25} & \left(10 \leqslant \dfrac{R}{S} \leqslant 20\right) \end{cases}$$

式中　D——公式管径(英寸),1英寸 = 0.0254m;

σ_f——材料的流变应力,一般取 $\sigma_f = \dfrac{1}{2}(\sigma_y + \sigma_u)$;

σ_y、σ_u——管材或焊缝的屈服极限和强度极限。

150

将上式进一步简化,推荐一个与材料性能无关的更保守的 Z 因子算式:

$$Z = 1.20[1 + 0.21A(D - 4)]$$

含周向缺陷的管道,随着轴向薄膜应力的增加,Z 因子也有少量增加。随着裂纹角和管径的增大,这种趋势更加明显,表明失效模式将逐渐由塑性失稳控制变成弹塑性断裂控制。同时,Z 因子忽略了裂纹角对裂纹启裂和韧性失稳扩展的影响,用 Z 因子估算启裂载荷将变得偏危险。对于 4~26 英寸的管子,当 $2\theta = 125°$ 时,用 Z 因子估算法得到的韧性撕裂失稳扩展载荷将比实际的启裂载荷大 14%~54%。当 $2\theta = 125°$ 时,载荷因子在其他参数不变时达到极值,因此,上述简化的 Z 因子不适用于弹塑性启裂评价。对在用工业管道,据目前收集到的事故实例,绝大多数是由于介质泄漏引起的,因此对含缺陷管道采用弹塑性启裂评价是必须的。用载荷因子(F_i)法进行弹塑性启裂评定。F_i 与 S_C 的对应关系见表 5 - 9。在进行弹塑性启裂评价时,只需将外载荷放大 F_i 倍,直接查 ASME 塑性失效允许缺陷尺寸表(表 5 - 8)便可得弹性塑性断裂失效模式下的许可缺陷尺寸。

表 5 - 9 弹塑性启裂评定载荷因子 F_i 表

S_C	F_i	S_C	F_i	S_C	F_i	S_C	F_i	S_C	F_i
0.20	1.00	0.55	1.19	0.90	1.39	1.25	1.67	1.60	2.03
0.25	1.02	0.60	1.21	0.95	1.42	1.30	1.72	1.65	2.09
0.30	1.06	0.65	1.24	1.00	1.46	1.35	1.77	1.70	2.14
0.35	1.09	0.70	1.27	1.05	1.50	1.40	1.82	1.75	2.20
0.40	1.11	0.75	1.29	1.10	1.54	1.45	1.87	1.80	2.25
0.45	1.14	0.80	1.32	1.15	1.58	1.50	1.92		
0.50	1.16	0.85	1.35	1.20	1.62	1.55	1.98		

4. 评定实例

某厂重整机 101 入口线管道在 1993 年大修时射线和超声波探伤评定存在未熔合缺陷,深度为 2mm,使用 ASME XI IWB - 3650 对缺陷进行评定。

受评定管道的材料和工艺参数如下表:

管道名称	底片编号	材料	操作压力	操作温度	介质
机 101 入口线	2 - 1 - 6	20	2.1MPa	40℃	H_2

材料性能如下表:

材料	温度	σ_u	σ_y	σ_e	E
20	常温	392MPa	245MPa	0.207MPa	19800MPa

管道几何尺寸如下表:

管道号	外径 D_o	中径 D	壁厚 S
机 101 入口线	377mm	367mm	10mm

缺陷可简化为半椭圆形表面裂纹,几何尺寸如下表:

底片号	裂纹长度 $2C$	裂纹角 θ	裂纹深度 a	等效深度 $\bar{a}$
2-1-6	576.5mm	0.5	2mm	3.73mm

缺陷所在截面(环焊缝)应力分析。膜应力按薄壁壳体公式计算,弯曲应力由 SSAP91 有限元程序进行分析,焊接残余应力取等于 0.2 倍屈服强度,则缺陷所在截面的应力水平如下表:

底片号	σ_1/MPa	σ_b/MPa	σ_r/MPa	总的 σ_z/MPa
2-1-6	19.3	52.0	49.0	120.3

按 ASME XI IWB-3650 评定有:

$$K'_r = 0.214, \quad L'_r = 0.214, \quad S_C = 1.11$$

查表可得

$$F_i = 1.51 = 4$$

载荷比为

$$F_i(P_m + P_b)/[\sigma] = 0.85$$

查表可得 $a_m/S = 0.32$

则

$$a_m = 0.32 \times 10mm = 3.2mm > 2.0mm$$

所评定的缺陷是允许的。

习　题

5-1　可能导致压力管道振动的振源有哪些? 管道振动有何危害?

5-2　对振动过大的管道可采取哪些措施控制其振动?

5-3　何谓两相流,两相流与管道振动有什么关系? 如何减轻两相流引起的管道振动?

5-4　引起管道一次应力和二次应力的静载荷,其性质不同表现在什么地方?

5-5　已知管子外径 $D_w = 273mm$,为普通无缝钢管,管内压力 $P = 12MPa$,管材在工作温度下的许用应力 $[\sigma]^t = 113.1MPa$,腐蚀余量 $C_2 = 1mm$,求管子计算壁厚。

5-6　管子弯管的弯曲半径 $R = 500mm$,外径 $D_w = 159mm$,管材在工作温度下的许用应力 $[\sigma]^t = 116MPa$,内压 $P = 12MPa$,求弯管理论壁厚。

5-7　从安装角度看,压力管道材料选用的原则是什么?

5-8　压力管道腐蚀减薄后,其安全性如何评定?

5-9　压力管道材料劣化后怎样评定其安全性?

第6章 压力容器及管道的检测

无损检测技术是保证产品质量和设备安全运行的一门技术,是在当前物理学、电子学、电子计算机技术、信息处理技术、材料科学等学科成果基础上发展起来的一门综合性技术。按照不同的原理和不同的探测方法及信息处理方式,详细统计各种无损检测方法可达 70 余种,对压力容器及管道的常规检测包括宏观检测、理化检测和无损检测。宏观检测主要指直观检测和工具检测,无损检测包括射线检测、超声波检测、表面检测等。

其中最常用的是射线检测、超声检测、磁粉检测、渗透检测和涡流检测五种常规检测方法。

6.1 宏 观 检 测

1. 直观检测

直观检测就是检查人员凭借感觉器官对装备进行检测,判别缺陷。

常用的直观检测即通过眼睛观察。检测装备整体和各构件结构是否合理,表面是否有腐蚀、变形、磨损、渗漏等现象。对眼睛观察所怀疑的地方,可用砂布打磨干净,再用浓度为 10% 的硝酸酒精溶液将可疑处浸湿、擦净,用放大镜进一步观察。

对容器封闭部分、内部检测,可用灯光检测,如手电筒、反光镜、窥测镜等将被检测部位照明或放大。复杂结构部分也可用手触摸表面发现缺陷。

锤击检查是利用手锤(0.5kg 左右)轻轻敲击被检金属表面,根据锤击时发出的声音和小锤反弹程度(凭手感)来判断该部位是否存在缺陷。

2. 工具检测

利用各种工具、量具对装备进行内、外表面的检测,各构件相对位置、变形的检测等为工具检测。根据被检测对象的要求不同,工程上使用的工具、量具较多。

常利用平直尺和各种形状样板检测表面的平直度、弧度等判别其变形的大小,如图6-1和图6-2所示。

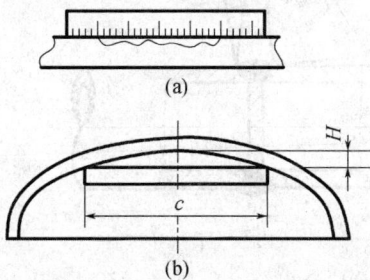

图 6-1 直尺检查样板检测

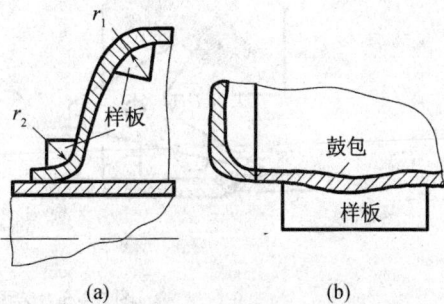

图 6-2 样板检测

对在役或腐蚀较严重装备,需要进行测厚、测深,以确定其实际尺寸,经常用超声波测厚仪进行,也可采用钻孔法检测实际厚度(见图6-3),但应注意尽量少钻孔,孔径以6~8mm为宜,用回形针配合直尺测量。钻孔法还可以用于对裂纹在夹层的深度或发展长度的检测。检测完毕后,需电焊补平。

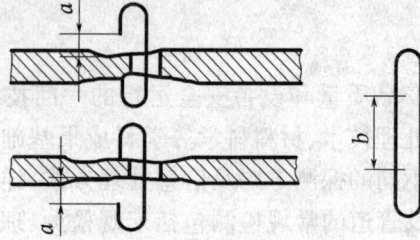

图6-3 钻孔法测厚

利用专用的焊缝检测尺可以检测焊缝的外形尺寸和装配焊接后的相对位置,如图6-4和图6-5所示。

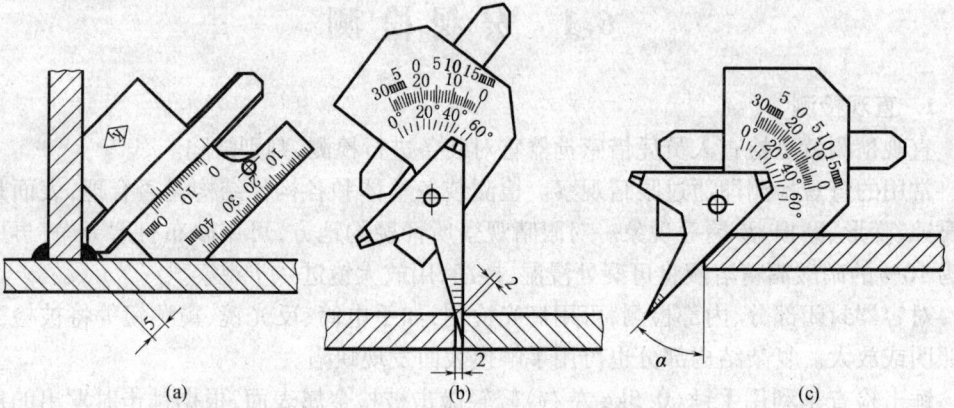

图6-4 焊缝外形检测
(a)测量焊缝高度;(b)测量对口间隙;(c)测量坡口角度。

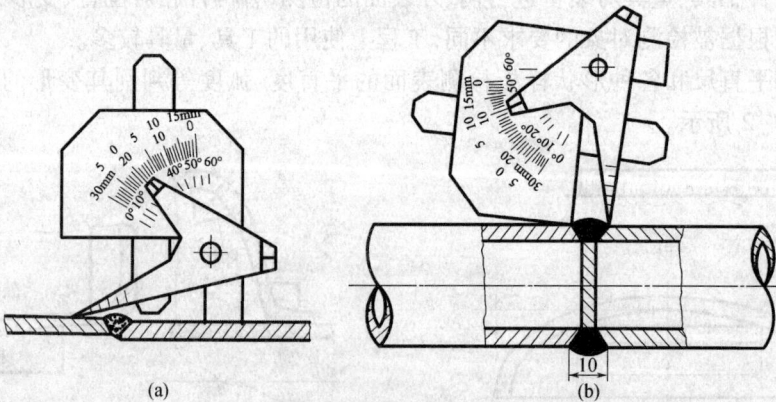

图6-5 装配焊接后相对位置检测
(a)测量装配件的相对位置;(b)测量焊缝宽度。

6.2　理化检测

理化检测是用物理和化学方法分别检测装备构件的母材及焊接接头的力学性能、金相组织及其所含化学元素种类和含量,从而判别材质和焊接接头的缺陷。

对钢制压力容器的理化检测,在工程上的重要国家行业标准之一— JB 4708—92《钢制压力容器焊接工艺评定》中,规定了钢制压力容器焊接工艺评定规则、试验方法和合格标准。其中对压力容器使用的母材(钢号)规定了相应的国家标准号,并根据其化学成分、力学性能和焊接性能分别进行了分组,提出了相应的评定规则,规定了试件和试样的制备、检测目的、试验方法及合格指标等,最后做出焊接工艺指导书和焊接工艺评定报告用于指导生产。

6.3　射线检测及缺陷等级评定

目前射线检测主要有 X 射线检测、γ 射线检测、高能 X 射线检测(能量在 1MeV 以上的 X 射线,由电子加速器获得)和中子射线检测,前两种应用普遍。

6.3.1　X 射线、γ 射线的产生和性质

1. X 射线的产生

X 射线主要由 X 射线管产生,在真空玻璃外壳内的阴极(灯丝)和阳极(靶面)之间加上几十至几百千伏高电压,被加热的灯丝放出电子在高电压电场作用下,以极高的速度撞击到靶面,产生大量热能和少量 X 射线能量。

由 X 射线管产生的 X 射线按其波长不同可分为连续 X 射线和标识 X 射线,射线检测中,X 射线管所产生的都属于连续 X 射线,不采用标识 X 射线。

连续 X 射线的最短波长 λ_{min}(此时具有最高能量的光子)为

$$\lambda_{min} = \frac{1.2394}{U}(nm) \qquad (6-1)$$

式中　U——射线管电压(kV)。

连续 X 射线的转换效率 η 为

$$\eta = \eta_0 z U \qquad (6-2)$$

式中　η_0——比例常数,为 10^{-6};

　　　z——阳极靶材料原子序数,钨靶 $z=74$。

可见管电压高则波长越短;转换效率与阳极靶材料和管电压有关,当靶材料选定时,η 随 U 升高而提高。

2. γ 射线的产生

γ 射线是由放射性同位素的核反应、核衰变或裂变放射出的。γ 射线检测常用的放射性同位素有 ^{60}Co、^{192}Ir 等,它们是不稳定的同位素,能自发地放射出某种粒子(α、β 等)或 γ 射线后会变成另一种不同的原子核,这种现象称为衰变。因此,放射性物质的能量

会自然地逐渐减少,减少的速度(衰变速度)不受外界条件(如温度、压力等)的影响,可用半衰期 $\tau_{1/2}$ 反映。

半衰期是指放射元素原子核数目因衰变而减少到原来原子核数目一半时所需要的时间。

$$\tau_{1/2} = \frac{0.693}{\lambda} \tag{6-3}$$

γ 射线与 X 射线检测的一个重要不同点是,γ 射线源无论使用与不使用其能量都在自然地逐渐减弱。

3. 射线的性质

X 射线、γ 射线同是电磁波,后者波长短、能量高、穿透能力大。两者性质相似。X 射线的主要性质如下:

(1) 不可见,直线传播;

(2) 不带电,不受电场、磁场影响;

(3) 能穿透可见光不能透过的物质,如金属材料;

(4) 与光波相同,有反射、折射、干涉现象;

(5) 能被传播物质衰减;

(6) 能使气体电离;

(7) 能使照相胶片感光,使某些物质产生荧光作用;

(8) 能产生生物效应,伤害、杀死生命细胞。

6.3.2 射线检测的原理和准备

1. 射线检测原理

利用射线检测时,若被检工件内存在缺陷,缺陷与工件材料不同,其对射线的衰减程度不同,且透过厚度不同,透过后的射线强度则不同。如图 6-6 所示,若射线原有强度为 J_0,透过工件和缺陷后的射线强度分别为 J_δ 和 J_x。胶片接受的射线强度不同,冲洗后可明显地反映出黑度差部位,即能辨别出缺陷的形态、位置等。

已知 $J_\delta = J0e^{-\mu\delta}$

则 $J_x = J0e^{-\mu(\delta-x)}$

透过后射线强度之比为

$$\frac{J_x}{J_\delta} = e^{\mu x} \tag{6-4}$$

式中 μ——衰减系数;

x——透照方向上的缺陷尺寸;

e——自然对数的底。

可见沿射线透照方向的缺陷尺寸 x 越大,衰减系数 μ 越大,则有无缺陷处的射线强度差越大,J_x/J_δ 值越大,在胶片上的黑度差越大,越易发现缺陷所在。

2. 射线检测准备

在射线检测之前,首先要了解被检工件的检测要

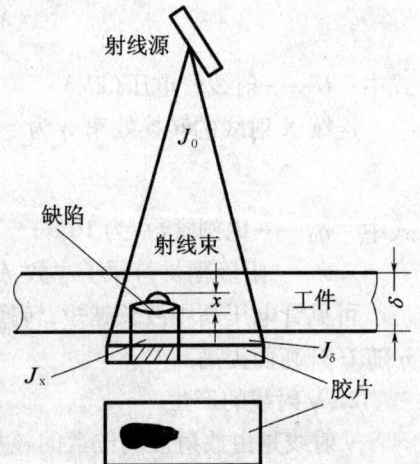

图 6-6 X 射线探伤原理

156

求、验收标准,了解其结构特点、材质、制造工艺过程,结合实际条件选择合适的射线检测设备、附件,如射线源、胶片、增感屏、象质计等,为制定必要的检测工艺、方法做好准备工作。

1）射线源的选择

选择射线源应考虑射线能量,这是主要考虑的项目。能量大、穿透力强、透照厚度增大,可以穿透衰减系数较大的材料。生产中首先要保证设备的能量能够穿透被检工件,但能量过大不仅浪费,而且会降低胶片的黑度反差效果等。因此,在曝光时间许可的条件下,应尽量采用较低的射线能量。例如,选用400kV以下的X射线透照焊缝时,不同厚度材料允许使用的最高X射线管电压如图6-7所示。

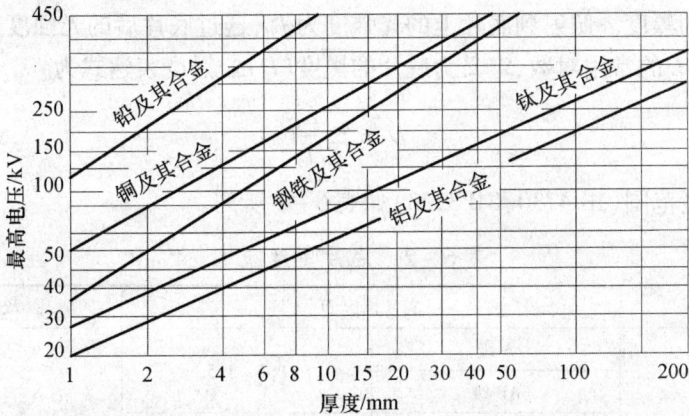

图6-7 透照不同厚度材料时允许使用的最高X射线管高压

γ射线透照钢件的适宜厚度范围如表6-1所列。

表6-1 γ射线透照钢件的适宜厚度范围

射线源	高灵敏度技术	低灵敏度技术	射线源	高灵敏度技术	低灵敏度技术
^{192}Ir	18~80	6~100	^{60}Co	50~150	30~200
^{137}Cs	30~100	20~120	^{169}Yb	2~12	1~15

2）胶片的选择

射线检测的结果是利用胶片显示和记录保存的,了解和选择好胶片是保证透照影像质量和结果可靠性的重要环节。

（1）胶片的构造及作用。

胶片的构成如图6-8所示。其各自成分的作用如下:

① 基片:是胶片的基体,由乙酸纤维制成,国外多用聚酯基片(或称涤纶基片),厚约0.25~0.30mm,占胶片的70%左右。聚酯片更薄,韧性好、强度高,更适于自动冲洗。

② 感光乳剂层(感光药膜):其主要成分是极小的溴化银微粒和明胶,两者组成悬浮体,两面各约厚10~20μm。溴化银接受不同程度射线照射后析出多少不同的银,经过潜影、显影、定影处理,在胶片上将显示出黑度不同的影像。

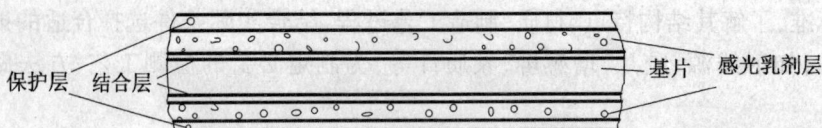

图6-8 胶片的构成示意

③ 结合层(底膜):由明胶、水、有机溶剂和酸等组成,可使感光乳剂层和基片牢固地粘结在一起,防止乳剂层在冲洗时从基片上脱落下来。

④ 保护层(保护膜):由透明的胶质或高分子化合物组成,厚约 $1 \sim 2 \mu m$,涂在乳剂层上防止污染和磨损。

(2) 底片的黑度。照射到底片上的光强度为 L_0,透过底片后的光强度为 L(均不是射线强度),则 L_0/L 的常用对数,定义为底片的黑度(D)。黑度表达式为

$$D = \lg \frac{L_0}{L} \tag{6-5}$$

底片的黑度范围(JB 4730、GB 3323)如表6-2所列。

表6-2 底片黑度范围

射线种类	底片黑度 D		灰雾度 D_0
X 射线	A 级	$1.2 \sim 3.5$	≤0.3
	AB 级		
	B 级	$1.5 \sim 3.5$	
γ 射线	$1.8 \sim 3.5$		

对无余高的焊缝,选择最佳黑度为2.5;有余高的焊缝,母材黑度为 $3 \sim 3.5$,焊缝黑度为 $1.5 \sim 2.0$。黑度值由经常年检的可靠黑度计来测定。

(3) 底片的保存。

检测前的胶片应保存在低温、低湿度的环境中,室温在 $10 \sim 15℃$,相对湿度在55%~65%为宜。并且避免与有害、腐蚀性气体(如煤气、乙炔气、氨气、硫化氢等)接触,避免胶片的人为缺陷产生,如变形、折压、划损、污染等。

检测后的底片及评定结果应有检测报告,保存五年以上,随时待查。

(4) 射线透照质量等级。

分为(JB 4730)A 级(普通级)、AB 级(较高级)和 B 级(高级)。如对锅炉焊缝射线检测时,一般情况下选 AB 级照相方法,重要部位可考虑 B 级,不重要部位选 A 级。

3) 增感屏的选择

射线照相时,透过工件到达胶片上的射线能量只有很少一部分被胶片吸收(约为1%),使胶片感光,若想达到预定感光效果,势必要考虑增加感光时间等工艺内容,即使这样往往也不能达到预定效果,为此常在胶片两侧加上增感屏来增强胶片的感光效果,加快感光速度,减少透照时间,提高效率和底片质量。

增感屏有金属增感屏、荧光增感屏和金属荧光增感屏。前一种应用普遍,后两种应用较少,且只限于 A 级。

4）象质计的选择

象质计（透度计）基本上有三种类型：金属丝型、平板孔型、槽型。中国国家标准规定采用金属丝型，即线型象质计。其构造如图6-9所示，由7根不同直径的金属丝构成。

象质计的应用原理是将其放在射线源一侧被检工件部位（如焊缝）的一端（约被检区长度的1/4处），金属丝与焊缝方向垂直，细丝置于外侧，与被检部位同时曝光，则在底片上应观察到不同直径的影像，若被检工件厚度、检测透照条件相同时，能识别出的金属丝越细，说明灵敏度越高。

图6-9　线型象质计

射线照像相对灵敏度（K）表示为

$$K = \frac{d}{\delta} \times 100\% \qquad (6-6)$$

式中　K——相对灵敏度（%）；

d——底片上可识别出的最细金属丝直径（mm）；

δ——被检工件的穿透厚度（mm）。

线型象质计组别如表6-3所列；线型象质计可以表示的灵敏度范围如表6-4所列。

表6-3　线型象质计组别（GB 5618—85）

组别	$R'10$ 系列			$R'20$ 系列		
	1/7	6/12	10/16	(1)/(7)	(6)/(12)	(10)/(16)
线直径/mm	3.20	1.00	0.40	6.30	3.60	2.20
	2.50	0.80	0.32	5.60	3.20	2.00
	2.00	0.63	0.25	5.00	2.80	1.80
	1.60	0.50	0.20	4.50	2.50	1.60
	1.25	0.40	0.16	4.00	2.20	1.40
	1.00	0.32	0.125	3.60	2.00	1.25
	0.80	0.25	0.100	3.20	1.80	1.10

表6-4　线型象质计可以表示灵敏度范围（GB 5618—85 附录 A）

穿透厚度/mm	象质计组别					
	10/16	6/12	1/7	(10)/(16)	(6)/(12)	(1)/(7)
	0.5~2	1.25~5				
50	0.2~0.8	0.5~2	1.6~6.4			
100		0.25~1	0.8~3.2	1.1~2.2		
150		0.17~0.67	0.53~2.1	0.73~1.47	1.2~2.4	
200			0.4~1.6	0.55~1.1	0.9~1.8	1.6~3.2
250			0.32~1.28	0.44~0.88	0.72~1.44	1.28~2.52
300				0.37~0.73	0.6~1.2	1.07~2.1
350				0.31~0.63	0.51~1.03	0.91~1.8
400					0.45~0.9	0.8~1.58

5）射线检测的几何条件

（1）几何不清晰度 u_g。

射线检测的最后准备工作就是几何条件的确定，合适的几何条件可以达到发现缺陷的最佳灵敏度。几何条件要确定的主要内容是射线源有效焦点尺寸（d）、焦点至胶片距离（焦距 F）、缺陷至胶片距离（b）、焊缝透照厚度比（k）及一次透照长度等参数的确定。如图 6 - 10 所示，在具有一定尺寸的射线源照射下，透过有缺陷的工件时，会在底片影像边缘部分产生一定宽度的半影区，此半影区即为几何不清晰度 u_g。

$$\frac{u_g}{d} = \frac{OD}{OA}$$

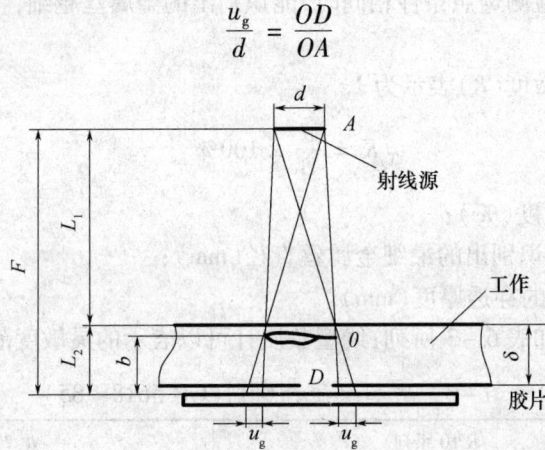

图 6 - 10　几何不清晰度 u_g 的产生

因

$$OD \approx b \approx \delta \approx L_2, OA \approx F - b \approx L_1$$

可得

$$\frac{u_g}{d} = \frac{b}{F - b}$$

即

$$u_g = \frac{dL_2}{L_1} \tag{6-7}$$

$$u_g = \frac{d\delta}{F - \delta} \tag{6-8}$$

式中　d——有效焦点尺寸（mm）；

　　　L_1——射线源到工件上表面的距离（mm）；

　　　L_2——胶片至工件上表面的距离（mm）；

　　　δ——被检工件在透照方向上的厚度（在此条件下，即为工件厚度，单位为 mm）；

　　　F——焦点至胶片距离即焦距（mm），$F = L_1 + L_2$。

由式（6-7）可知，d/L_1 越小，底片上的影像就越清晰。因此在可能的条件下，应尽量选择焦点尺寸小的射线源，并适当增加射线源至工件上表面的距离。同时还要注意，胶片应紧紧贴在被检工件上，这也是主要提高影像清晰度的主要工艺方法之一。另外由图

160

6-10 可知,在 d/L_1 一定的条件下,u_g 随着工件厚度的增加而增大。

以上介绍的 u_g 实际上是不同深度缺陷影像中的最大值(因此时认为 $b \approx \delta \approx L_2 \approx OD$)。缺陷越靠近胶片,则所得影像的轮廓就越清晰。因此,标准中规定用以衡量透照灵敏度的象质计应放在靠近射线源一侧的焊缝表面上,以保证在整个透照厚度范围内都能达到象质计所显示的透照灵敏度。

对 u_g 值影响较大的参数是射线照相的焦距 $F(L_1 + L_2)$。实际检测中经常使用的焦距范围在 500~1000mm 之间。在欧美国家,标准的焦距是 700mm。

目前在世界上主要工业国家的射线照相标准中,控制 u_g 的主要方法有两种:①区别不同的底片级别或对不同的透照厚度范围分别规定允许的 u_g 值;②将 u_g 的允许值视为变量,其值随着透照厚度的增加而增大,随底片级别的改变而改变。中国标准、德国标准(DIN 54111—1998)和国际标准(ISO 5579—1985)目前采用后一种办法控制 u_g。

GB 3323—87 中公式为

$$\begin{cases} \dfrac{L_1}{d} \geq 7.5 L_2^{2/3} & \text{(A 级)} \\[2mm] \dfrac{L_1}{d} \geq 10 L_2^{2/3} & \text{(AB 级)} \\[2mm] \dfrac{L_1}{d} \geq 15 L_2^{2/3} & \text{(B 级)} \end{cases} \qquad (6-9)$$

与式(6-9)一同将允许的 u_g 控制为

$$\begin{cases} u_g \leq \dfrac{2}{15} L_2^{2/3} & \text{(A 级)} \\[2mm] u_g \leq \dfrac{1}{10} L_2^{2/3} & \text{(AB 级)} \\[2mm] u_g \leq \dfrac{1}{15} L_2^{2/3} & \text{(B 级)} \end{cases} \qquad (6-10)$$

根据式(6-9)做出的最小 L_1/d 与 L_2 的关系如图6-11所示。根据梯形的中线原理和式(6-9)做出的确定最小 L_1 的诺模图,如图6-12所示。诺模图即用三条尺度线表示一个三元方程(例如 d、L_2、L_1)的线图,使得任一直线与这三条尺度线相交时,所得的三个交点均满足该方程。基于这一原理,对于确定的 d 和 L_2 值,在诺模图6-12上作过 d 和 L_2 两点的直线相交于 L_1 轴,其交点值即为在 d 和 L_2 确定的条件下满足式(6-9)要求的最小 L_1 值。查出最小 L_1 值后应化整到较大的整数值使 u_g 满足式(6-9)的规定。

不清晰度的影响因素除上述的几何不清晰度 u_g 之外,还有固有不清晰度 u_i(表6-5),运动不清晰度 u_m,散射线、胶片粒度、底片灰雾度、显影条件等多种影响因素。

表6-5 不同射线能量下的固有不清晰度 u_i 值

项 目	X 射线				γ 射线		
	100~250kV		250~420kV		^{192}Ir	^{60}Co	
增感屏类型	无	铅	铅	荧光	铅	铅	钢
u_i/mm	0.08	0.13	0.15	0.3~0.4	0.23	0.63	0.43

161

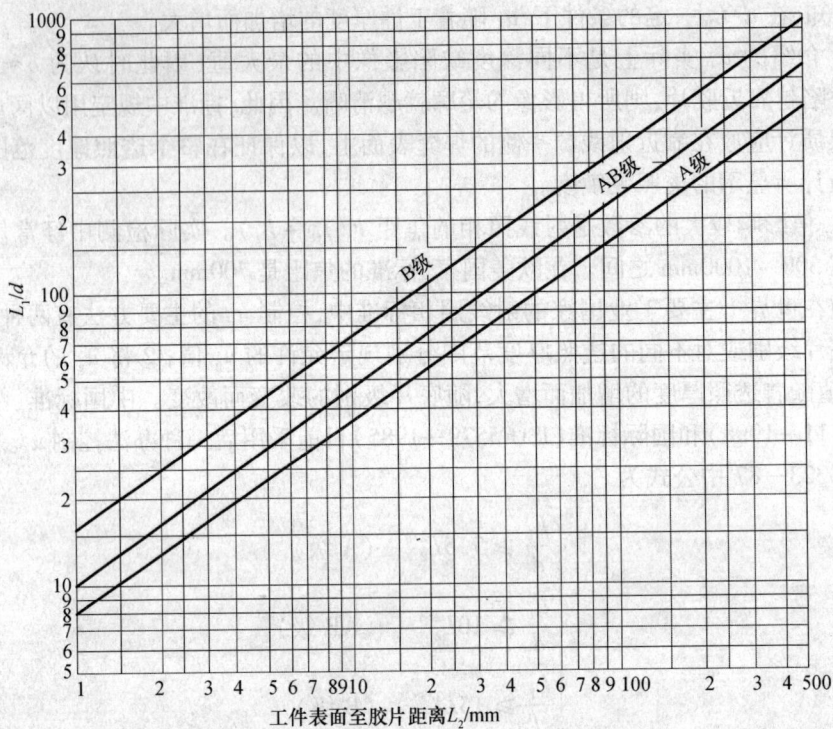

图 6-11 最小 L_1/d 值与工件表面至胶片距离 L_2 的关系

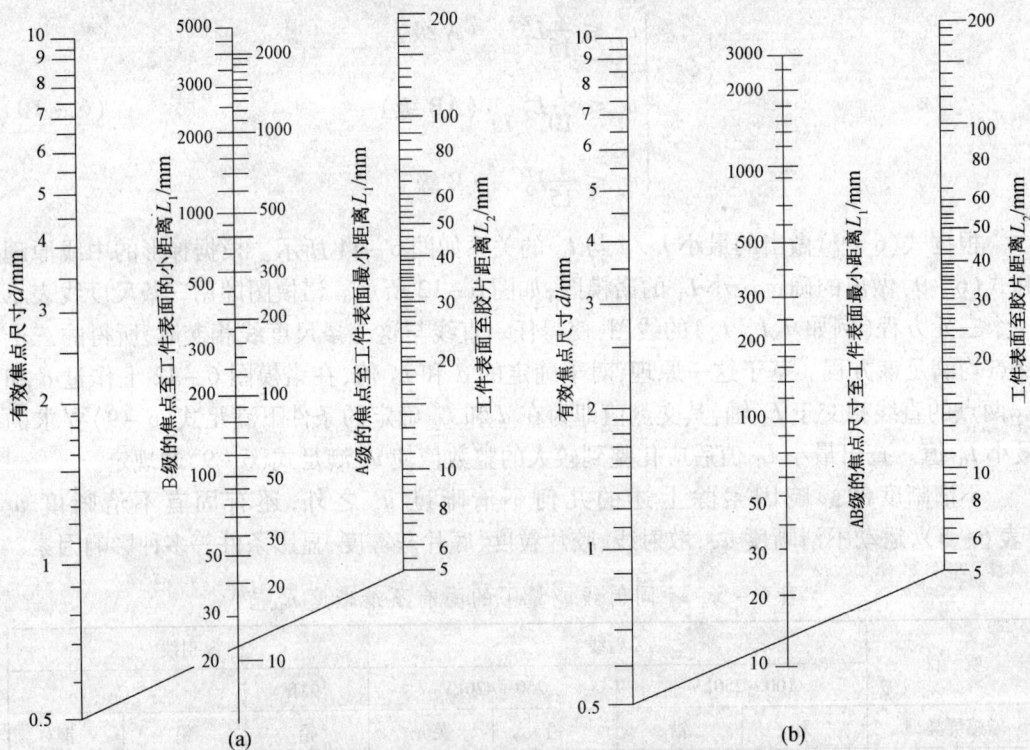

图 6-12 确定焦点至工件距离的诺模图

（2）焊缝透照厚度比 K。

如图 6–13 所示,可得

$$K = \frac{T'}{\delta} = \frac{T'}{T} \tag{6-11}$$

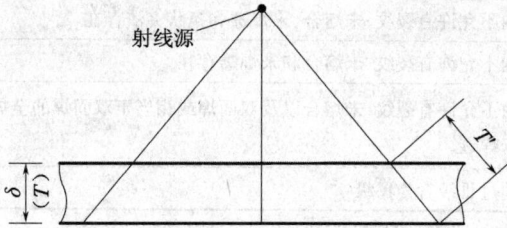

图 6–13　焊缝透照厚度比示意图

焊缝透照厚度比应符合表 6–6。

表 6–6　焊缝透照厚度比

焊缝	A 级	AB 级	B 级
纵缝	≤1.03		≤1.01
环缝	≤1.1		≤1.06

在射线检测中除要了解、掌握上述内容外,还要根据实际工件的具体结构、材质、厚度等选择各种有利于检测的透照方式,如纵缝透照法、环缝外透法、环缝内透法、双壁单影法、双壁双影法等,尽可能反映工件的内部情况。最后胶片经过暗室处理,得到合格的底片。

6.3.3　焊缝射线透照缺陷等级评定

对射线底片的评定即对底片进行分析、判断、评定并做出结论,是射线检测的最后一项重要工作。根据评定的结论及被检工件的要求和相关标准,来决定工件是否合格、返修等。

1. 评片工作的基本要求

（1）底片质量要求的主要内容:合适的底片黑度、象质指数(即底片上必须显示的最小钢丝直径与相应的象质指数),不允许存在伪缺陷,正确的象质计、标记的影像和合理的射线底片影像级别(A 级、AB 级和 B 级)。

（2）底片观察的条件要符合要求,如评片环境和能观察底片最大黑度为 3.5 时的亮度等。

（3）具备相应评片资格和经验的评片人。如必须具备劳动部门颁发的射线Ⅱ级以上资格证书检测人员担任评片工作。

2. 焊缝的质量分级

根据 JB 4730《压力容器无损检测》及 GB 3323《钢熔化焊对接接头射线照相和质量分级》中关于钢制压力容器对接焊缝透照缺陷等级评定的内容,根据缺陷的性质和数量,焊缝质量分为四级,如表 6–7 所列。Ⅰ级焊缝质量最高,依次下降。另外,关于钢管环缝等内容的射线透照缺陷等级评定参见 JB 4730 等相关标准。缺陷形态有圆形缺陷、条状夹渣、裂纹、未熔合、未焊透和以上几种缺陷形态的综合,其分级内容可参考相关资料。

表 6-7　焊缝的质量分级

焊缝级别	要求内容
Ⅰ级	Ⅰ级焊缝内不允许有裂纹、未熔合、未焊透和条状夹渣存在
Ⅱ级	Ⅱ级焊缝内不允许有裂纹、未熔合和未焊透存在
Ⅲ级	Ⅲ级焊缝内不允许有裂纹、未熔合以及双面焊或相当于双面焊的全焊透对接焊缝和加垫板的单面焊中的未焊透
Ⅳ级	焊缝缺陷超过Ⅲ级者为Ⅳ级

3. 缺陷位置和尺寸的确定

在射线探伤中经过评片后,有时根据生产上的需要,经常会遇到要求对缺陷的位置和尺寸的测定问题。下面介绍缺陷深度和平面尺寸测定方法,如表 6-8 所列。

表 6-8　缺陷位置和尺寸的确定

待求参数	示意图	计算公式	备注
缺陷深度 d	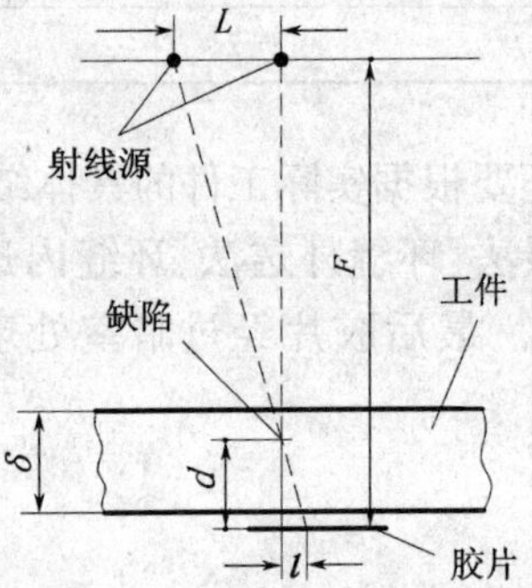	参见图示有 $$\frac{F-d}{d}=\frac{L}{l}$$ 则 $d=\dfrac{LF}{L+l}$	F——焦距(mm) L——两次曝光射线源水平移动距离(mm) l——两次曝光缺陷的影像距离(mm) d——缺陷深度(mm),缺陷深度(包括了底片前半面厚度和增感屏厚度,约 2mm
缺陷平面尺寸	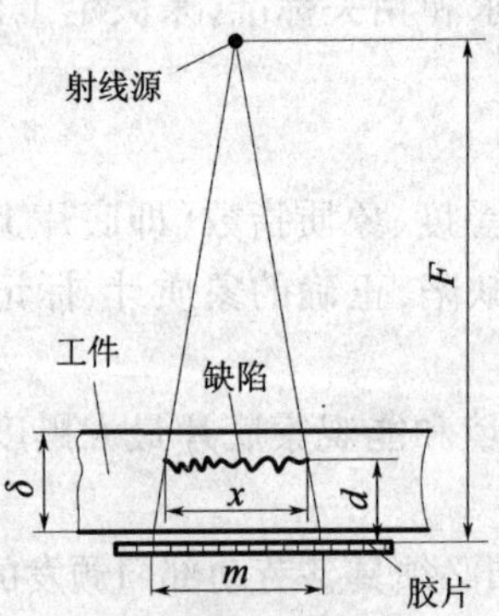	参见图示有 $$\frac{x}{m}=\frac{F-d}{F}$$ $x=\dfrac{F-d}{F}m$ 同理 $y=\dfrac{F-d}{F}n$	x、y——缺陷在垂直于射线方向上,平面坐标的真正长度和宽度(mm) m、n——x、y 投影到底片上的影像坐标长度和宽度(mm) F——焦距(mm) d——缺陷深度(mm) 此法用于影像尺寸大于缺陷真正尺寸时,对于薄工件或缺陷位置靠近胶片时,采用大焦距,垂直照射的情况下,底片上呈现的影像大小基本上等于缺陷在垂直于射线照射方向的平面上的真实大小

上面介绍的缺陷深度和平面尺寸的测定,是一项较繁琐的工作,且得到的测定结果尚存在一定误差,只在特殊需要的情况下才进行这项测定。

164

6.3.4 射线防护

1. 射线防护标准

国内射线防护标准参见 GB 4 792—84《放射卫生防护基本标准》。ZBY 315《500 千伏以下工业 X 射线机防护规则》标准中的有关条款见表 6-9～表 6-11 所列。

表 6-9　电离辐射的剂量当量限值

受照射部位		职业性放射性工作人员的剂量当量限值/年		放射性工作场所相邻及附近地区工作人员和居民的剂量当量限值/年	
器官分类	名　称	rem(雷姆)	mSr(毫希沃特)	rem(雷姆)	mSr(毫希沃特)
第一类	全身、性腺红骨髓、眼晶体	5	50	0.5	5
第二类	皮肤、骨、甲状腺	30	300	3	30
第三类	手、前臂、足踝	75	750	6.5	75
第四类	其他器官	15	150	1.5	15

表 6-10　剂量当量限值　　　　　　　　　　　　　　　（rem(雷姆)）

受照射部位	职业性放射性工作人员			
	年剂量当量	月剂量当量	周剂量当量	日剂量当量
第一类器官	5	0.42	0.10	0.017
第二类器官	30	2.52	0.60	0.10
第三类器官	75	6.25	1.50	0.25
第四类器官	15	1.25	0.30	0.05

注:表中月剂量当量按每年 12 个月换算;周剂量当量按每年 50 周算;日剂量当量按每周 6 天换算。

表 6-11　GB4 796—84《放射卫生防护基本标准》中的有关条款

GB 4796—84 中有关条款	内　　容
连续照射的控制	职业性照射的控制:在受照射剂量较均匀的条件下,可按月剂量当量控制;如工作需要,连续 3 个月内一次或多次接受的总剂量可允许达到年剂量当量限值的一半,但一年内接受的剂量当量不得超过表 6-10 中的规定。
应急照射	在十分必要时,经过周密安排,由领导批准,健康合格的工作人员一人可接受 10 雷姆的全身照射,但以后所接受的照射应当减少,以使受照射的前 5 年以及后 5 年累积剂量当量低于 50 雷姆,后 5 年不得再接受此类照射。

2. 射线防护方法

在进行射线防护之前,要求有准确的测量结果并对结果做出必要的评价。辐射监测主要是对工作环境和工作人员的监测。

射线防护方法主要从控制辐射剂量着手。把辐射剂量控制在保证工作人员健康和安全的条件下的最低标准内。对射线检测的外照射防护来讲,主要从照射时间、距离和屏蔽三方面进行。

165

6.4　超声波检测及缺陷等级评定

超声检测目前在国内指采用 A 型脉冲反射式超声波探伤仪产生的超声波，透射被检物并接收反射回的脉冲信号，对信号进行等级分类的全过程。

6.4.1　超声波检测的基础知识

1. 超声波及其特性

超声波即是频率高于 20000Hz 的机械波（声波的频率范围在 20 ~ 20000Hz 之间）。超声波的特性如下：

（1）具有良好的方向性。在超声检测中超声波的频率高、波长短，在介质传播过程中方向性好，能较方便、容易地发现被检物中是否存在缺陷。

（2）具有相当高的强度。超声波的强度与其频率的平方成正比因此其强度相当高。如 1MHz 的超声波能量（强度）相当于 1kHz 声波强度的 100 万倍。

（3）在两种传播介质的界面上能产生反射、折射和波形转换。目前国内广泛采用的脉冲反射式超声检测法就是利用了这一特点。

（4）具有很强的穿透能力。超声波可以在许多金属或非金属物质中传播，且传播距离远、传输能量损失少，穿透力强，是目前无损检测中穿透力最强的检测方法，如可穿透几米厚的金属材料。

（5）对人体无伤害。

2. 超声波的种类及应用

几种波的传播特点及应用如表 6 – 12 所列。其中，纵波和横波的应用比较广泛，纵波及横波通常是由直探头和斜探头产生的。

表 6 – 12　几种波的传播特点及应用

波的类型	概念	符号	图示	质点振动特点	传播介质	应用
纵波	在传播介质中质点的振动方向与波的传播方向相同的波，称为纵波	L		质点的振动方向平等于波的传播方向	固、液、气体介质	钢板、锻件等探伤
横波	在传播介质中质点的振动方向与波的传播方向互相垂直的波，称为横波	S(T)		质点的振动方向垂直于波的传播方向	固体介质	焊缝、钢管等探伤
表面波（瑞利波）	当交变的表面张力作用于固体表面时，产生沿介质表面传播的波，称为表面波	R		质点作椭圆运动，椭圆长轴垂直于波传播方向，短轴平等于波传播方向	固体介质	钢板、锻件、钢管等探伤

波的类型	概　念	符号	图　示	质点振动特点	传播介质	应　用
板波 (兰姆波)	SH波是水平偏振的横波在薄板中的传播	SH		薄板各质点的振动方向平等于板面而垂直于波的传播方向	固体介质（厚度与波长相当的薄板）	薄板、薄壁钢管的探伤（δ < 6mm）

1）纵波的声场的声压（P）分布

纵波超声场的声压（P）分布如图6-14所示。

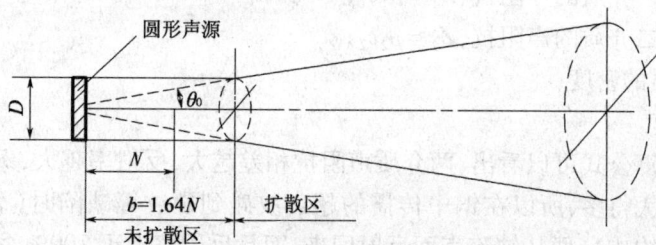

图6-14　圆形声源的纵波超声场的声压分布

图6-14中，D为波源直径，单位为mm；b为未扩散区长度，$b \approx 1.64N$，单位为mm；N为近场区长度，$N = \dfrac{D^2}{4\lambda} = \dfrac{F}{\pi\lambda}$，单位为mm；$\theta_0$为半扩散角，$\theta_0 = \arcsin 1.22\dfrac{\lambda}{D} \approx 70\dfrac{\lambda}{D}$，单位为（°）。

若声场的声源声压为P_0，则有

$$P \approx 2P_0 \sin\frac{\pi D^2}{8\lambda x}, \lambda = \frac{c}{f} \ （x > D \ 时） \tag{6-12}$$

$$P \approx \frac{P_0 F}{\lambda x}, F = \frac{\pi D^2}{4} \quad （x > 3\frac{D^2}{4\lambda} \ 时） \tag{6-13}$$

式中　P_0——波源声压（Pa）；

x——波源轴线上某点至波源的距离（mm）；

c——波速（m/s）；

f——波动频率（Hz）。

从图6-14圆形声源的纵波超声场中可以看出，不同截面上的声压分布是不同的，当$x \geq N$时，轴线上声压最高，偏离中心轴线声压逐渐降低。超声波的能量主要集中在$2\theta_0$之内的锥形区域，此区域称为主波束，主波束边缘声压为零。半扩散角（θ_0）的大小是衡量超声波方向性好坏的参数。在超声波检测过程中要注意声压分布的特点，利用主声束检测，同时注意其他参数的影响。

2）超声波的反射和折射

当超声波从某一介质传播到另一介质时，一部分能量在界面上反射回原介质内，成为反射波;另一部分能量透过界面在第二介质内传播,成为折射波,如图 6-15 所示。

(1) 反射率。

反射波声压 P_γ 与入射波声压 P_0 之比,称为反射率 γ,即

$$\gamma = \frac{P_\gamma}{P_0} = \frac{Z_2\cos\alpha - Z_1\cos\beta}{Z_2\cos\alpha + Z_1\cos\beta} \qquad (6-14)$$

当超声波垂直入射时, $\alpha = \beta = 0°$,则

$$\lambda = \frac{Z_2 - Z_1}{Z_2 + Z_1} \qquad (6-15)$$

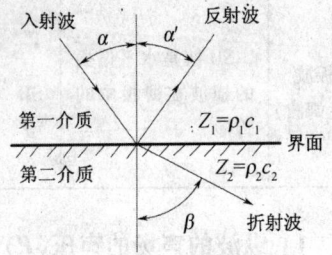

图 6-15 波的反射与折射

式中 Z_1——第一介质的声阻抗, $Z_1 = \rho_1 c_1$;

Z_2——第二介质的声阻抗, $Z_2 = \rho_2 c_2$;

ρ——介质的密度;

c——声速。

从反射率计算公式可以看出,两介质声阻抗相差越大,反射率越大,例如,钢的声阻抗比气体的声阻抗大得多,所以在钢中传播的超声波碰到裂纹等缺陷时(裂纹等缺陷内可能由气体等介质构成),便从缺陷表面反射回来,而且反射率近于100%,测定出反射回来的超声波,就能辩别缺陷的存在,这就是超声波检测的基本原理。

(2) 透过率。

透过声压 P_t 与入射声压 P_0 之比,称为透过率 K,即

$$K = \frac{P_t}{P_0} = \frac{2Z_2\cos\alpha}{Z_2\cos\alpha + Z_1\cos\beta} \qquad (6-16)$$

当超声波垂直入射时, $\alpha = \beta = 0°$,则

$$K = \frac{2Z_2}{Z_2 + Z_1} = 1 + \gamma \qquad (6-17)$$

从透过率计算公式可以看出,第二介质的声阻抗增大,则透过率也增大。这对超声检测很有意义。例如,检测时为尽量使超声波透入工件,必须在探头与工件表面之间加机油、水等耦合剂,否则在探头与工件表面之间存在有空气,易产生全反射。此时耦合剂(液体)声阻抗大,则自探头射入工件的超声波及从工件内反射回探头的超声波都容易透过。

但应指出,当第二介质较薄时,反射率与透过率的计算公式有些不同,它们不但与两介质的声阻抗有关,而且和第二介质的厚度与该介质中超声波波长之比有关。

(3) 直探头(纵波)的应用。

当超声波垂直入射到平界面上时,如图 6-16 所示,对轴(钢)件检测,超声波从直探头的发射点 a 发射进入轴件中垂直发射传播,到达底面(由钢与空气组成的界面,此时的反射率近于100%)时,绝大部分能量的超声波反射回来,被探头接收,超声波传播的距离为轴件的高度 L。若超声波在钢介质中碰到裂纹等缺陷时(缺陷的介质不同于钢介质),则从缺陷界面反射回来,故可判别缺陷的存在,并能进一步判断缺陷的位置,根据反射回的波形形态、特点还可以判断缺陷的性质(如裂纹、夹层,夹渣等缺陷),此时超声波所传

播的距离即是缺陷所存在的位置与发射点间的长度 x。

（4）斜探头（横波）的应用。

在对焊缝检测时，由于焊缝余高凸凹不规则，且高出钢板表面，因此通常选用斜探头（横波）检测，斜探头发射出的超声波传播方向、路径如图 6-17 所示。超声波由斜探头的入射点 a 发射进入钢板后的方向沿着 ab 方向传播，与钢板表面垂直方向有夹角 β，β 为斜探头的特性参数之一，常用 K 值表示，$K = \tan\beta$。

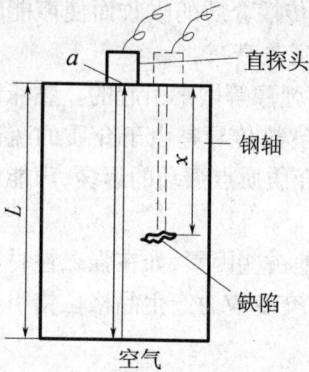

图 6-16　直探头的应用　　　　　　图 6-17　斜探头的应用

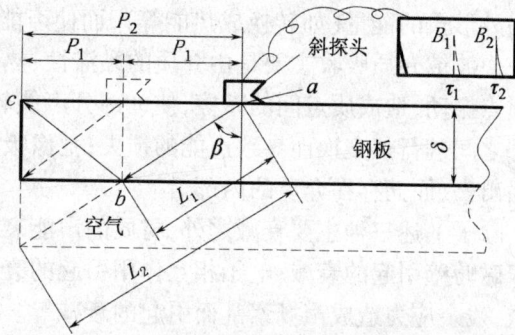

图 6-17 中，L_1 为一次波声程，$L_1 = \delta/\cos\beta$；L_2 为二次波声程，$L_2 = 2\delta/\cos\beta$；P_1 为一次波跨距，$P_1 = \delta\tan\beta = K\delta$；$P_2$ 为二次波跨距，$P_2 = 2\delta\tan\beta = 2K\delta$；$\delta$ 为板厚。

当超声波传播到钢板与空气的界面 b 点时，产生全反射，传播方向改向 bc 方向。由于钢板上、下两表面是平行的，所以超声波将在钢板内按 W 形路线传播。

在焊缝检测时。一次波声程（图 6-18（a））常用于厚板焊缝检测，但不易发现焊缝区上部（M 区）的缺陷；二次波声程（图 6-18（b））常用于中厚板、薄板的焊缝检测。

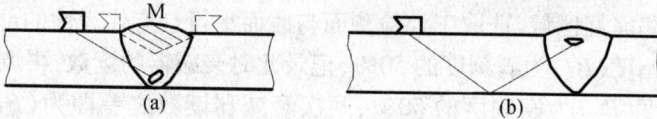

图 6-18　超声波检测
（a）一次波声程检测；（b）二次波声程检测。

3）超声波的衰减

超声波在介质中传播，随着传播距离的增加，其能量逐渐减弱的现象称为超声波能量的衰减。超声波衰减是很复杂的问题，传播的介质不同、传播条件不同、超声波的波形不同，其衰减规律也不同。

（1）超声波衰减的主要原因。

① 声束的扩散衰减。不同的振源在介质中产生的波形不同，声波在介质中传播的状况也不同。如图 6-14 所示，随着传播距离的增加，声场的声压分布是不同的，声波将会扩散，从而单位面积上超声波能量和声压将会逐渐减少，这种随着波阵面的扩散而引起的超声波能量和声压的减少，称为扩散衰减。在实际检测中，随着使用探头型式、晶片大小和频率的不同，超声波的扩散衰减也是不相同的。

② 超声波的散射衰减。超声波的散射主要来源于介质内部声阻抗不同(如金属晶粒的大小不同等)的界面。超声波在这些阻抗不同的界面上产生散乱反射,被散射的超声波在介质中经过复杂的传播路径,使主声束方向上的声能减少而产生的衰减称为散射衰减。在实际检测中,铸铁材料晶粒粗大而且是由不同成分、不同形态的石墨(片状、团絮状、球状)和铁素体组成,界面复杂,散射衰减严重;奥氏体不锈钢晶粒粗大,很难用检测一般钢材的方法来进行检测,这也是散射衰减严重的原因。

③ 介质吸收引起的衰减。在超声波传播过程中,由于传播介质的吸收而使声能转换成另外形式的能量(如转换成热能等),而使声能减少称为吸收衰减。

声波被介质吸收主要是由介质的黏滞性、热传导、弹性弛豫等因素引起的。黏滞性阻碍质点振动,造成质点间的摩擦,使一部分声能转换成热能;热传导是由于介质的疏部和密部之间进行热交换而导致声能的损失;弛豫吸收是由于介质质点振动的迟缓,声能没有传播出去,而储存在介质的内部。

除了上述三种主要衰减之外,材质的声能衰减还有其他一些因素,如在强磁性材料中由于磁畴壁引起的衰减;电子相互作用引起的衰减;应力与交变应力产生晶格位错引起的衰减;残余应力造成声场紊乱而引起的衰减等。

(2) 衰减系数。

超声波在不同介质的衰减情况,常用衰减系数来定量表示。

工件材质衰减系数的计算公式为

$$\alpha = \frac{(B_1 - B_2) - 6}{2\delta} \tag{6-18}$$

式中 α——衰减系数(单程(dB/mm));

$B_1 - B_2$——衰减器的两次读数之差(dB);

δ——工件检测厚度(mm)。

在工件无缺陷完好区域,选取三处检测面与底面平行且有代表性的部位,调节仪器使第一次底面回波幅度(B_1)为满刻度的50%,记录此时衰减器的读数,再调节衰减器,使第二次底面回波幅度(B_2)为满刻度的50%,两次衰减器读数之差即为($B_1 - B_2$)的 dB 差值。计算后取三处衰减系数的平均值作为该工件的衰减系数。

(3) 衰减对检测的影响。

传播介质是影响超声波衰减的主要因素,在气体介质中超声波衰减最严重,在液体介质中次之,在固体介质中衰减最小,因此,在实际检测过程中要避免有气体介质传播。另外,随着超声波传播的路径增长,衰减增加,使检测灵敏度降低。

超声波在金属中传播时的散射衰减与金属晶粒尺寸有关,晶粒尺寸越大,散射作用越强,衰减也越严重;反之,则衰减减小。例如,奥氏体不锈钢、铸钢、铸铁等材料,由于较粗大的晶粒,超声波检测时,需要采用一些与普通钢材不同的特殊检测工艺方法。

用超声波检测钢材料时,超声波是由探头发射出来的,而探头通常是由有机玻璃制造的,所以超声波首先接触的第一介质就是有机玻璃(固体),在进入到钢材料(钢介质)之前,接触的第二传播介质通常是空气,这时由探头产生并发射出来的超声波碰到的第一界面层是由有机玻璃(固体)与空气(气体)组成的界面,而使超声波很难进入到被检工件钢材料中去。为此超声波检测时必须用耦合剂(一般为液体,排除了空气的影响)以解决这个问题。

3. 超声波探伤仪、探头、耦合剂、试块

在超声波检测时，主要使用的设备及用品是超声波探伤仪、探头、耦合剂、试块等。

1）超声波探伤仪

超声波探伤仪是超声检测中的关键主体设备，它的功能是产生电振荡并加在换能器——探头上，使之产生超声波，同时又可以将探头接收的返回信号放大处理，以脉冲波、图像显示在荧光屏上，以便进一步分析判断被检对象的具体情况。常用脉冲反射式超声波探伤仪主要参数如表 6-13 所列。

表 6-13 常用脉冲反射式超声波探伤仪主要参数

特征参数	汕头 CTS 型			德国 Krautkramer		
	22	23	24	USK7	USL48	USIP12
探伤频率/MHz	0.5~10	0.5~20	0~25	0.5~10	1~10	0.5~15、1~25
增益或衰减/dB	80	90	110	100	106	106
近表面分辨力/mm	$\phi2\geqslant3$	$\phi2\geqslant2$			$\phi1.2\geqslant1.3$	$\phi0.4\geqslant1.3$
薄板分辨力/mm		1.2	1.2			0.5
探测范围/mm	10~120	5~5000	5~10000	0~10、0~2500	0~5、0~6000	0~5、0~15000
质量/kg	5	6.2	18	5.1	8.4	18

注：探测范围指纵波；0 增益或衰减指可读数；近表面分辨力和 $\phi2$ 等是指平底孔。

2）探头

探头是与超声波探伤仪配合产生超声波和接收反射信号的重要部件，也即是将电能转换成超声波能（机械能）和将超声波能转换为电能的一种换能器。

在实际检测中，常用的探头有直探头、斜探头、双晶探头、聚焦探头等。探头的主要性能、特点及应用如下所述。

（1）直探头。波束垂直于被检工件表面入射到工件内部传播，如图 6-16 所示。探头用来发射和接收纵波，可用单探头反射法，也可用双探头穿透法。

单晶直探头晶片尺寸为 $\phi14\sim25mm$ 或方晶片面积大于 $200mm^2$，小于 $500mm^2$，发射超声波的入射点为直探头中心。公称频率为 2.5MHz，远场分辨力应大于或等于 30dB，声束轴线水平偏离角不应大于 2°，主声束垂直方向不应有明显的双峰。

直探头常用于检测钢板、锻件等上下两表面平行的工件及轴类件等，检测钢板厚度范围为 20~250mm。

（2）斜探头。利用探头内的透声楔块使声束倾斜于工件表面射入到工件内部的探头称为斜探头。根据探头设计制造的入射角不同，可在工件中产生纵波、横波和表面波，也可以在薄板中产生板波，通常所说的斜探头是指横波斜探头。

斜探头的主要性能参数除晶片尺寸、公称频率外，在检测工件之前还应校对、测试如图 6-19 所示的性能参数。

① 斜探头的入射点 a。是指斜探头发射出的超声波入射到工件内，主声束与工件表面相接触的点，如图 6-19 所示。校对测准斜探头的入射点，对准确确定工件内部缺陷的

171

位置有很大的影响。

斜探头入射点的校对、检测必须在标准规定的标准试块上进行（如 CSK – IA 试块、ⅡW – 2 试块等）。

② 声束的折射角（K 值）。常用的横波斜探头，其入射角不同，在工件内产生的折射角也不同。在实际检测时，经常用 K 值来表示斜探头的折射角，$K = \tan\beta$（β 为折射角）。K 值为 1.0、1.5、2.0、2.5、3.0。折射角的校对值与公称值偏差应不超过 2°，K 值的偏差不应超过 ±0.1。

③ 斜探头前沿长度 l。前沿长度是指斜探头入射点 a 至探头前沿的水平距离，如图6 – 19所示。校测值不应超过 1mm。掌握斜探头前沿长度 l 对检测过程中的缺陷定位及确定合理的检测操作空间等都有很实际的作用。

图 6 – 19　斜探头入射点及前沿长度

④ 声束轴线偏向角。偏向角是指主声束轴线与晶片中心法线之间的夹角。这是探头制造的一个工艺参数，为保证缺陷定位与指示长度的测量精度，声束轴线偏向角不应大于 2°。

以上斜探头的性能参数不但要在检测之前校测，而且要在每间隔六个工作日按 ZBY231《超声探伤用探头性能测试方法》规定的方法检查一次。

3）超声探伤仪和探头的系统性能

当探头与超声探伤仪在一起配合进行检测工作时，对它们所组成的系统性能也要给予考虑并提出要求，以满足实际检测需要。

（1）灵敏度余量。在 A 型超声检测系统中，以一定脉冲波形表示的标准缺陷检测灵敏度与最大检测灵敏度之间的差值称为灵敏度余量，用分贝（dB）数值表示。标准缺陷不同，对系统灵敏度余量要求也不同。以 $\phi 3 \times 40$ 的横通孔为标准缺陷，GB 11345—89 中规定系统的有效灵敏度必须大于评定灵敏度 10dB 以上。

（2）分辨力。超声检测系统能够把声程不同的两个邻近缺陷在示波管荧光屏上作为两回波区别出来的能力称为分辨力。

GB 11345—89 规定：直探头远场分辨力不小于 30dB；斜探头远场分辨力不小于 6dB。分辨力的详细测定方法可参见 ZB J04001—87《A 型脉冲反射式超声波探伤系统工作性能测试方法》。

（3）始脉冲宽度。超声探伤仪与直探头组合的始脉冲宽度，对于频率为 5MHz 的探头，其占宽不得大于 10mm；对于频率为 2.5MHz 的探头，其占宽不得大于 15mm。

4）耦合剂

当探头与被检工件表面直接接触时，即采用直接接触式检测时，必须选用合适的耦合剂以减少声能的损失，同时也能提高探头的使用寿命。在选择耦合剂时要注意不要对工件、探头及操作者构成损伤、腐蚀等影响。常用的有机油、浆糊、甘油和水等透声性好的耦合剂。

5）试块

当采用超声波进行检测或测量时，为校验超声波探伤仪、探头等设备的综合系统性能，统一检测操作的灵敏度，使评价缺陷的位置、大小、性质等尽量达到一致要求，使最后

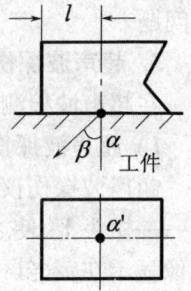

172

对被检测工件的评级、判废等工作有共同的衡量标准,在进行超声波检测之前按不同用途设计并制造出各种形状简单的人工反射体,统称为试块。随着超声波检测工作的不断发展,国际焊接学会对试块的材质、形状、尺寸及表面状态等都作了具体统一的规定,并已经在许多国家使用,成为在国际范围内的标准,这一类试块常称为标准试块。标准试块基本上可分为校验标准试块和对比标准试块。

(1)对试块的总体要求。

由于实际超声检测时条件不同,情况复杂,因此实际应用的试块种类繁多,以满足不同条件下的要求。现对试块的总体要求简介如下。

① 试块应采用与被检工件有相同或近似声学性能的材料制成,该材料用探头检测时,内部不得有大于 $\phi2mm$ 平底孔当量直径的缺陷。

② 校准用反射体可采用长横孔、短横孔、平底孔、线切割槽和 V 形槽等。校准时探头主声束应与反射体的反射面相垂直。

③ 试块的外形尺寸应代表被检工件的特征,试块厚度应与被检工件厚度相对应,如果涉及到两种或两种以上不同厚度的部件熔焊工件时,试块的厚度应由其平均厚度来确定。

④ 试块的制造要求应符合 ZBY232 和 JB4126 的规定。

⑤ 现场检测时,也可以采用其他形式的等效试块。

另外对用于不同情况下的试块,可参照有关要求来制造,如 JB 4730—94 中的相应试块要求等。

(2)试块的分类及应用。

① 校验标准试块。主要用于校验探伤仪,探头的综合性能,确定探伤灵敏度等工艺参数。

中国压力容器焊缝超声检测所规定的标准试块 CSK – IA 试块即是在 ⅡW(国际焊接学会制定的标准试块)等试块的基础上进行了多次修改而制成的校验标准试块。

② 对比标准试块。主要用于调整检测范围,确定探伤的灵敏度等,与对比标准试块来比较,评估检测缺陷的大小等,以便对工件缺陷进行分级,做出最后判定。

(3)压力容器焊缝检测用标准试块。

① CSK – IA 试块。

CSK – IA 试块为 JB 4730—94 标准所推荐的适用于厚度范围为 8～120mm 的焊缝和厚度范围大于 120～300mm 的焊缝超声波探伤试块,以校验为主,如图 6-20 所示。其主要用途如下。

a. 利用厚度尺寸 25 测定超声探伤仪的水平线性、垂直线性和动态范围;

b. 利用厚度尺寸 25 和 100 调整纵波检测范围和扫描速度;

c. 利用尺寸 85、91、100 测定直探头的分辨力;

d. 利用 $\phi50$ 至两侧的距离 5 和 10 测定探头的盲区范围;

e. 利用 $\phi50 \times 23$ 有机玻璃块测定探伤仪和直探头的穿透能力;

f. 利用 $\phi50$ 和 $\phi1.5$ 圆孔测定斜探头的折射角;

g. 利用 R100 测定探伤仪和斜探头的组合灵敏度(又称灵敏度余量、综合灵敏度);

h. 利用尺寸 91(纵波声程 91mm 相当于横波 50mm)调节横波 1∶1 扫描速度;配合利用 R100 校正零点;

i. 利用 R100 测定斜探头的入射点和前沿长度；

j. 利用试块直角棱边测定斜探头声束轴线的偏离情况。

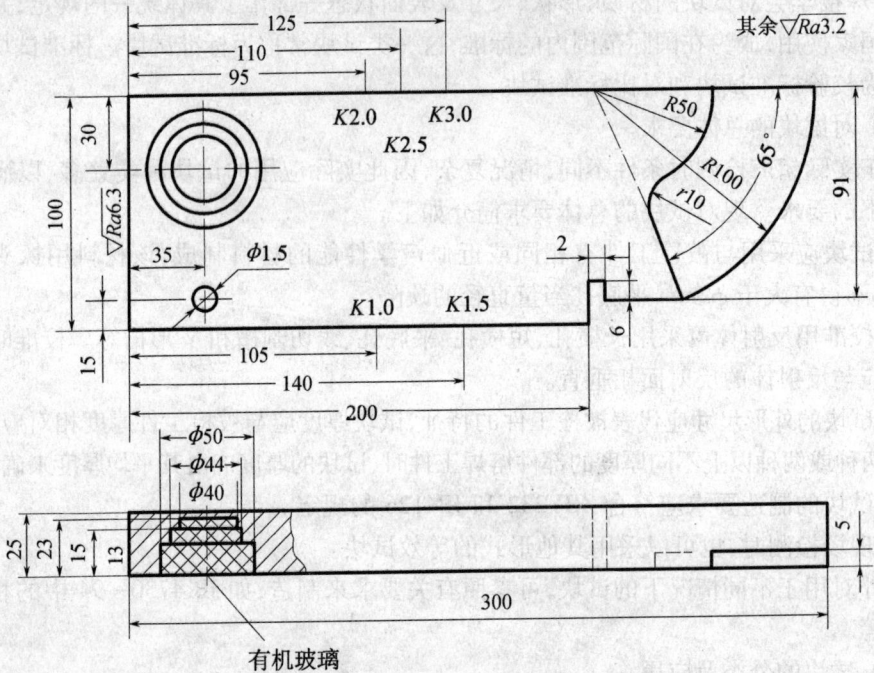

图 6 – 20 CSK – IA 试块

② CSK – ⅡA 试块

CSK – ⅡA 试块为中国 JB 4730—94 标准推荐的用于压力容器焊缝的横波探伤试块，以对比为主，如图 6 – 21 所示。

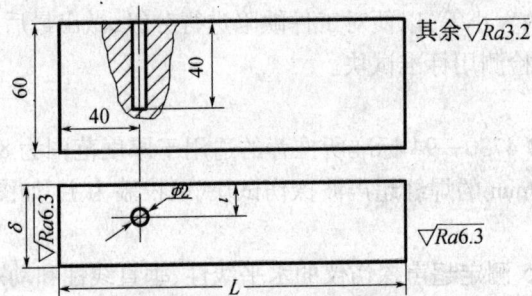

图 6 – 21 CSK – ⅡA 试块

L—试块长度，由使用的声程确定；δ—试块厚度，由被检材料厚度确定；

l—标准孔位置，由被检验材料厚度确定，根据检测可在试块上添加标准孔。

CSK – ⅡA 试块的主要用途如下：

a. 适用于厚度范围 8 ~ 120mm 的焊缝探伤；

b. 测试探伤仪的组合性能，如灵敏度余量、始波宽度等；

c. 绘制直探头距离 – 波幅曲线和面积 – 波幅曲线；

174

d. 调节探伤灵敏度；

e. 确定缺陷的平底孔当量尺寸。

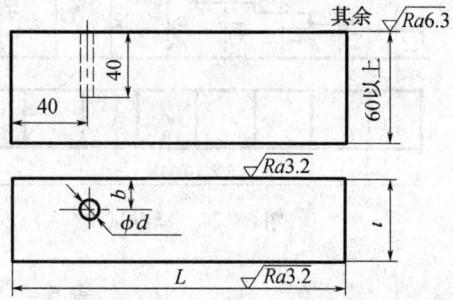

③ CSK - ⅢA 试块、CSK - IVA 试块。

CSK - ⅢA 试块、CSK - IVA 试块均为 JB 4730—94 标准推荐的用于压力容器焊缝的横波探伤试块,如图 6 - 22 和图 6 - 23 所示。其主要用途与 CSK - ⅡA 试块相同。

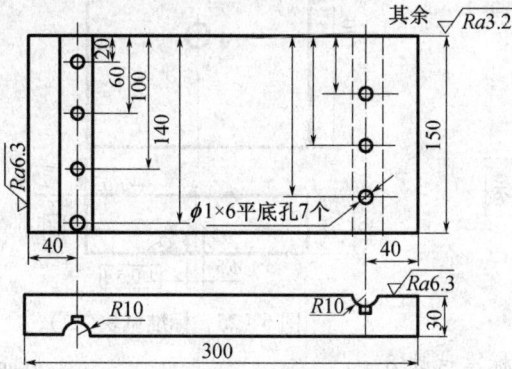

图 6 - 22　CSK - ⅢA 试块　　　　　　图 6 - 23　　CSK - ⅣA 试块

CSK - ·ⅢA 试块含有 7 个距探测面不同深度的 $\phi 1 \times 6$ 平底孔,为了克服试块侧面和端面反射的影响,在试块侧面短横孔处加工了两个 $R10$ 圆弧槽。

CSK - ⅣA 试块适用于厚度范围大于 $120 \sim 300mm$ 的焊缝探伤,其尺寸如表 6 - 14 所列。

表 6 - 14　CSK - ⅣA 试块尺寸

CSK - ⅣA	被检工件厚度	对比试块厚度 δ	标准孔位置 b	标准孔直径 d
N01	$>120 \sim 150$	135		6.5
N02	$>150 \sim 200$	175	$\delta/4$	8.0
N03	$>200 \sim 250$	225		9.5
N04	$>250 \sim 300$	275		11.0

④ 压力容器钢板超声检测标准试块

压力容器钢板超声检测标准试块均为 JB 4730—94 标准所推荐,如图 6 - 24 和图 6 - 25所示。

如图 6 - 24 所示的标准试块,适用于板厚小于或等于 20mm 的钢板,采用双晶直探头检测,其主要用途为检测探伤灵敏度。当被检板厚小于或等于 20mm 时,用该试块将工件等厚部位第一次底波高度调整到满刻度的 50% ,再提高 10dB 来检测灵敏度。

如图 6 - 25 所示的标准试块,适用于板厚大于 20mm 的钢板,采用单晶直探头检测,其主要用途为检测探伤灵敏度,当被检板厚大于 20mm 时,将试块平底孔第一次反射波高调整到满刻度的 50% 来检测灵敏度。

如图 6 - 25 所示试块的 δ 、s 尺寸见表 6 - 15 所列。

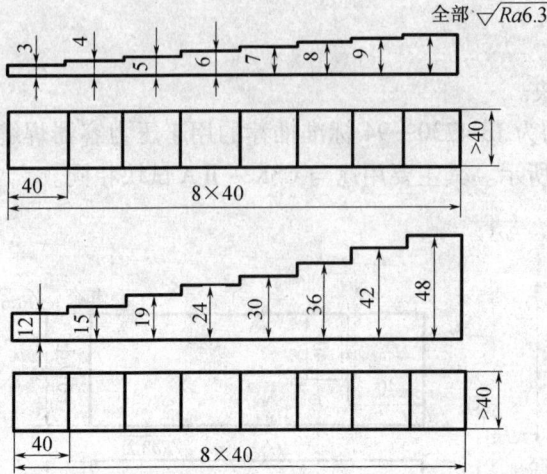

图 6-24 标准试块(一)

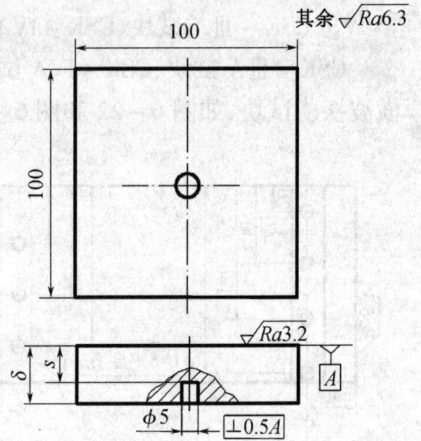

图 6-25 标准试块(二)

表 6-15 标准试块 δ、s (mm)

试块编号	被检钢板厚度	检测面到平底孔的距离 s	试块厚度 δ	试块编号	被检钢板厚度	检测面到平底孔的距离 s	试块厚度 δ
1	>20~40	15	≥20	4	>100~160	90	≥110
2	>40~60	30	≥40	5	>160~200	140	≥170
3	>60~100	50	≥65	6	>200~250	190	≥220

6.4.2 超声波检测缺陷

利用超声波对缺陷的检测主要包括:对缺陷位置的确定(定位),对缺陷尺寸和数量的确定(定量)和对缺陷性质如裂纹、气孔、夹渣的分析、判别(定性评估)。目前基本是采用 A 型脉冲反射式探伤仪检测缺陷,根据脉冲反射波的位置、幅值、形状等来判断。

6.4.2.1 检测前的准备

首先根据被检工件选择好探头的型式和检测方法,并且要做好调节检测仪器的扫描速度和灵敏度等准备工作。

1. 调节扫描速度

调节扫描速度是在试块或工件上接收反射波并调节其在示波屏上基扫描线(扫描速度)水平刻度值读数的适当位置。为准确地进行缺陷检测做准备。

在实际检测时,对薄钢板焊缝常用水平距离调节法;对厚钢板焊缝常用深度调节法来完成扫描速度的调节。

调节水平扫描步骤如下:

(1)选择试块或工件,确定斜探头 K 值(实测值)。

(2)选择试块上(如 CSK-ⅡA 试块)与板厚相适应的横通孔,使探头移动至反射回的波高达到最大值,水平刻度 τ_1、τ_2 即分别为一次波声程和二次波声程相应的位置(注

176

意:探头离开后相应反射波便没有了,所以要适当做标记)。现场检测时,也可以在工件上进行上述操作。

（3）在检测操作时,若在一次波声程和二次波声程所在位置之前出现反射波,则可以判定缺陷的存在。

2. 调节检测灵敏度

检测灵敏度是衡量超声波在某最大声程处所能扫描到的规定尺寸缺陷的能力。在实际检测时,扫描灵敏度至少应比基准灵敏度(判伤灵敏度)高 6dB 以保证发现缺陷。但在评估缺陷时应按规定的基准灵敏度进行,在调节检测灵敏度之前应予以注意。

实际检测时,所发现缺陷的大小是通过"缺陷当量",即在相同的声程上用缺陷反射波高与标准试块上横通孔反射波高相等时的横通孔直径来表示的。检测前选择某一标准试块,利用试块上某一横通孔反射波高作为仪器的起始灵敏度(也称为相对灵敏度),起始灵敏度高,容易发现缺陷,但过高会使屏幕上出现各种杂乱信号,甚至使允许存在的缺陷也反映出来,影响了对不允许存在缺陷的判别。起始灵敏度调节过低,则可能会漏过不允许存在的缺陷。为此检测灵敏度的调节,各国都做出了相应规定。

调节检测灵敏度的方法有利用试块调节和利用工件调节两种。

1）试块调节

试块调节是按不同被检对象(如钢板、锻件、焊缝等),对灵敏度的要求不同(通常都已经有相应的规定),而选择相应的标准试块来调节检测灵敏度。试块调节常用于钢板、焊缝、钢管等。

对压力容器用钢板超声检测,其检测试块和灵敏度如图 6 - 24 和图 6 - 25 所示。对压力容器焊缝超声检测,检测试块为 CSK - IA、CSK - ⅡA、CSK - ⅢA 和 CSK - ⅣA 等,可通过距离—波幅曲线的绘制来选择相应检测灵敏度,以进行检测、评定工作。

距离—波幅曲线按所用探头和仪器在试块上实测的数据绘制而成,该曲线由评定线、定量

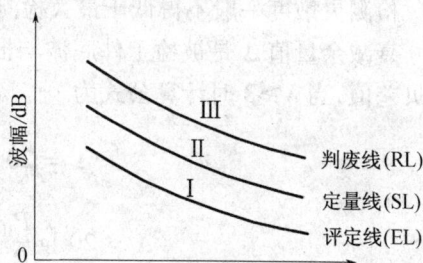

图 6 - 26　距离—波幅曲线

线和判废线组成。评定线与定量线之间(包括评定线)为 I 区,定量线与判废线之间(包括定量线)为 Ⅱ 区,判废线及以上区为 Ⅲ 区。如图 6 - 26 所示。

距离—波幅曲线灵敏度的选择如下:

① 厚度为 8 ~ 120mm 的焊缝,其距离—渡幅曲线灵敏度按表 6 - 16 的规定。

表 6 - 16　厚度为 8 ~ 120mm 焊缝距离—波幅曲线的灵敏度

试块型式	板厚/mm	评定线	定量线	判废线
CSK - ⅡA	8 ~ 46	$\phi2 \times 40 - 18dB$	$\phi2 \times 40 - 12dB$	$\phi2 \times 40 - 4dB$
	>46 ~ 120	$\phi2 \times 40 - 14dB$	$\phi2 \times 40 - 8dB$	$\phi2 \times 40 + 2dB$
CSK - ⅢA	8 ~ 15	$\phi1 \times 6 - 12dB$	$\phi1 \times 6 - 6dB$	$\phi1 \times 6 + 2dB$
	>15 ~ 46	$\phi1 \times 6 - 9dB$	$\phi1 \times 6 - 3dB$	$\phi1 \times 6 + 5dB$
	>46 ~ 120	$\phi1 \times 6 - 6dB$	$\phi1 \times 6$	$\phi1 \times 6 + 10dB$

② 厚度大于 120~300mm 的焊缝,其距离—波幅曲线灵敏度按表 6-17 的规定。

表 6-17　厚度大于 120~300mm 焊缝距离—波幅曲线的灵敏度

试块型式	板厚/mm	评定线	定量线	判废线
CSK - ⅣA	>120~300	φd - 16dB	φd - 10dB	φd

注:d 为横通孔直径,见表 6-14。

③ 直探头的距离—波幅曲线灵敏度按表 6-18 的规定,距离—波幅曲线的制作可在 CSK 试块上进行,其组成如前所述。

表 6-18　直探头距离—波幅曲线灵敏度

评定线	定量线	判废线
φ2mm 平底孔	φ3mm 平底孔	φ6mm 平底孔

④ 检测横向缺陷时,应将各线灵敏度均提高 6dB。
⑤ 扫描灵敏度不低于最大声程处的评定线灵敏度。

2) 工件调节

工件调节是使探伤仪器储备一定的衰减余量值 Δ(dB)后,将探头对准被检工件底面,并通过"增益"旋钮调整反射的回波 B 的最高幅值达到 50%(或 80%)基准高,然后再使用"衰减器"增益 Δ(dB),则基准灵敏度调节完毕。

检测灵敏度一般不得低于最大检测距离处的 φ2mm 平底孔当量直径。

衰减余量值 Δ 是被检工件底波与同深度(或不同深度)的特定人工缺陷回波高度的分贝差值,当 X≥3 时计算公式为

$$\Delta = 20 \lg \frac{P_H}{P_\phi} = 20 \lg \frac{2\lambda X}{\pi\phi^2} \tag{6-19}$$

$$\Delta = 20 \lg \frac{P_H}{P_\phi} = 20 \lg \frac{2\lambda X}{\pi\phi^2} \pm 10 \lg \frac{D}{d} \tag{6-20}$$

式中　P_H——工件大平底面回波声压(Pa);

　　　P_ϕ——人工缺陷回波声压(Pa);

　　　λ——波长(mm);

　　　X——被检工件的最大厚度(mm);

　　　ϕ——人工缺陷直径(mm);

　　　D——空心圆柱体外径(mm);

　　　d——空心圆柱体内径(mm);

　　　N——近场区长度(mm)。

式(6-19)适用于平底面或实心底面;式(6-20)适用于空心圆柱体,"+"为内孔检测,凹柱面反射,"-"为外圆检测,凸柱面反射。

储备的衰减余量值 Δ 可通过计算,也可由相应的 AVG 曲线查到。如对锻件检测时,利用纵波直探头的检测灵敏度来确定。

可见,利用工件底波调节检测灵敏度不需要试块,一般也不要考虑耦合和材质的衰减

损失补偿。此种方法适用于 $X \geqslant 3N$(N 为近场区长度)的大平底面或圆柱曲面。当工件底面较粗糙、有污物或底面与检测面不平行时,底面反射率降低,底面回波高度下降,在此条件下,调节后的灵敏度偏高。此法常用于锻件检测。

6.4.2.2 缺陷的检测

缺陷检测是一项较复杂、内容较多的工作。由于工件的结构型式不同、材质不同、要求不同,超声波检测的方法就不同,有直接接触法、浸液法;探头的种类很多,又有反射法、透射法;超声波有脉冲波、连续波;波型又有纵波、横波等。在装备制造中,焊缝的超声检测是最普遍的,焊缝的超声检测同其他缺陷检测一样,首先要了解常见的焊接缺陷,选择合适检测方法、探头,调节好扫描速度和灵敏度,同时做好检测工艺内容的准备。

1. 焊缝超声检测的准备工作

由于焊接接头的结构特点,经常选用斜探头,利用一次反射法在焊缝的单面双侧对整个焊接接头进行检测。当母材厚度大于 46mm 时,采用双面双侧的直射波检测。对于要求比较高的焊缝,根据实际需要也可将焊缝余高磨平,直接在焊缝上进行检测。

1) 探头移动区域

为保证探头在移动检测过程中,超声波主声束能描扫到焊缝区内的各点位置,而在焊缝两侧和纵向必须预留的检测空间,如图 6-27 所示。

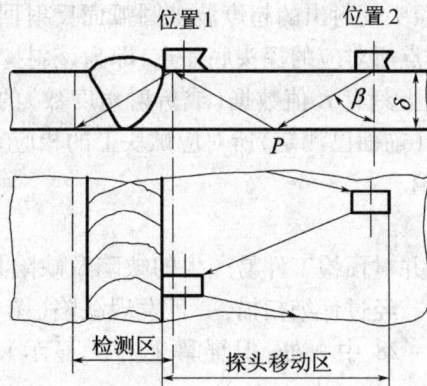

图 6-27 探头移动区

若焊缝需要全检时,探头移动区域的宽度应是焊缝的长度,焊缝两侧探头移动区应不小于 $1.25P$(采用一次反射法或串列式扫描检测)。

$$P = 2K\delta = 2(\tan\beta)\delta \qquad (6-21)$$

式中　P——跨距(mm);

　　　δ——板厚(mm);

　　　β——探头折射角(°);

　　　K——探头 K 值。

探头的移动区域不但在超声检测时必须考虑,而且还要在所有重要焊缝的结构设计、装配、复检时必须考虑,也就是说对于整体装备的需要全检的焊缝必须有这一预留空间位置。

2) 斜探头 K 值的选择

K 值增大,则探头的折射角(β)增大,声程相应增长,荧光屏上相应始波与一次声程之间的距离拉长,便于缺陷的检侧。而且近场区干扰减小,适合于薄板检测;K 值小,探头的折射角(β)小,声程短,衰减小,适合于厚板检测。

在检测条件允许的情况下,应尽量选择 K 值较大的斜探头。推荐选择的斜探头 K 值如表 6 – 19 所列。

表 6 – 19　推荐选择的斜探头 K 值

板厚 δ/mm	K 值(β)	板厚 δ/mm	K 值(β)
8 ~ 25	3.0 ~ 2.0(72° ~ 60°)	>46 ~ 120	2.0 ~ 1.0(60° ~ 45°)
>25 ~ 46	2.5 ~ 1.5(68° ~ 56°)	>120 ~ 300	2.0 ~ 1.0(60° ~ 45°)
注:实际检测时,常用实际校测的 K 值进行。			

3) 斜探头入射点的测定和 K 值的校测

斜探头的入射点即是探头发射出的超声波主声束轴线入射到工件时与工件表面的相交点。它是在缺陷检测过程中的测量基准点。

入射点的测定是在 CSK – IA、ⅡW – 2 等试块上进行的。将探头放在试块的圆弧圆心处,慢慢移动探头,这时探头发射出的超声波被圆弧面反射回来,仔细找出反射波的最高位置,则试块上圆弧圆心点所对应的探头底面点,即为该斜探头的入射点(应记清但不要刻记)。将探头放在试块上刻有 K 值数据(或折射角度数)的位置,当圆弧面的反射波达到最高值时,探头入射点(前面已测定)所对应试块上的相应 K 值(或折射角度数)即为该斜探头的实际校测的 K 值。

2. 缺陷的定位

做完所有的准备工作,并对预检工件易产生的缺陷及缺陷易发生的位置作了充分分析之后,便可进行检测工作。经过仔细扫描,一旦发现缺陷(图 6 – 28),在荧光屏上已经调节好的一次底波(图 6 – 28 中 c 处,但屏幕上并无显示)之前,便会出现缺陷波,

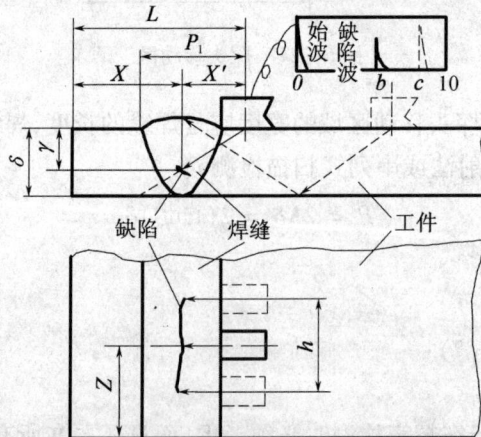

图 6 – 28　缺陷定位、定量

图 6-28 中 b 处位置,是缺陷波的最大值位置,此时有

$$\frac{X'}{P_1} = \frac{ob}{oc}$$

即

$$X' = P_1 \frac{ob}{oc} = K\delta \frac{ob}{oc}$$

注意及时测量探头的位置:L 的长度和 Z 的坐标尺寸。

缺陷的第一个坐标点为

$$X = L - X' = L - K\delta \frac{ob}{oc}$$

缺陷的第二个坐标点为

$$Y = \frac{X'}{K} = \delta \frac{ob}{oc}(\text{也可用深度法求 } Y \text{ 值}) \qquad (6-22)$$

式中　P_1—— 一次波跨距(mm),应实测得到,$P_1 = K\delta$;

　　K——斜探头 K 值,预选好,$K = \tan\beta$(β 为折射角);

　　δ——钢板厚度(mm),为已知的;

　　L——发现缺陷时探头所在位置(mm),可测得;

　　ob、oc——缺陷波和一次波底波在荧光屏上的读数(刻度);

　　X、Y、Z——探头发现缺陷时,缺陷在三维空间里的三个坐标值,即缺陷的定位情况。

利用二次声程可以检测焊缝区上部的缺陷,进行定位计算,道理同上,参看图 6-27 中探头向后移动的位置。

3. 缺陷的定量

在缺陷定位中,最后的定位结果是缺陷的某一点在空间的位置。显然,继续进行缺陷定位,也可以对缺陷进行量的处理。实际检测时,常用的定量方法有当量法、测长法、底波高度法等。

1) 当量法

可分为当量试块比较法、当量计算法和当量 AVG 曲线法。这种方法确定的缺陷尺寸是缺陷的当量尺寸。当量尺寸总是小于或等于真实缺陷尺寸。当量法用于缺陷尺寸小于声束截面尺寸时。

(1)当量试块比较法。将缺陷的回波与试块上预先加工出的一系列不同声程、不同大小的人工缺陷回波相比较,当同声程处(或相近的声程处)的两处回波高度相同时,则可认为被检自然缺陷与该比较的人工缺陷是相当的(即为当量缺陷)。

该法用于 $X < 3N$ 的情况或特别重要零件的精确定量。一般情况下应用较少,原因是要制造各种与真实缺陷相近的人工缺陷是很麻烦的。

(2)当量计算法。通过计算各种规则反射体的理论回波声压(当 $X \geq 3N$ 时),用其变化规律与公式计算相比较,确定缺陷的当量尺寸。

(3)当量 AVG 曲线法。通用 AVG 曲线或实用 AVG 曲线来确定被检工件中缺陷的当量尺寸。

AVG 曲线是根据声均的特性,计算得出的声程距离(A)、增益(V)、缺陷当量大小(G)三者之间关系的一组曲线,是当量定量法。它比试块法节约了大量试块,简化了检测过程。

2) 测长法

根据缺陷的回波高度与探头移动距离之间的关系来确定缺陷的尺寸。此法适用于缺陷尺寸大于声束截面时。由于缺陷的回波高度受检测条件、缺陷性质等多种因素影响,所以按规定要求探测的结果总是要小于或等于缺陷的实际长度,故称为指示长度。

测长法包括6dB法(半波高法)、端点6dB法(端点半波高法)、绝对灵敏度测长法。

(1)6dB法(半波高法)。当发现缺陷时,使反射回的缺陷波达到最大值(不要达到饱和),然后移动探头(理想的移动方向应是缺陷延长方向),当反射回的缺陷波高降至原来的一半时(此时的探头位置即是缺陷的端点),探头移动的距离即为被检缺陷的指示长度。

(2)端点6dB法(端点半波高法)。当被检缺陷各部分反射波高变化较大时,常采用此法。发现缺陷后,找出两端最大反射波,分别以两端的反射波高为基准,继续移动探头,当反射波高下降一半(6dB)时,探头中心线之间的距离即为缺陷的指示长度 L,如图 6 – 29 所示(探头移动通常为反向移动)。

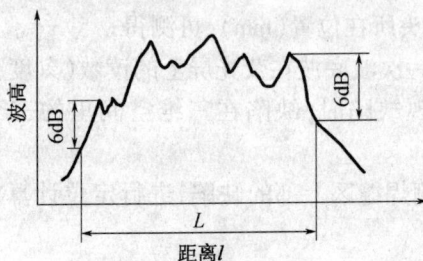

图 6 – 29   端点 6dB 法

(3)绝对灵敏度测长法。在仪器灵敏度一定的条件下,当发现缺陷时(不一定要求回波达到最高),沿缺陷长度方向平行移动,若回波高度降到某一规定位置,则探头所移动的距离即为缺陷的指示长度。指示长度与测长灵敏度有关,测长灵敏度越高,缺陷所测得的指示长度就越大。

3) 底波高度法

底波高度法通过测试的缺陷回波高与底波高比值的不同,来衡量缺陷的相对尺寸大小,若工件中存在缺陷,将会使底波高度下降,且缺陷越大,缺陷回波越高,底波高度则越低,缺陷回波高与底波高的比值越大。缺陷回波高与底波高之比的表示方式有以下两种:

(1)F/B 法。在一定灵敏度条件下,以缺陷波高 F 与缺陷处底波高 B 之比来表示缺陷的相对大小。

(2)F/B_G 法。在一定灵敏度条件下,以缺陷波高 F 与无缺陷处底波高 B_G 之比来衡量缺陷的相对大小。

底波高度法不用试块,可直接利用底波调节灵敏度并比较不同缺陷的大小,操作简单方便,但不能给出缺陷的当量尺寸。同样尺寸的缺陷,距离不同,F/B 不同,距离小则 F/B 大,因此 F/B 相同,缺陷当量尺寸并不一定相同。此法只适用于具有平行底面的工件。

182

还应指出,对于较小的缺陷,一次底波 B 往往饱和,对于密集型缺陷,往往缺陷波不明显,这对于 F/B 法和 F/B_G 法就不适用了,但这时可以借助底波的次数来判定缺陷的相对大小和缺陷的密集程度,底波次数少则缺陷尺寸大或密集程度严重。底波高度法可用来测定缺陷的相对大小、密集程度、材质晶粒度和石墨化程度等。

缺陷的定量可参见图 6 – 28 中缺陷长度 h 的确定过程。缺陷长度 h 的测量可使用 6dB 法或端点 6dB 法。

4. 缺陷的定性评估

假若缺陷的位置、尺寸、数量相同而性质不同,其影响也是不同的,尤其裂纹是最危险的。因此重要部位如焊接接头,在评级时,不但要准确地确定缺陷的位置、尺寸、数量等,而且要辨别缺陷的性质,才能顺利地进行缺陷的评定工作。然而影响超声检测的缺陷定性工作的因素很多,缺陷的定性评估可以参考有关方面的内容来进一步判别。

6.4.3 超声检测焊接接头的缺陷等级评定

6.4.3.1 超声检测焊接接头的等级选择

焊接接头超声检测分为 A、B、C 三个等级(见 GB 11345—89)。就检验的完善程度而言,A 级最低(难度系数 1);B 级一般(难度系数 5 ~ 6);C 级最高(难度系数 10 ~ 12)。工程技术人员应在充分了解超声检测可行性的基础上进行结构设计及确定制造工艺,以防止焊接结构限制相应检测等级的实施。

1. 各等级的检验范围

(1) A 级检验。用一种角度斜探头在被检焊缝的单面单侧仅对可能扫查到的焊缝截面实施检测。一般情况下不要求检测横向缺陷,当母材厚度大于 50mm 时,不允许采用 A 级检验。

(2) B 级检验。原则上用一种角度探头在被检焊缝的单面双侧对整个焊面截面实施检测。当母材厚度大于 100mm 时,要求在被检焊缝的双面双侧进行检测,在受几何条件限制的情况下,可用两种角度的斜探头在被检焊缝的双面单侧实施检测。条件允许应检测横向缺陷。

(3) C 级检验。至少要用两种角度的斜探头在被检焊缝的单面双侧实施检测,同时要求在两个扫查方向上用两种角度的斜探头检测横向缺陷。当母材厚度大于 100mm 时,应在被检焊缝的双面双侧进行检测。

2. 其他的附加要求

(1) 磨平焊缝的余高,以便探头能够在焊缝上面平行扫查;

(2) 要用直探头检测被检焊缝两侧斜探头声束扫查经过的那部分母材,以确认母材内是否存在影响斜探头检测结果的分层或其他缺陷;

(3) 当母材厚度大于或等于 100mm,窄间隙焊缝的母材厚度大于或等于 40mm 时,一般要求增加串列式扫查。

6.4.3.2 缺陷评定

距离—波幅曲线(DAC)是缺陷评定和检验结果等级分级(GB 11345—89)的依据。

(1) 当检测时反射波高度超过评定线的信号,应注意其是否具有裂纹等危害性缺陷特征,如果有怀疑,应改变探头角度,增加探伤面、观察动态波型,结合结构工艺特征作判定,如对波型不能准确判断时,应辅以其他检验作综合判定。

（2）最大反射波幅位于 DAC Ⅱ区的缺陷,其指示长度小于 10mm 时按 5mm 计。

（3）相邻两缺陷各向间距小于 8mm 时,两缺陷指示长度之和作为单个缺陷的指示长度。

6.4.3.3 检测结果的分级

焊缝的超声检测结果分为四级（GB 11345—89）。

表 6-20 缺陷的分级

板厚/mm 检验等级 评定等级	A	B	C
	8~50	8~300	8~300
Ⅰ	(2/3)δ 最小 12	δ/3 最小 10;最大 30	δ/3 最小 10;最大 20
Ⅱ	(3/4)δ 最小 12	(2/3)δ 最小 12;最大 50	δ/2 最小 10;最大 30
Ⅲ	δ 最小 20	(3/4)δ 最小 16;最大 75	(2/3)δ 最小 12;最大 50
Ⅳ	超过Ⅲ级者		

注:1. δ 为坡口加工侧母材板厚。板厚不同时,以较薄侧为准;
    2. 管座角焊缝 δ 为焊缝截面中心线高度。

（1）最大反射波幅位于 DAC Ⅱ区的缺陷,根据缺陷指示长度按表 6-20 的规定予以评级。

（2）最大反射波幅不超过评定线的缺陷,均评为Ⅰ级。

（3）最大反射波幅位于Ⅰ区的非裂纹性缺陷,均评为Ⅰ级。

（4）最大反射波幅超过评定线的缺陷,若检验者判定为裂纹类的危害性缺陷时,无论其波幅和尺寸如何,均评定为Ⅳ级。

（5）最大反射波幅位于Ⅲ区的缺陷,无论其指示长度如何,均评定为Ⅳ级。

（6）不合格的缺陷应予返修。返修区域修补后,返修部位及补焊受影响的区域,应按原检测条件进行复检。复检部位的缺陷亦应按缺陷评定要求评定。

6.5 表面检测及缺陷等级评定

表面检测是对材料、零部件、焊接接头的表面或近表面缺陷进行检测和评定缺陷等级。常规的表面检测方法有磁粉检测、渗透检测和管材涡流检测等。对于能导电的管材等工件,常用涡流检测方法进行。使被检工件感应产生出涡流,通过涡流磁场的变化情况,可以反映出工件内有无缺陷的存在。

6.5.1 磁粉检测

6.5.1.1 磁粉检测原理

当一被磁化的工件表面和内部存在缺陷时,缺陷的导磁率远小于工件材料,磁阻大,阻碍磁力线顺利通过,造成磁力线弯曲。如果工件表面、近表面存在缺陷(没有裸露出表面也可以),则磁力线在缺陷处会逸出表面进入空气中,形成漏磁场(如图 6-30 所示的 S-N 磁场)。此时若在工件表面撒上导磁率很高的磁性铁粉,在漏磁场处就会有磁粉被吸附,聚集形成磁痕,通过对磁痕的分析即可评价缺陷。

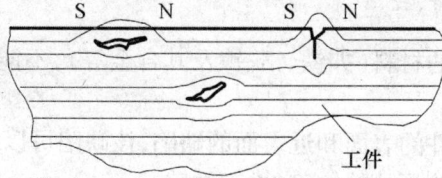

图 6-30 磁粉检测原理

6.5.1.2 影响漏磁场强度的主要因素

磁粉检测灵敏度的高低,关键在于形成漏磁场强度的强弱。影响漏磁场强度的主要因素如下所述。

1. 外加磁场强度

缺陷漏磁场强度的强弱与工件被磁化强度有关。一般说来,如果外加磁场使被检材料的磁感应强度达到其饱和值的 80% 以上,即达到 $0.8T$ 时,缺陷的漏磁场强度就会显著增加。如图 6-31 所示为铁磁物质的重要特性曲线——磁滞回线,H 为外加磁场强度,单位为 A/m($1A/m = 4\pi/10000e$);B 为磁感应强度($B = \mu H$,μ 为材料的导磁率);B_r 为剩余磁感应强度;B_m 为饱和磁感应强度;H_c 为矫顽力。

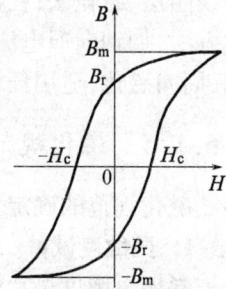

图 6-31 磁滞回线

2. 缺陷的形状和位置

缺陷方向与磁力线方向接近 90°,其漏磁场强度越大,否则相反。检测时,很难发现与被检表面所夹角度小于 20°的夹层。表面漏磁场强度随着缺陷深宽比的增加而增加。

缺陷位置越接近表面,漏磁场强度就越强,否则减弱。当缺陷较深时,漏磁场强度将衰减至零,无法进行磁粉检测。

3. 被检材料的性质

常温下的钢铁材料是体心立方晶格,非奥氏体组织,是铁磁性材料;而面心立方晶格、奥氏体组织是非铁磁性材料。奥氏体不锈钢在常温下是奥氏体组织,无磁性。

材料的合金化程度,冷加工程度及热处理状态也会影响材料的磁性。

(1)钢铁材料随着含碳量的增加,碳钢的矫顽力几乎呈线性增加,而最大相对导磁率却随之下降。

(2)合金化将增加钢材的矫顽力,使其磁性硬化。

(3)退火、正火状态的钢材磁性差别不大,而淬火后则可以提高钢材的矫顽力。随着淬火以后回火温度的升高,矫顽力又有所降低。

(4)晶粒越粗大,钢材的导磁率越大,矫顽力越小,反之则相反。

(5)钢材的矫顽力随着压缩变形率的增加而增加。

4. 被检材料表面状态

若被检材料表面有覆盖层(如有涂料等),则会降低缺陷漏磁场的强度。

可见磁粉检测的前提是要努力使被检材料有足够强的缺陷漏磁场强度。

6.5.1.3 磁粉检测的特点

(1)适用于能被磁化的材料(如铁、钴、镍及其合金等),不能用于非磁性材料(如铜、铝、铬等)。

(2)适用于材料和工件的表面和近表面的缺陷,该缺陷可以是裸露于表面,也可以是未裸露于表面。不能检测较深处的缺陷(内部缺陷)。

(3)能直观地显示出缺陷的形状、尺寸、位置,进而能做出缺陷的定性分析。

(4)检测灵敏度较高,能发现宽度仅为 $0.1\mu m$ 的表面裂纹。

(5)可以检测形状复杂、大小不同的工件。

(6)检测工艺简单、效率高、成本低。

6.5.1.4 磁化方法及特点

在检测与工件轴线方向垂直或夹角大于或等于 45° 的缺陷时,应采用纵向磁化方法,如线圈法、磁轭法;在检测与工件轴线方向平行或夹角小于 45° 的缺陷时,应采用周向磁化方法,如轴向通电法、中心导电法、触头法、平行电缆法。旋转磁场法同时对工件进行纵向、周向磁化,适用任意方向的缺陷检测。

6.5.1.5 磁化规范

磁化规范的确定包括选择合理的灵敏度试片和不同磁化方法的磁化电流。

1. 灵敏度试片

常用灵敏度试片(板)型号及其主要用途见表 6-21,形状尺寸如图 6-32 所示。

表 6-21 常用灵敏度试片(板)

试片(板)型号	试片(板)主要特征			主要用途
A-15/100 A-30/100 A-60/100 (JB4730-94)	相对槽深	灵敏度	材质	A 型灵敏度试片仅适用于被检工件表面有效强度和方向、有效检测区以及磁化方法是否正确的测定。磁化电流应能使试片上显示清晰的磁痕。
	$10/100\mu m$	高	超高纯低碳钢,$C <$	
	$30/100\mu m$	中	0.03%,$H_0 < 80A/m$,	
	$60/100\mu m$	低	经退火处理	
	相对槽深:分子为人工槽深度,分母为试片厚度。			
B 型 (ZB J0 4006—87)	孔径 $\phi1.0mm$ 孔深分别为 $1mm$、$2mm$、$3mm$、$4mm$ 四种。			检查探伤装置、磁粉及磁悬液综合性能。
C 型(JB 4730—94)	厚度	人工缺陷深度	材质	当检测焊缝坡口等狭小部位,由于尺寸关系,A 型灵敏度试片使用不便时,可用 C 型灵敏度试片。其作用与 A 型试片相同。
	$50\mu m$	$8\mu m$	同 A 型	

2. 磁化电流

外加磁场强度的强弱直接影响工件的磁感应强度和磁粉检测要达到的灵敏度,而磁

186

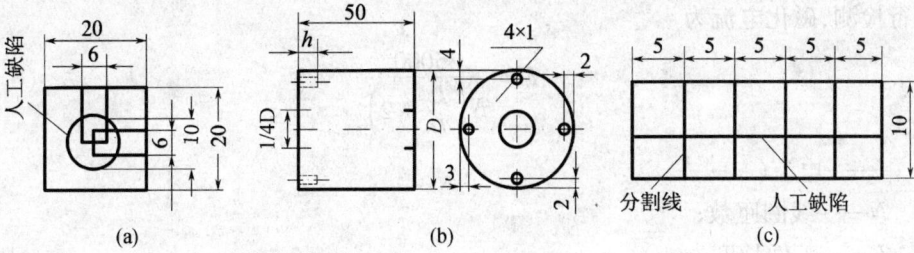

图 6 - 32　常用磁粉检测灵敏度试片

(a) A 型灵敏度试片；(b) B 型对比试片；(c) C 型灵敏度试片。

场强度主要是通过磁化电流来调节的。磁化电流有交流电、整流电和直流电,交流电应用较广泛。其各自特点如下所述,其中,交流电应用较广泛。

1) 交流电磁化的特点

(a) 交流电的集肤效应可提高磁粉检测被检表面缺陷的灵敏度。

(b) 只有使用交流电才能在被检工件上建立起方向随时间变化的磁场,实现复合磁化。

(c) 与直流磁化相比,交流磁化在被检工件截面变化部位的磁场分布较为均匀,有利于对该部位缺陷的检测。

(d) 交流磁化的磁场浅,容易退磁。

(e) 设备简便,易于维修,成本低。

(f) 由于交流电集肤效应的影响,近表面缺陷的检出能力不如直流磁化强。

(g) 交流磁化后被检工件上的剩磁不稳定,因此,利用剩磁法检测时,一般需在交流探伤机上加配断电相位控制器,以保证获得稳定的剩磁。

2) 整流与直流磁化

整流电有单相、三相的半波和全波整流,其中三相全波整流很接近直流。随着电流波型脉动程度的减小,整流电磁场的渗透能力增强,可检出埋藏较深的缺陷。相比之下,直流磁化检出缺陷的埋藏深度最深。整流或直流电磁化被检工件均可获得稳定的剩磁,但退磁较困难,要求较高时需用专用的超低频退磁设备。另外,被检工件的截面突变部位容易出现磁化不足或过量磁化现象,而造成缺陷漏检。

3) 磁化电流的选择

不同的磁化方法、不同的工件结构、不同的检测要求,磁化电流的选择是不同的。

(1) 线圈法。当采用低充填因数线圈对工件进行纵向磁化时,工件的直径(或相当于直径的横向尺寸)应不大于固定环状线圈内径的 10%。工件可偏心放置在线圈中。

① 偏心放置时,线圈的磁化电流为

$$I = \frac{45000}{N\dfrac{L}{D}} \qquad (6 - 23)$$

② 正中放置时,线圈的磁化电流为

$$I = \frac{1720R}{N\left(6\dfrac{L}{D} - 5\right)} \qquad (6 - 24)$$

③ 对于不适宜用固定线圈检测的大型工件(如管道的焊缝等),可采用电缆缠绕式线

圈进行检测,磁化电流为

$$I = \frac{35000}{N\left(\dfrac{L}{D} + 2\right)} \qquad (6-25)$$

式中 I——电流(A);

      N——线圈匝数;

      L——工件长度(mm);

      D——工件直径或横截面上最大尺寸(mm);

      R——线圈半径(mm);

以下两方面需予以注意:

①上述公式不适于长径比 $L/D < 3$ 的工件。对于 $L/D < 3$ 的工件,若使用线圈法,可利用磁极加长块来提高长径比的有效值或采用灵敏度试片实测来决定 L 值。对于 $L/D \geqslant$ 10 的工件,公式中的 L/D 取 10。

② 线圈法的有效磁化区在线圈端部 0.5 倍线圈直径的范围内。

(2)磁轭法。采用磁轭法磁化工件时,其磁化电流应根据灵敏度试片或提升力校验来确定。

磁轭的磁极间距应控制在 50~200mm 之间,检测的有效区域为两极连线两侧各 50mm 的范围内,磁化区域每次应有 15mm 的重叠。当间距为 200mm 时,交流电磁轭至少应有 44N 的提升力;直流电磁轭至少有 177N 的提升力。

(3)轴向磁化法。

直流电(整流电)连续法 $I = (12 \sim 20)D$

直流电(整流电)剩磁法 $I = (25 \sim 45)D$

交流电连续法 $I = (6 \sim 10)D$

其中,I 为电流,单位为 A;D 为工件直径,单位为 mm。

焊接件磁化电流计算公式为

① 圆形工件整体磁化时

$$I = HD/0.32 \qquad (6-26)$$

式中 H——磁场强度(A/m),H 在 2400~4800A/m 之间选用。

② 板材焊缝整体磁化时

$$I = (5 \sim 10)\delta \qquad (6-27)$$

式中 δ——被检钢板厚度(mm)。

(4)触头法。当采用触头法磁化大工件时,电流(A)计算如下:工件厚度 $\delta < 20$mm 时,电流值为(3~4)倍触头间距;工件厚度 $\delta \geqslant 20$mm 时,电流值为(4~5)倍触头间距。

(5)平行电缆法。如使用该方法检测焊缝纵向缺陷时,磁化电流应根据灵敏度试片实测结果来确定。

其他方法的磁化电流选择等内容见 JB 4730—89 标准。

6.5.1.6　磁粉

磁粉是在缺陷处形成缺陷磁痕的重要材料,正确选用磁粉可以使检测灵敏度提高,为最后的缺陷评定提供直接保证。

1. 磁粉的种类

磁粉大致可分为荧光磁粉和非荧光磁粉两大类。

（1）荧光磁粉。在磁性氧化铁粉（如 Fe_3O_4、$\gamma - Fe_2O_3$）或工业纯铁粉的外面再涂覆一层荧光染料制成的磁粉，即荧光磁粉。一般的荧光磁粉在紫外光的激发下发出人眼敏感的黄绿色荧光。在黑光灯下，其色泽鲜明，容易发现，可见度、对比度好，可在任何颜色的被检表面上使用。一般情况下，荧光磁粉只在湿法检测中使用，即把荧光悬浮在煤油或水的载液中制成湿粉。

（2）非荧光磁粉。用黑色的 Fe_3O_4 或红褐色的 $\gamma - Fe_2O_3$ 及工业纯铁粉为原料直接制成的磁粉即为非荧光磁粉。这种磁粉既可以用于湿法，又可以用于干法检测。在检测过程中，直接在白光下观察磁痕。专用于干法的非荧光磁粉的表面上常涂有一层旨在增加对比度的染料，常见的颜色有浅灰、黑、红或黄几种。

在纯铁粉中添加 Cr、Al 和 Si 等元素制成的磁粉，可在 $300 \sim 400℃$ 的高温下对焊缝进行检测。

2. 磁粉的性状

（1）磁性。磁粉磁性的强弱直接关系到磁粉能否被待检表面上的漏磁场吸附而形成磁痕。理想的磁粉首先应具有高导磁率，易于被微弱的缺陷漏磁场磁化和吸附，并且有低矫顽力，磁化后易于分散并可以反复使用。通常采用磁性称量法衡量磁粉磁性的好坏。非荧光磁粉的磁性称量值应大于 7g，荧光磁粉的磁性称量值可略低于 7g。

（2）粒度。磁粉的粒度应小于 $76\mu m$（大于 200 目）。干粉的粒度范围以 $10 \sim 60\mu m$ 为好，而湿粉的粒度宜控制在 $1 \sim 10\mu m$ 之间，粒度超过 $60\mu m$ 的磁粉很难在载液中悬浮，不能在湿法检测中使用。荧光磁粉因其外表有涂覆层，粒度一般在 $5 \sim 25\mu m$ 之间。

选择磁粉的粒度时，应同时考虑被检缺陷的性质、尺寸和磁粉的使用方式，用干法检查近表面缺陷或较大尺寸缺陷时，宜采用较粗的磁粉，用湿法检查表面缺陷或小尺寸缺陷时，宜采用细磁粉。

（3）颗粒的形状。磁粉颗粒的形状有条状和球状之分，一般说来，条状磁粉容易在磁场内被磁化，形成磁粉链条。而球状磁粉则因其不易被磁化而具有较好的流动性，将球形颗粒和条形颗粒按一定比例混合起来的磁粉可以兼有良好的磁性和流动性，是较理想的磁粉。

3. 磁悬液

湿粉检测时，将磁粉与油或水按一定比例混合而成的悬浮液体称为磁悬液。用油配制磁悬液时，特别是配制荧光磁粉的磁悬液时，应优先选用优质、低黏度、闪点在 60℃ 以上的无味煤油。变压器油或变压器油与煤油的混合液也可以作为悬浮磁粉的载液。磁粉在变压器油中的悬浮性好，但因其黏度大，作载液的检测灵敏度不如用煤油高。另外，自来水也可被用来配制磁悬液，但要在水中加入润湿剂、防锈剂和消泡剂，以保证水磁悬液具有良好的使用性能。

磁悬液的浓度（即每升液体中所含有的磁粉克数）对检测的灵敏度有很大的影响。小缺陷会因磁粉的浓度太低而被漏检，而磁粉浓度太高，又会使衬度变差，干扰缺陷的显示。

4. 反差增强剂

对焊缝磁粉检测，由于焊缝表面粗糙不平，可能会降低缺陷磁痕的显示而造成缺陷漏检。为了提高缺陷磁痕的可见度,检测前可先在被检焊缝附近喷或刷涂一层白色的、厚度为 $25 \sim 45 \mu m$ 的反差增强剂。检测时,在这层白色的基底上再喷洒黑色的磁粉即可以得到清晰的缺陷磁痕。

反差增强剂的配方示例见表 6 – 22。

表 6 – 22　反差增强剂的配方示例

成　分	每 100mL 含量	成　分	每 100mL 含量
工业丙酮	65mL	火棉胶	15mL
稀释剂 X – 1	20mL	氧化锌粉	10g

检测后,可用 3∶2 的工业丙酮与稀释剂 X – 1 的混合液擦除反差增强剂。

6.5.1.7　退磁

由铁磁性材料的磁滞回线(图 6 – 31)可知:当外加磁场强度(H)为零时,材料内的磁感应强度(B)不为零,而有剩余的磁感应强度(B_r、$-B_r$)——剩磁。

有些工件经过磁粉检测后,不允许有剩磁存在或有相应的剩磁要求时,则需要退磁。退磁就是将被检工件内的剩磁减小,达到相应的剩磁要求,以至不妨碍工件的使用性能。退磁原理如图 6 – 33 所示。

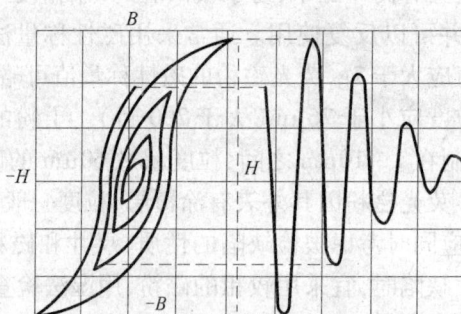

图 6 – 33　退磁原理

1. 交流退磁

常用的交流退磁方法是将被检工件从一个通有交流电的线圈中沿轴向逐步撤出至距离线圈 1.5m 以外,然后断电。将工件放在线圈中不动,逐渐将电流幅值降为零,也可以收到同样的退磁效果,用交流电磁轭退磁时,先把电磁轭放在被检工件表面上,然后在励磁的同时将电磁轭缓慢移开,直至被检工件表面完全脱离电磁轭磁场的有效范围。用触头法检测后,可再将触头放回原处,然后让励磁的交变电流逐渐衰减为零,即可实现退磁。

2. 直流退磁

在需要退磁的被检工件上通以低频换向、不断递减至零的直流电可以更为有效地去除工件内部的剩磁。

6.5.1.8　磁痕评定和缺陷等级评定

1. 磁痕的评定与记录

(1)除能确认磁痕是由于工件材料局部磁性不均或操作不当造成的之外,其他一切磁痕显示均作为缺陷磁痕处理。

190

（2）长度与宽度之比大于 3 的缺陷磁痕,按线性缺陷处理;长度与宽度之比小于或等于 3 的缺陷磁痕,按圆形缺陷处理。

（3）缺陷磁痕长轴方向与工件轴线或母线的夹角大于或等于 30°时,作为横向缺陷处理,其他按纵向缺陷处理。

（4）两条或两条以上缺陷磁痕在同一直线上且间距小于或等于 2mm 时,按一条缺陷处理,其长度为两条缺陷之和加间距。

（5）长度小于 0.5mm 的缺陷磁痕不计。

（6）所有磁痕的尺寸、数量和产生部位均应记录并图示。

（7）磁痕的永久性记录可采用胶带法、照相法以及其他适当的方法。

（8）非荧光磁粉检测时,磁痕的评定应在可见光下进行,工件被检面处可见光照应不小于 500lx。荧光磁粉检测时,磁痕的评定应在暗室内进行,暗室内可见光照度不大于 20lx,工件被检面处的紫外线强度不小于 $1000\mu W/cm^2$。

（9）当辨认细小缺陷磁痕时,应用 2 ~ 10 倍放大镜进行观察。

2. 缺陷的等级评定

（1）下列缺陷不允许存在:

① 任何裂纹和白点;

② 任何横向缺陷显示;

③ 焊缝及紧固件上任何长度大于 1.5mm 的线性缺陷显示;

④ 锻件上任何长度大于 2mm 的线性缺陷显示;

⑤ 单个尺寸大于或等于 4mm 的圆形缺陷显示。

（2）缺陷显示累积长度的等级评定按表 6 - 23 所列进行。

表 6 - 23　缺陷显示累积长度的等级评定　　　　（mm）

等级	评定区尺寸	
	35×100 用于焊缝及高压紧固件	100×100 用于各类锻件
Ⅰ	<0.5	<0.5
Ⅱ	≤2	≤3
Ⅲ	≤4	≤9
Ⅳ	≤8	≤18
Ⅴ	大于Ⅳ级者	

6.5.2　渗透检测

渗透检测是利用液体的毛细现象检测非松孔性固体材料表面开口缺陷的一种无损检测方法。在装备制造、安装、在役和维修过程中,渗透检测是检验焊接坡口、焊接接头等是否存在开口缺陷的有效方法之一。

6.5.2.1　基本原理和特点

1. 渗透检测的基本原理

当被检工件表面存在有细微的肉眼难以观察到的裸露开口缺陷时,将含有有色染料或者荧光物质的渗透剂,用浸、喷或刷涂方法涂覆在被检工件表面,保持一段时间后,渗透剂在存在缺陷处的毛细作用下渗入表面开口缺陷的内部,然后用清洗剂除去表面上滞留的多余渗透剂,再用浸、喷或刷涂方法在工件表两上涂覆薄薄一层显像剂。经过一段时间后,渗入缺陷内部的渗透剂又将在毛细作用下被吸附到工件表面上来,若渗透剂与显像剂颜色反差明显(如前者多为红色,后者多为白色)或者渗透剂中配制有荧光材料,则在白光下或者在黑光灯下,很容易观察到放大的缺陷显示。

当渗透剂和显像剂配以不同颜色的染料来显示缺陷时,通常称为着色渗透检测(着色检测、着色探伤)。当渗透剂中配以荧光材料时,在黑光灯下可以观察到荧光渗透剂对缺陷的显示,通常称为荧光渗透检测(荧光检测、荧光探伤)。因此,渗透检测是着色检测和荧光检测的统称。其基本检测原理是相同的。

2. 渗透检测的特点

(1)适用材料广泛,可以检测黑色金属、有色金属,锻件、铸件,焊接件等;还可以检测非金属材料如橡胶、石墨、塑料、陶瓷、玻璃等的制品。

(2)是检测各种工件裸露出表面开口缺陷的有效无损检测方法,灵敏度高,但未裸露的内部深处缺陷不能检测。

(3)设备简单、操作方便,尤其对大面积的表面缺陷检测效率高,周期短。

(4)所使用的渗透检测剂(渗透剂、显像剂、清洗剂)有刺激性气味,应注意通风。

(5)若被检表面受到严重污染,缺陷开口被阻塞且无法彻底清除时,渗透检测灵敏度将显著下降。

6.5.2.2 方法分类和选用

按渗透剂和显像剂的种类不同,渗透检测方法分类、特点及选用参见表 6 – 24 和表 6 –25所列,表 6 – 24 和表 6 –25 中所列的各种方法可组合使用。另外,荧光法比着色法有较高的检测灵敏度。

表 6 –24　按渗透剂种类分类的渗透检测方法、特点及选用

方法名称	渗透剂种类	方法代号	特点及选用
荧光渗透检测	水洗型荧光渗透剂	FA	零件表面上多余的荧光渗透液可直接用水洗掉。在紫外线灯下有明亮的荧光显示,易于水洗,检查速度快,对于表面粗糙度低且检测灵敏度要求不高的工件可以选用。适用于中、小型零件的批量检测
	后乳化型荧光渗透剂	FB	零件表面上的荧光渗透液要用乳化剂乳化处理后,方能用水洗掉。有极明亮的荧光,对于表面粗糙度极高且要求有较高检测灵敏度的工件宜选用此法
	溶剂去除型荧光渗透剂	FC	零件表面上的多余荧光渗透液需要用溶剂清洗,检验成本比较高,一般情况下不宜采用。对于大型工件的局部检测可以选用
着色渗透检测	水洗型着色渗透剂	VA	与水洗型荧光渗透剂相似,但不需要紫外线灯
	后乳化型着色渗透剂	VB	与后乳化型荧光渗透剂相似,但不需要紫外线灯
	溶剂去除型着色渗透剂	VC	一般装在喷罐内使用,便于携带,广泛用于焊缝、大型工件局部等处的检测,尤其适用于现场无水源、电源等情况下的检测

表 6-25　按显像方法分类的渗透检测方法及特点

方法名称	显像剂种类	方法代号	使 用 特 点
干式显像法	干式显像剂	D	使用干式显像剂,须先经干燥处理,再用适当的方法均匀地喷洒在整个工件表面,并保持一段时间
湿式显像法	湿式显像剂	W	经清洗后的检测面,可直接将显像剂喷洒或涂刷到被检面上或将工件浸入到显像剂中,然后迅速排除多余显像剂,再进行干燥处理
	快干式显像剂	S	用快干式显像剂同干式,然后应进行自然干燥或用低温空气吹干。禁止将快干式显像剂倾倒在工件表面,以免冲洗掉缺陷内的渗透剂
无显像剂显像法	不用显像剂	N	

6.5.2.3　对比试块

在渗透检测中,使用对比试块的目的是衡量在检测条件相同的情况下,渗透检测材料的性能及显示缺陷痕迹的能力。

根据 JB 4730—94 标准中介绍的对比试块类型如图 6-34 所示。

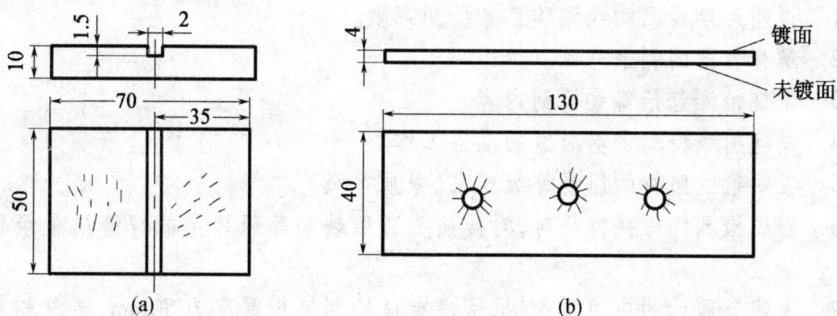

图 6-34　对比试块
(a) 铝合金试块;(b) 镀铬试块。

一般情况下,做过着色试验的对比试块不宜再作荧光渗透试验。

对比试块使用后必须要进行彻底清洗,试块上不应留下任何荧光或着色渗透剂的痕迹。为防止试块的沾污,可将其浸泡在 50% 丙酮与 50% 另一种适当溶剂的混合液中,或浸泡在丙酮和无水酒精的混合液(混合比为 1:1)的密闭容器中保存,或用其他等效方法保存。

1. 缺陷显示痕迹分类

缺陷显示痕迹分类见表 6-26。

表 6-26　缺陷显示痕迹分类

迹痕类别	判 别 条 件
线性缺陷	长度与宽度之比大于 3 的缺陷显示痕迹,按线性缺陷处理
圆形缺陷	长度与宽度之比小于或等于 3 的缺陷显示痕迹,按圆形缺陷处理
横向缺陷	缺陷显示痕迹长轴方向与工件轴线或母线的夹角大于或等于 30°时,按横向缺陷处理
纵向缺陷	除按横向缺陷处理外的其他缺陷,按纵向缺陷处理

另外，在判别真伪缺陷迹痕时，除确认显示迹痕是由外界因素或操作不当造成的之外，其他任何大于或等于0.5mm的显示迹痕均应作为真实缺陷显示迹痕处理。

当两条或两条以上缺陷显示迹痕在同一直线上间距小于或等于2mm时，按一条缺陷处理，其长度为显示迹痕长度之和加间距。

2. 缺陷等级评定

缺陷显示累积长度的等级评定见表6-23。

同时，在缺陷显示迹痕等级评定的过程中，不允许存在以下缺陷：

（1）任何裂纹和白点；

（2）任何横向缺陷显示；

（3）焊缝及紧固件上任何长度大于1.5mm的线性缺陷显示；

（4）锻件上任何长度大于2mm的线性缺陷显示；

（5）单个尺寸大于或等于4mm的圆形缺陷显示。

习　题

6-1　说明定期检测的检测项目和检测期限。

6-2　解释容器的剩余寿命。

6-3　常规检测包括哪些检测内容。

6-4　简述射线检测之前应做的准备工作。

6-5　说明射线照相的质量等级要求（象质等级）。

6-6　射线检测焊焊接接头时，对接接头透照缺陷等级评定的焊缝质量级别是怎样划分的。

6-7　说明象质计的应用及作用，试确定被检测钢板厚度为50mm，要求相对灵敏度（K）为1.5%时，象质计的组别，并判断底片上可识别出的最细金属丝直径。

6-8　影响底片不清晰度的因素有哪些。

6-9　对射线防护的方法有几种，检测人员每年允许接受的最大射线照射剂量是多少？

6-10　解释A型超声波，在工业产品的检测中应用较广泛的超声波类型是哪种，举例说明其主要应用。

6-11　在超声波检测过程中，影响超声波能量衰减的主要原因有哪些方面，衰减对检测有哪些影响，实际检测时常采取什么措施？

6-12　超声波检测时应做的准备工作。

6-13　如何绘制距离—波幅曲线，其用途是什么？

6-14　利用斜探头对焊接接头检测时（参见图6-27），试估算钢板厚度为25mm的单面焊缝，对接接头两侧至少应留有的探头移动区域。

6-15　说明超声检测焊接接头时，国家标准对焊接接头检测等级的划分和选择。

6-16　说明国家标准对焊接接头超声检测结果的缺陷分级及要求。

6-17　影响磁粉检测灵敏度高低（漏磁场强度的强弱）的主要因素有哪些。

6－18 磁粉检测的特点。

6－19 磁粉检测的磁化方法及其应用,磁化规范的确定要考虑哪些内容。

6－20 磁粉的种类、性能及应用。

6－21 退磁的原理及方法。

6－22 磁粉检测时磁痕的评定要求。

6－23 磁粉检测的缺陷评定要求和评定等级。

6－24 渗透检测原理和特点。

6－25 渗透检测方法的分类和选用。

6－26 渗透检测缺陷显示痕迹的分类和等级评定标准。

参 考 文 献

[1] 李志安. 过程装备断裂理论与缺陷评定. 北京:化学工业出版社, 2006.

[2] 李国成. 压力容器安全评定技术基础. 北京:中国石化出版社, 2007.

[3] TSG R0004—2009 固定式压力容器安全技术监察规程.

[4] 李庆芬. 断裂力学及其工程应用. 哈尔滨:哈尔滨工程大学出版社, 2007.

[5] 洪起超. 工程断裂力学基础. 上海:上海交通大学出版社, 1987.

[6] 柳春图. 板壳断裂力学. 北京:国防工业出版社, 2000.

[7] 库默, 等. 弹塑性断裂分析工程方法(EPRI 报告 NP-1931). 周洪范, 等译. 北京:国防工业出版社, 1985.

[8] 中国航空研究院. 应力强度因子手册. 北京:科学出版社, 1981.

[9] EPRI, Novelech Corporation. Ductile Fracture Handbook: Volume 1-3. California: Research Reports Center Palo Alto. 1991.

[10] 魏新利, 等. 压力容器现代设计与安全技术. 北京:化学工业出版社, 2004.

[11] 林钧富, 等. 压力容器缺陷评定. 北京:中国石化出版社, 1991.

[12] GB/T 19624—2004 在用含缺陷压力容器安全评定.

[13] CVDA—1984 压力容器缺陷评定规范.

[14] 钟群鹏, 等. 国家标准《在用含缺陷压力容器安全评定》的特色和创新点综述. 管道技术与设备, 2006, (1):1-5.

[15] 李培宁. 世界各国缺陷评定规范的发展. 第五届全国压力容器学术会议报告文集. 北京:《中国学术期刊(光盘版)》电子杂志社, 2001.

[16] 杨启明. 压力容器与管道安全评价. 北京:机械工业出版社, 2008.

[17] 沈松泉, 等. 压力管道安全技术. 南京:东南大学出版社, 2000.

[18] 郑津洋, 等. 长输管道安全. 北京:化学工业出版社, 2004.

[19] 杨筱蘅. 油气管道安全工程. 北京:中国石化出版社, 2005.

[20] Bloom J M, Malik S N. 含缺陷核压力容器及管道的完整性评定规程. 陈江译. 上海:华东化工学院出版社, 1991.

[21] Bloom J M, SNMalik. Procedure for the Assessment of the Integrity of Nuclear Pressure Vessels and Piping Containing Defects. EPRI Report NP-2431, 1982.

[22] 徐尊平, 雷斌隆. 含弧坑缺陷压力钢管的安全评定. 电焊机, 2006, 36(8):53, 54.

[23] 邹广华, 刘强. 过程装备制造与检测. 北京:化学工业出版社, 2003.

[24] JB 4730—2005 承压设备无损检测.